21 世纪高职高专规划教材

高等职业教育规划教材编委会专家审定

数据库基础及应用

编著　向　隅

U0129651

北京邮电大学出版社

·北京·

内 容 简 介

　　全书共分为 14 章,从数据库基本概念和实际应用出发,以微软公司的 SQL Server 2005 中文版为基础,由浅入深、循序渐进地讲述了数据库设计基础知识和数据库创建、表的操作、视图操作、索引操作、存储过程和触发器应用、数据完整性、T-SQL 语句、数据的备份与还原等内容。本书以一个简化了的数据库实例"教务管理系统(jwgl)"出发,将其融入到各章节中,阐述数据库创建、管理、开发与 SQL 语言程序设计的思想和具体方法。使各章实例丰富、完整。每章后均附有习题,以便读者更好地学习和掌握数据库的基本知识和技能。

　　本书既可作为电子、信息类学生使用的教材,也可以作为数据库工作者,尤其是大型关系数据库初学者的参考书。

图书在版编目(CIP)数据

数据库基础及应用/向隅编著. —北京:北京邮电大学出版社,2008
ISBN 978-7-5635-1870-8

Ⅰ. 数…　Ⅱ. 向…　Ⅲ. 数据库系统—高等学校—教材　Ⅳ. TP311.13

中国版本图书馆 CIP 数据核字(2008)第 149856 号

书　　名:数据库基础及应用
作　　者:向　隅
责任编辑:崔　珞
出版发行:北京邮电大学出版社
社　　址:北京市海淀区西土城路 10 号(邮编:100876)
发 行 部:电话:010-62282185　传真:010-62283578
E-mail:publish@bupt.edu.cn
经　　销:各地新华书店
印　　刷:北京市梦宇印务有限公司
开　　本:787 mm×1 092 mm　1/16
印　　张:21.75
字　　数:543 千字
印　　数:1—3 000 册
版　　次:2008 年 11 月第 1 版　2008 年 11 月第 1 次印刷

ISBN 978-7-5635-1870-8　　　　　　　　　　　　　　　　　　定　价:37.00 元

前　言

一、关于本书

本书是根据普通高等教育"十一五"国家级规划教材的指导精神编写的。

数据库技术是 20 世纪 60 年代兴起的一门综合性的数据管理技术,也是信息管理中的一项非常重要的技术。特别是 E. F. Codd 博士于 20 世纪 70 年代初建立的关系数据库理论加速了数据库技术的发展,使数据库技术在各行各业中得到了广泛的应用,产生了巨大的经济效益和社会效益。

数据库技术作为数据管理最有效的手段之一,目前已广泛应用于各行各业中。基于数据库技术的计算机应用已成为计算机应用的主流。SQL Server 2005 是微软公司于 2005 年推出的基于关系模型的大型数据库管理系统,它具有使用方便、伸缩性好、与相关软件集成度高等特性,可用于大型联机事务处理、数据仓库及电子商务等。

作者以 SQL Server 2005 中文版为基础,用通俗易懂的语言讲解了数据库基础知识和 SQL Server 2005 的功能及操作,并配有大量的实例,让读者轻松、快速地掌握数据库基础知识和 SQL Server 2005 的功能,同时便于读者后续的学习及知识的衔接和提高。

二、本书结构

全书共 14 章,可分为 3 个部分,具体结构如下。

第 1 部分为数据库基础知识,由第 1～3 章组成。

第 1 章:数据库基础。主要介绍数据库的基本概念、数据库系统结构、数据模型、数据库管理系统等知识。

第 2 章:关系数据库基础知识。主要介绍关系模型与关系数据库、关系操作、关系的完整性和关系规范化理论等知识。

第 3 章:数据库设计。主要介绍需求分析、概念结构设计、逻辑结构设计、物理设计及数据库的实施与维护等内容。

第 2 部分为 SQL Server 2005 数据库使用,由第 4～12 章组成。

第 4 章:SQL Server 2005 概述。介绍 SQL Server 2005 的主要特点及新增功能、SQL Server 2005 的安装,并对 SQL Server Management Studio 管理平台作了介绍。

第 5 章:数据库的设计与管理。介绍数据库及数据库实例、创建数据库、管理数据库、数据库结构的修改及删除数据库等内容。

第 6 章:管理数据表。主要介绍表的基础知识,表结构的创建、修改、删除等操作以及表中数据的相关操作(增、删、改)。

第 7 章:数据查询。主要介绍 SQL 查询语句,关键是 SELECT 语句的使用,内容包括简单查询、数据排序和分组、连接查询、嵌套查询,这一章是本书的重点。

第 8 章:索引。主要介绍索引的概念和类型以及对索引的操作。

第 9 章:视图。主要介绍视图的基本概念,视图与表的区别和联系,视图的创建、修改和删除等操作以及视图的应用。

第 10 章：数据完整性。主要介绍完整性的概念及分类、约束的类、约束的创建和使用、规则和默认值的创建和使用等内容。

第 11 章：存储过程与触发器。主要介绍 SQL Server 2005 中触发器的基础知识、创建触发器、修改和删除触发器、触发器的工作原理。

第 12 章：T-SQL 编程。主要介绍 T-SQL 语言的基本知识、函数的种类、流图控制语句以及游标的创建和使用。

第 3 部分为数据库的维护及访问技术，由第 13～14 章组成。

第 13 章：数据库的日常维护与管理。主要介绍备份和还原数据库、数据的导入和导出、数据库的分离和附加等内容。

第 14 章：SQL Server 数据库的访问。主要介绍 ODBC 数据源、使用 ADO 控件访问 SQL Server 数据库、使用 ADO 对象访问 SQL Server 数据库等内容。

三、本书特点

本书内容丰富，实用性突出，结构合理，强调理论与实践的结合。为使读者巩固和加深所学的知识，每章后均附有相关习题。

四、适用对象

本书既可作为大学、高职高专计算机专业和非计算机专业的数据库基础教材，也可以作为 SQL Server 2005 培训用教材，同样适用于广大计算机爱好者自学使用。

本书由向隅编著。在写作过程中，一直得到北京邮电大学出版社王晓丹编辑的大力支持，在此表示感谢！

由于时间仓促，水平有限，书中错漏之处在所难免，恳请读者批评、指正。读者如果有好的意见或建议，可以发 E-mail 到 xiangyu200364@163.com。

本书配有电子教案及本书的辅导资料，可到相关网站下载。

作　者

目　录

第 1 部分　数据库基础知识

第 2 部分　SQL Server 2005 数据库使用

第4章　SQL Server 2005 概述

第 11 章　存储过程与触发器

第 12 章　T-SQL 编程

第 3 部分　数据库的维护与管理

第 13 章　数据库的日常维护与管理

第1部分 数据库基础知识

本部分内容如下:

第1章 数据库基础概述

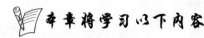

本章将学习以下内容

- 数据管理技术发展的各个阶段；
- 数据库技术相关的基本概念；
- 数据库系统的特点；
- 数据库的 3 种结构；
- 关系模型的特点。

数据库技术出现于 20 世纪 60 年代，它的出现一方面使计算机得到了更广泛的应用，另一方面也使数据管理进入了一个更高的层次。进入 21 世纪后，数据库技术得到了更快的发展，并逐渐成为计算机技术的一个重要组成部分，已成为管理信息系统和决策支持系统的核心，并且正在与计算机网络技术紧密地结合起来，成为电子商务、电子政务及其他各种现代管理信息系统的核心。

数据库技术研究的目的是如何解决计算机信息处理过程中大量数据有效地组织和存储的问题，在数据库系统中减少数据存储冗余，实现数据共享，保障数据安全以及高效地检索数据和处理数据。本章主要介绍数据库系统的基本概念、数据库系统的发展与组成、数据库系统结构、数据库的模型、数据库管理系统的功能及构成。

1.1 数据库基础知识

为了学好数据库的知识，本节先来介绍一些数据库的基本术语。

1.1.1 数据库系统的基本概念

信息、数据、数据库、数据库管理系统、数据库系统和数据库应用系统是与数据库技术密切相关的几个基本概念。

1. 信息

信息（Information）是现实世界事物的存在方式或运动状态在人们头脑中的反映，是对客观世界的认识。它具有可感知、可存储、可加工、可传递和可再生等自然特性。

2. 数据

数据（Data）是数据库中存储的基本对象，是描述现实世界中各种具体事物或抽象概念的、可存储并具有明确意义的信息，是信息的载体，符号化了的信息。数据可以是文字、数字、图形、声音、动画、影像、语言等。例如,电子信息工程系主任名为王楠,电话是 010-608××××××,可采用如下方式描述:

(电子信息工程系,王楠,010-608×××××)

数据与其语义是不可分的,数据的语义也称数据的含义,就是指对数据的解释。

3. 数据库

数据库(DataBase,DB),顾名思义就是存放数据的仓库,是长期储存在计算机内的、有组织的、相关联且可共享的数据集合。这种集合具有如下特点。

(1) 数据库中的数据按一定的数据模型组织、描述和存储。

(2) 具有较小的冗余度。

(3) 具有较高的数据独立性和易扩展性。

(4) 可被各种用户共享。

4. 数据库管理系统

数据库管理系统(DataBase Management System,DBMS)是位于用户与操作系统之间的一层数据管理软件,由一组计算机程序组成,它能帮助用户创建、维护和使用数据库,对数据库进行有效的管理,主要包括以下 4 个方面的功能。

(1) 数据定义功能:用户可以通过 DBMS 提供的数据定义语言(Data Definition Language,DDL)方便地对数据库中的数据对象进行定义。

(2) 数据操纵功能:通过 DBMS 提供的数据操纵语言(Data Manipulation Language,DML)实现对数据库中的数据进行基本操作,如插入、删除、修改及查询等基本操作。

(3) 数据库的运行管理:实现对数据库安全性、完整性、一致性的保障。

(4) 数据库的建立和维护功能:实现数据库的初始化、运行维护等。

5. 数据库系统

数据库系统(DataBase System,DBS)是指在计算机系统中引入数据库后的系统,一般由数据库、数据库管理系统、支持数据库运行的硬件、应用系统、数据库管理员(DataBase Administrator,DBA)和用户构成。

6. 数据库应用系统

数据库应用系统(DataBase Application System)主要是指实现业务逻辑的应用程序,有时简称为应用系统。该系统为用户提供人性化的友好操作数据的图形用户界面(Graphical User Interface,GUI),通过数据库语言或相应的数据访问接口,存取数据库中的数据。

数据库、数据库系统、数据库管理系统和数据库应用系统实际上是不可分的概念。数据库是一个结构化的数据集合,数据库管理系统是一个软件,在数据库中专门用于对数据进行管理,硬件是数据库赖以存在的物理设备,数据库应用系统则是为解决特定的应用问题而开发的程序,而用户则是应用系统的使用者。它们之间的关系如图 1-1 所示。

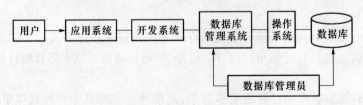

图 1-1　数据库系统

1.1.2 数据管理技术的发展过程

从数据本身来讲,数据管理是指收集数据、组织数据和提供数据等几个方面。而数据处理则是指将数据转换成信息的过程,它被加工成特定形式的数据。数据管理技术的发展大致经历了 3 个阶段:人工管理阶段、文件系统阶段和数据库系统阶段。

1. 人工管理阶段

20 世纪 50 年代中期以前为人工管理阶段。计算机主要用于科学计算,这个时期还没有数据管理方面的软件,数据处理方式基本是批处理。

这个阶段的数据管理有如下几个特点。

(1) 数据不保存。在人工管理阶段,计算机主要应用于计算,一般不需要长期保存数据,只是在完成某一计算或课题时才输入数据,运算处理完成后将结果数据直接输出。不仅原始数据不保存,而且计算结果也不保存。

(2) 数据共享性差。数据与程序是一个整体,一组数据只能对应一个应用程序,各程序之间的数据不能相互传递,数据不能重复使用,存在着大量数据的冗余,因此数据不能共享。

(3) 没有文件的概念。这个时期的数据组织必须由每个程序的程序员自行组织和安排。

(4) 没有形成完整的数据管理的概念,数据无结构化。这个时期的每个程序都要包括数据存取方法、输入/输出方法和数据组织方法等。在数据的逻辑或物理结构发生变化后,由于数据没有结构化,因此,数据的存储结构一旦发生变化,都必须对应用程序作相应的修改。程序与数据不具有独立性。

人工管理阶段应用程序与数据的关系如图 1-2 所示。

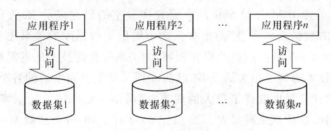

图 1-2 人工管理阶段应用程序与数据的关系图

2. 文件系统阶段

20 世纪 50 年代后期到 60 年代中期,计算机技术有了较大的发展,计算机不仅用于科学计算,而且还用于信息管理方面。硬件方面,出现了磁盘、磁鼓等直接存取的存储设备;软件方面,出现了操作系统和计算机高级语言。文件的概念已形成,操作系统中的文件系统专门用于管理外存的数据。数据处理方式既有批处理,又有联机实时处理。

这个阶段的数据管理具有以下特点。

(1) 数据可以以"文件"的形式长期保存在磁盘上,按文件名访问,按记录进行存取。

(2) 对文件可进行修改、插入、删除等操作。

(3) 程序与数据之间由文件系统提供存取方法进行转换,使应用程序与数据间有了一定的独立性。

(4) 文件之间缺乏联系,数据冗余度高。

（5）数据独立性差。

文件系统阶段应用程序与数据间的关系如图 1-3 所示。

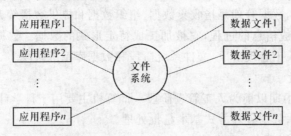

图 1-3　文件系统阶段应用程序与数据间的关系图

3. 数据库系统阶段

20 世纪 60 年代后期以来，计算机用于数据管理的规模越来越大，迫切需要一种新的数据管理系统来对数据进行管理。这种需求极大地推动了数据库技术的产生，许多厂商和结构商也投入到数据管理技术的研究和开发之中。另外，硬件设备的进一步发展，也为数据库技术的产生提供了物质基础。

数据管理技术进入数据库阶段是以 20 世纪 60 年代末的以下 3 件大事作为标志的。

（1）1969 年，IBM 公司研制开发出了第一个商品化的数据库管理系统软件 IMS (Information Management System)，它是基于层次模型的。

（2）美国数据库系统语言协会 CODASYL(Conference On Data System Language)下属的数据库任务组 DBTG(Data Base Task Group)对数据库方法进行系统的研究和讨论后，在 20 世纪 60 年代末 70 年代初提出了若干报告。这些报告确定了数据库系统的许多概念、方法和技术。

（3）1970 年，美国 IBM 公司 San Jose 研究实验室的研究成员 E. F. Codd 发表了题为"大型共享数据库的数据关系模型"的论文。文中提出了数据库的关系模型概念，从而开创了数据库关系方法和关系数据理论的研究领域，为关系数据库技术的发展奠定了基础。

随后，数据库技术得到了很大的发展，已深入到人类生产和生活的各个方面。关系数据库的理论研究和软件开发也取得了很大的成果，同时微型机的关系数据库系统也越来越丰富，性能也越来越好，功能越来越强大。20 世纪 80 年代后期，分布式数据库系统和面向对象数据库系统相继出现。

数据库系统阶段的数据管理具有如下特点。

（1）数据结构化。

（2）数据冗余度低，实现了数据共享。

（3）数据独立性高。

数据库中的数据定义功能和数据管理功能是由 DBMS 提供的，所以数据对应用程序的依赖程度大大降低，数据和程序之间具有较高的独立性。

数据的独立性可分为数据的物理独立性和数据的逻辑独立性。数据的物理独立性是指应用程序对数据存储结构的依赖程度。数据的逻辑独立性是指应用程序对数据全局逻辑结构的依赖程度。

（4）数据由 DBMS 统一管理和控制。主要包括以下 5 个方面。

• 为用户提供存储、检索和更新的手段。

6

- 实现数据库的并发控制:对程序的并发操作加以控制,防止数据库被破坏,杜绝提供给用户不正确的数据。
- 实现数据库的恢复:当数据库被破坏或数据不可靠时,系统有能力把数据库恢复到最近某个正确状态。
- 保证数据完整性:保证数据库中的数据始终是正确的。
- 保障数据安全性:保证数据安全,防止数据丢失、破坏。

(5)数据的最小存取单位是数据项。

数据库系统中最小数据存取单位是数据项,使用时既可以按数据项或数据项组进行存取数据,也可以按记录或记录组存取数据。

数据库系统阶段应用程序与数据的关系如图 1-4 所示。

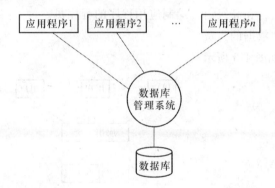

图 1-4　数据库系统阶段应用程序与数据之间的关系图

4. 高级数据库技术阶段

20 世纪 70 年代中期以来,随着计算机技术的不断发展,出现了分布式数据库、面向对象数据库和智能知识数据库等,通常被称为高级数据库技术。

5. 数据库呈现出的一些新特点

当前数据库技术的发展呈现出一些新的特点,数据库技术与其他学科的内容相结合,是新一代数据库技术的一个显著特征,涌现出各种新型的数据库。

(1)数据库技术与分布处理技术相结合,出现了分布式数据库。

(2)数据库技术与并行处理技术相结合,出现了并行数据库。

(3)数据库技术与人工智能相结合,出现了演绎数据库、知识数据库和主动数据库。

(4)数据库技术与多媒体处理技术相结合,出现了多媒体数据库。

(5)数据库技术与模糊技术相结合,出现了模糊数据库等。

1.1.3　数据库系统的组成

数据库系统一般由计算机系统、数据库、数据库管理系统和用户组成。

1. 计算机系统

计算机系统(Computer System)是指用于数据库管理的计算机硬件、软件系统。

2. 数据库

数据库是统一管理相关数据的集合。这些数据以一定的结构存放在磁盘中。其基本特点是:数据能够为各种用户共享,具有可控制的冗余度,数据对程序的独立性及由数据库管理系统统一管理和控制等。在使用上,数据库通常是数据库管理系统的一个组成部分。

3. 数据库管理系统

数据库管理系统是在操作系统支持下工作的管理数据的软件,是数据库系统的核心。它能够为用户或应用程序提供访问数据库的方法,包括数据库的建立、更新、查询、统计、显示、打印及各种数据控制。

4. 用户

用户即与数据库系统打交道的人员。通常有 3 种人员。

(1) 对数据库系统进行日常维护的数据库管理员。

(2) 用数据操作语言和高级语言编制应用程序的程序员。

(3) 使用数据库中数据的人员。

数据库系统组成如图 1-5 所示。

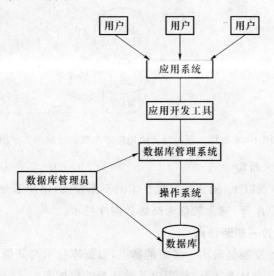

图 1-5　数据库系统组成图

1.2　数据库系统体系结构

数据库系统体系结构可以从不同层次或不同角度来分析。从数据库最终用户角度出发,数据库系统可分为单用户结构、主从式结构、分布式结构、客户/服务器结构和浏览器/服务器结构等;从数据库管理系统角度出发数据库系统采用三级模式结构。

1.2.1　从数据库最终用户角度出发的数据库系统体系结构

数据库系统体系结构从数据库经用户角度出发可分为单用户结构、主从式结构、分布式结构、客户/服务器结构和浏览器/服务器结构 5 种。

1. 单用户结构的数据库系统

如图 1-6 所示为单用户结构的数据库系统示意图。在这种结构的数据库系统中，整个数据库系统包括操作系统、数据库管理系统、应用程序和数据库都安装在一台计算机上，由一个用户独占，各计算机之间没有直接的联系，数据库相互独立，不同计算机中的数据不共享。此种结构容易造成数据大量冗余。

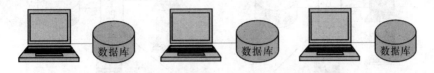

图 1-6 单用户结构的数据库系统示意图

单用户结构的数据库系统是一种比较简单的数据库系统。目前比较流行的支持这种结构的 DBMS 有 Access 和 Visual FoxPro。

2. 主从式结构的数据库系统

如图 1-7 所示为主从式结构的数据库系统示意图，这种结构一般是采用大型主机和终端相结合。在这种结构的系统中，操作系统、应用程序、数据库管理系统和数据库等数据和资源都放在主机上，所有的数据库处理任务由主机完成，终端只是作为一种输入/输出设备，用户通过终端并发地存取主机数据，用户界面放在各终端上。

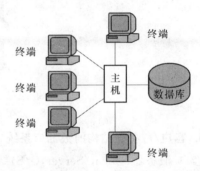

图 1-7 主从式结构的数据库系统示意图

这种结构的优点是简单，数据的冗余现象大大减少，实现了数据的局部共享，数据的维护和管理更加方便，但对主机性能要求比较高。

主从式结构的数据库系统由于由一台主机在并行接受各终端的数据输入与输出后，负责整个数据库的管理。因此，当终端用户增加到一定程度后，主机的任务会过于繁重，使性能大大下降，可靠性不够高。目前，此种结构主要用于金融系统如银行系统的一些业务中。

3. 分布式结构的数据库系统

分布式结构的数据库系统是由计算机网络组织将所需的若干节点连接起来，在逻辑上使数据形成一个整体，物理上数据分散存储在各网络节点上，各节点数据通过网络系统组织被其他节点的系统所共享。

分布式结构的数据库系统的主要特征在于它的网络化结构。作为其组成部分的节点，都配有各自的本地数据库。在处理数据时由本地计算机访问本地数据库完成局部应用；当本地数据库没有需要处理的数据时，可通过网络处理异地数据库中的数据。

分布式结构的数据库系统示意图如图 1-8 所示。

分布式结构的优点是适应了地理上分散的公司、团体和组织对数据库应用的需求，体系结构灵活，经济性能好。其缺点是由于数据的分散存放，给数据的处理、管理与维护带来了困难。而且当用户需要经常访问远程数据时,系统效率会明显地受到网络传输的制约。分布式结构大量用于跨不同地区的公司、团体等。

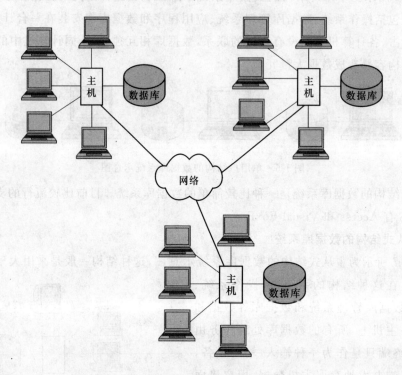

图 1-8　分布式结构的数据库系统示意图

4. 客户/服务器结构的数据库系统

客户/服务器(Client/Server,C/S)结构是目前非常流行的一种结构。在这种结构中,网络中某个(些)节点上的计算机专门用于执行 DBMS 功能,称为服务器。其他节点上的计算机安装 DBMS 的外围应用开发工具以及用户的应用程序,称为客户机。客户机只需向服务器提出请求,不处理具体事务,服务器接受客户机的请求,并对相应事务进行处理,把结果返回给客户机。因此,基于客户/服务器的数据库系统由于只须将用户的请求和服务器处理的结果在网上进行传输,大大减少了网上数据的流量,提高了系统的性能、吞吐量和负载能力。数据库更加开放,可移植性高。同时,由于客户机和服务器的分离,使系统应用和开发工具软件在整个系统中的适应性更宽。

根据对系统性能的不同要求,客户/服务器结构的数据库系统又分为集中的客户/服务器结构的数据库系统和分布的客户/服务器结构的数据库系统。集中的客户/服务器结构的数据库系统在网络中只有一台数据库服务器,多台客户机,其体系结构如图 1-9 所示。分布的客户/服务器结构的数据库系统在网络中有多台数据库服务器,当然也有多台客户机,它是客户/服务器与分布式数据库的结合,其体系结构如图 1-10 所示。

客户/服务器结构的数据库系统有如下缺点:

- 实现比较困难;
- 更新客户机上的应用程序比较困难,需要一个一个地更新。

10

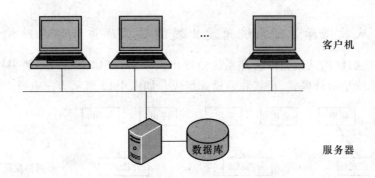

图 1-9　集中的客户/服务器结构的数据库系统示意图

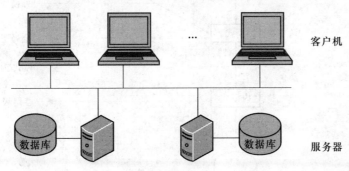

图 1-10　分布的客户/服务器结构的数据库系统示意图

5. 浏览器/服务器结构的数据库系统

由于客户/服务器结构的数据库系统需要配置和维护多个客户机端支撑软件,而且客户机上的应用程序维护很不方便。因此,人们提出了一种改进的客户/服务器结构——浏览器/服务器(Browser/Server,B/S)结构。特别是因特网的广泛应用,此种结构已成为目前最为流行的数据库体系结构。

浏览器/服务器结构采用浏览器作为客户端的应用程序。不管用户使用什么样的操作系统,基本上都安装了浏览器软件。因此,客户端的界面统一,容易为用户所掌握,大大减少了用户的培训时间。同时,其工作原理与客户机/服务器结构相同,大大减少了系统开发和维护的代价。

浏览器/服务器结构的数据库系统示意图如图 1-11 所示。

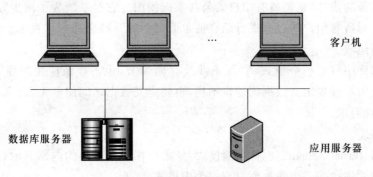

图 1-11　浏览器/服务器数据库系统结构示意图

1.2.2 从数据库管理系统角度出发的数据库系统体系结构

数据库系统的结构从数据库管理系统角度出发来看,其体系结构一般采用三级模式结构,即数据库系统是由外模式、模式和内模式组成。如图 1-12 所示为三级模式关系图。

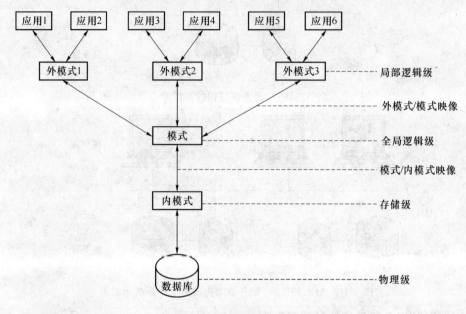

图 1-12 三级模式关系图

1. 数据库的三级模式结构

(1) 外模式

外模式(External Schema)又称子模式或用户模式,是模式的子集,是数据的局部逻辑结构,也是数据库用户看到的数据视图,即用户用到的那部分数据的描述。一个数据库可以有多个不同的外模式,每一个外模式都是为了不同的应用建立的数据视图。外模式是保证数据库安全的一个有力措施,每个用户只能看到和访问所对应的外模式中的数据,数据库中的其余数据是不可见的。

(2) 模式

模式(Schema)也称逻辑模式或概念模式(Conceptual Schema),是数据库中全体数据的逻辑结构和特征的描述,也是所有用户的公共数据视图。它是系统为了减少冗余、实现数据共享的目标并对所有用户的数据进行综合抽象而得到的一种全局数据视图。模式由若干个概念记录类型组成。

一个数据库中只有一个模式,它既不涉及存储细节,也不涉及应用程序及程序设计语言。定义模式时不仅要定义数据的逻辑结构,也要定义数据之间的联系,定义与数据有关的安全性、完整性要求。

(3) 内模式

内模式(Internal Schema)也称存储模式,是数据在数据库中的内部表示,即数据的物理结构和存储方式描述。一个数据库只有一个内模式。

内模式的设计目标是将系统的概念模式组织成最优的内模式,以提供数据的存取效率,改善系统的性能指标。

2. 数据库的两级映像

数据库系统的三级模式是对数据的三级抽象。为了在内部实现这 3 个抽象层次的转换，数据库管理系统在这三级模式中提供了两级映像：

- 外模式/模式映像；
- 模式/内模式映像。

（1）外模式/模式映像

外模式/模式映像就是定义并保证了外模式与模式之间的对应关系，这些映像定义通常包含在外模式的描述中。

当模式改变时，如增加一个新表，数据库管理员对各个外模式/模式的映像作相应的修改，而使外模式保持不变，这样应用程序就不用修改，因为应用程序是根据外模式编写的，所以保证了数据与程序的独立性。

（2）模式/内模式映像

模式/内模式映像，就是定义了数据库全局逻辑结构与存储结构之间的对应关系。模式/内模式映像一般放在内模式中定义。

当数据库的内模式发生改变时，如存储方式有所改变，那么模式/内模式映像也要作相应的修改，使模式尽量保持不变，应用程序也不需改变，这样保证了数据与程序的物理独立性。

1.3　数据模型

数据模型是现实世界数据特征的抽象，是对现实世界的模拟。任何一个数据库管理系统都是基于某种数据模型的，它不仅反映管理数据的具体值，而且要根据数据模型表示出数据之间的联系。

数据模型应满足如下 3 个方面的要求。

（1）比较真实地模拟现实世界。

（2）容易为人所理解。

（3）便于在计算机上实现。

目前，一个数据模型能较好地满足上述 3 个方面的要求还很困难。

根据模型应用目的的不同，数据模型可分为两种类型：一种是独立于计算机系统的数据模型，即概念模型，它是按用户的观点进行建模，主要用于数据库设计；另一种则是涉及计算机系统和数据库管理系统的结构数据模型，它是按计算机的观点建模，主要用于 DBMS 的实现。

1.3.1　数据模型的基本概念

数据结构、数据操作和数据完整性约束条件称为数据模型三要素。

1. 数据结构

数据结构用于描述现实系统中数据的静态特性，是所研究的对象类型的集合，这些对象

13

一般分为两类：一类与数据类型、内容和性质有关，另一类与数据之间联系有关。

2. 数据操作

数据操作用于描述系统的动态特性，是指对数据库中各种对象允许执行的操作的集合，在数据库中主要有存储、检索、插入、删除、修改等操作。

3. 数据完整性约束

数据完整性约束是完整性规则的集合，完整性规则是给定的数据模型中数据及其联系所具有的制约和规则，用于限定符合数据模型的数据库状态以及状态的变化，以保证完整性的两个约束条件，同时数据模型还应能提供定义完整性约束条件，用以反映某一应用所涉及的数据所必须遵守的特定的约束条件。例如，在设计一个数据库系统时，定义一个人的年龄约束在 0～200 岁之间。通过定义数据的约束条件才能使设计出的数据库符合实际应用要求。

1.3.2 概念模型

尽管被计算机数据库管理系统进行管理的各种现实事物最终在计算机中都将以数据模型的形式存在，但从现实事物到数据模型的转化过程一般总是分为两步进行。第一步是将现实事物抽象转化成概念模型，第二步是将概念模型转化为某一具体计算机和数据库管理系统上能给予支持的数据模型，如图 1-13 所示为现实事物的抽象过程。

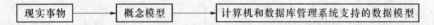

图 1-13　现实事物的抽象过程

在建立概念模型时需要用到以下几个基本概念：

1. 实体

实体(Entity)是指客观存在并可相互区别的事物。实体既可以是实际事物，也可以是比较抽象的事物。如某某老师、某某学校、一个银行的账号、一个学生的学号等都是一个实体。

2. 实体型

相同类型的实体集合称为实体型(Entity Set)。

3. 属性

实体所具有的某一特征或性质称为属性(Attribute)，即实体用属性描述。如一个学生实体可由学号、姓名、性别、出生年月、政治面貌、家庭住址等属性描述。

属性按结构分，有简单属性(Simple Attribute)、复合属性(Compound Attribute)和子属性(Sub-attribute)之分。简单属性表示属性不可再分；复合属性表示属性还可以再分为子属性。

4. 域

属性的取值范围称为属性的域(Domain)。

属性按取值分，有单值属性、多值属性、导出属性和空值(Null)属性等。只有一个取值的属性称单值属性(Single Value Attribute)；多于一个取值的属性称为多值属性(Multi Value Attribute)；值不确定或还没有取值的属性称为空值属性；其值可由另一个属性的取值推导出来的属性称为导出属性。

14

5. 键

如果某个属性或属性组合能够唯一地标识出某个实体,则该属性或属性组合称为键(Key),有时也称为码。

键可分为简单键和复合键。由一个属性构成的键称为简单键;由多个属性构成的键,则称为复合键。

候选键(Candidate Key):最小属性集合的键。

主键(Primary Key,PK):当存在多个候选键时,需选定一个作为实体的主键,将其作为描述实体的唯一标识。

6. 联系

联系(Relationship)是指各实体之间或实体内部各属性之间存在的某种联系。

两个实体之间的联系有一对一联系(1∶1)、一对多联系(1∶n)和多对多联系(m∶n)3类。

(1) 一对一(One-to-One,1∶1)联系

如果实体集 A 中的一个实体至多与实体集 B 中的一个实体关联,反过来,实体集 B 中的一个实体至多与实体集 A 中的一个实体关联,则称实体集 A 与实体集 B 是一对一联系。

例如乘客与车票之间。对于某一趟车,一张车票只属于一位乘客,而乘客只须购买一张车票,则乘客与车票之间的联系就是 1∶1 关系,如图 1-14 所示。

(2) 一对多(One-to-Many,1∶m)联系

设联系型 R 关联实体型 A 和 B。如果实体集 A 中的一个实体与实体集 B 中的 m 个实体关联,反过来,B 中的一个实体也只与 A 中的一个实体关联,则称 R 是一对多联系型。

例如,一个学生公寓的每一个房间可以住多个学生,但每一个学生只能在一个房间居住,则房间号与学生之间的联系就是 1∶m 关系,如图 1-15 所示。

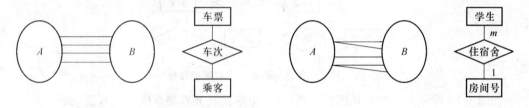

图 1-14　一对一联系　　　　　　　　图 1-15　一对多联系

(3) 多对多(Many-to-Many,m∶n)联系

设联系型 R 关联实体型 A 和 B。如果实体集 A 中的一个实体与实体集 B 中的 n 个实体关联,反过来,B 中的一个实体也与 A 中的 m 个实体关联,则称 R 是多对多联系型。

例如,学校的公选课,一门课有多个学生选,反过来,一个学生也可以选多门课程,则学生与课程之间的联系就是多对多联系,如图 1-16 所示。

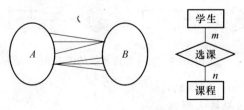

图 1-16　多对多联系

1.3.3 实体联系数据模型

实体联系数据模型(Entity-Relationship Data Model),简称 E-R 数据模型或 E-R 图,是建立和表示概念模型的使用方法,它是 1976 年由 P. Chen 提出的。E-R 数据模型与传统的数据模型不同,它不是面向计算机的实现,而是面向现实世界的,设计这种模型的出发点是有效、准确和自然的模拟现实世界,而不是首先考虑在计算机中如何实现。

E-R 图包括 3 个基本要素。

(1) 实体——用矩形框表示,并在框内标注实体名。

(2) 属性——用椭圆表示,框内标注属性名,并用无方向箭头线连接属性框与实体框。如果属性较多,为使图形更加明了、清晰,一般将实体与其属性单独表示。

例如学生实体有学号、姓名、性别、班级等属性,可用图 1-17 所示的 E-R 图表示。

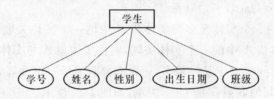

图 1-17　实体及其属性示意图

(3) 实体之间的联系——用菱形框表示,菱形框内标注联系名,并用无方向箭头线连接菱形框和实体框,同时,在无向线旁标注联系的类型。

例如院系、专业、班级、学生之间的联系,可用图 1-18 所示的 E-R 图表示。

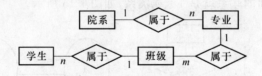

图 1-18　实体之间的联系及联系的属性

如图 1-19 所示为一个 E-R 图的示例,是一个学校教务管理系统的 E-R 图实例。

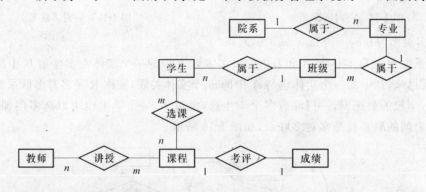

图 1-19　教务管理系统的 E-R 图

E-R 数据模型有两个明显的优点。

(1) 接近人的思维,容易被人理解。

(2) 与计算机无关,容易为用户接受。

但是 E-R 数据模型只能说明实体间语义的联系,还不能近一步说明详细的数据结构。当遇到实际问题时,总是先设计一个 E-R 数据模型,然后再把 E-R 数据模型转换成计算机能实现的数据模型。

1.3.4 数据模型的种类

数据库中的数据是按一定的逻辑结构存放的,这种结构是用数据模型来表示的。按数据结构的不同,常见的数据模型有层次模型、网状模型、关系模型和关系对象模型 4 种。

1. 层次模型

层次模型是数据库中最早出现的数据模型。层次数据库系统采用层次模型作为数据的组织方式。层次数据库系统的典型代表就是 IBM 公司的 IMS(Information Management System)数据库管理系统。在现实世界中,有很多事物是按层次组织起来的。例如,一个单位的行政关系。

(1) 层次模型的数据结构

层次模型是用树型结构来表示实体及其联系的模型。这种模型层次清楚,可沿层次路径存取和访问各种数据。层次数据模型如图 1-20 所示。

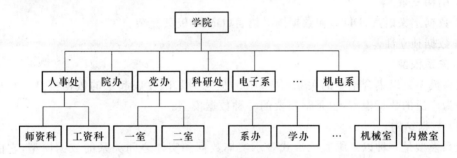

图 1-20　层次数据模型

层次模型表示一对一或一对多的联系是很方便的,层次模型有以下 3 点限制。

① 有且仅有一个节点,无父节点,这个节点称为根,其层次最高。

② 除根节点外的其他节点有且仅有一个父节点。

③ 同层次的节点之间没有联系。

(2) 层次模型的优点

① 数据模型比较简单,层次清晰,易于实现,操作方便。

② 对于实体间的联系是固定的,且由于是预先定义好的应用系统,所以其性能高。

③ 提供良好的完整性支持。

④ 适宜于描述类似于目录结构、行政编制、家族关系等的数据结构。

(3) 层次模型的缺点

① 不适合于表示非层次性的联系。如要表示多对多的联系,需用冗余节点法和虚拟节点法来进行描述。

② 对插入和删除操作的限制比较多。

③ 查询子女节点必须通过双亲节点,因为在层次模型中,只能按照从根开始的某条路径提出询问,否则不能直接回答。

④ 由于结构严密,层次命令趋于程序化。

2. 网状模型

（1）网状模型的数据结构

网状模型中节点间的联系不受层次限制，各数据实体之间建立的往往是一种层次不清的一对一、一对多或多对多的联系，即各数据实体之间可以任意发生联系。网状数据模型如图 1-21 所示。

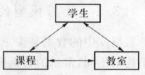

图 1-21　网状数据模型

网状模型结构的特点是：

① 允许一个以上的节点无双亲；

② 一个节点可以有多个双亲；

③ 两个节点之间可以有多个联系。

也就是说，网状模型是去掉层次模型的 3 个限制后的模型。

（2）网状模型的优点

① 能够更为直观地描述现实世界。

② 具有良好的性能，存取效率高。

（3）网状模型的缺点

① 结构复杂。

② 数据定义语言（DDL）和数据操纵语言（DML）极其复杂。

③ 数据独立性差。

3. 关系模型

关系模型是以集合论中的关系（Relation）概念为基础发展起来的数据模型。它是目前使用最为广泛的数据模型，也是最重要的一种数据模型。

（1）数据结构

关系模型是一种以二维表的形式表示实体数据和实体之间关系的数据模型，它由行和列组成。如图 1-22 所示的工作人员数据表是一个典型的关系模型。

（2）关系模型的特点

① 在关系模型中，实体及实体间的联系都是用关系来表示。

② 关系模型要求关系必须是规范的，最基本的条件是：关系的每一个分量必须是一个不可分的数据项，即不允许表中表的情况存在。

人员编号	姓名	性别	基本工资	个人电话	工种	押金
50101	刘华德	男	600.00	027-651×××62	临时工	1 000.00
50102	叶倩	女	700.00	027-511×××01	正式工	800.00
50103	林霞	女	600.00	027-511×××20	临时工	1 000.00
50104	张友	男	700.00	027-511×××15	正式工	800.00
50105	代正德	男	900.00	027-511×××40	临时工	1 000.00

图 1-22　关系型数据模型

（3）关系模型的优点

① 关系模型是以集合论和数理逻辑作为其理论基础的，通过对关系的各种运算得到询问的结果，使用户脱离了层次模型、网状模型中沿路径导航式查询的繁琐细节。

② 无论实体还是实体之间的联系都用关系来表示。对数据的查询结果也是关系（表），

18

因此概念单一,其数据结构简单、清晰。

③ 关系模型的存取路径对用户透明,从而具有更高的数据独立性,更好的安全保密性,也简化了程序员的工作和数据库开发建立的工作。

（4）关系模型的缺点

由于关系模型的存取路径对用户透明,查询效率往往不如非关系模型;为了提高性能,必须对用户的查询请求进行优化,增加了开发数据库管理系统的负担。

4. 关系对象模型

关系对象模型是考虑到关系模型本身所存在的一些严重缺陷,而在 1995 年后逐渐提出的一种数据模型。它一方面对关系模型的数据结构方面的关系结构进行改良;另一方面又在数据操作方面增加了对象操作的概念。

关系对象模型实际上是一种改良的关系模型。

1.4 数据库管理系统

数据库管理系统是用于数据库的建立、使用和维护的软件系统。它一般在操作系统平台之上工作,处于操作系统与用户之间,负责对数据库进行统一的管理和控制。

1.4.1 数据库管理系统的功能

数据库管理系统主要具有以下 4 部分功能。

1. 定义数据库

数据库向用户提供数据描述语言,供用户定义用户视图,以作为要由应用程序处理的数据的逻辑模型。用户使用数据库管理系统提供的程序设计语言界面书写控制或处理命令,处理从逻辑模式到内部模式的转换,拟定义对数据的有效性检查,规定用户对数据的访问权限等。

2. 管理数据库

管理数据库包括对数据库系统运行的控制,数据存取,更新管理,数据完整性、安全性控制以及并发控制等,并由它负责向应用程序和最终用户提供操纵语言。对数据库的运行进行管理是数据库管理系统的核心工作。

数据库管理系统提供操纵语言作为各种用户与数据库的双向界面,其作用如图 1-23 所示[1]。

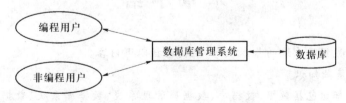

图 1-23　数据库管理系统作用示意图

3. 建立和维护数据库

建立和维护数据库包括数据库的建立、更新,数据库的再组织,数据库结构的维护,数据库的恢复及性能监视等。

4. 数据通信

数据库管理系统提供与操作系统的联机处理、分时系统及远程作业输入的相应接口。

从以上可以看出数据库管理系统控制数据库与程序员准备的应用程序之间的界面,控制数据库与非程序设计用户之间的界面,数据库管理员使用数据库管理系统的指令及工具来定义、建立、重新建立、重新构造数据库,并实现完整性控制。

1.4.2 数据库管理系统的构成

数据库管理系统的总体模型如图 1-24 所示[1]。为了实现以上功能,数据库管理系统一般由以下 3 个部分组成。

（1）数据定义语言及翻译程序。

（2）数据操纵语言（DML）或查询语言及其翻译程序。

（3）数据库管理子程序,包括运行控制程序和实用子程序。

一个设计优良的数据库管理系统所提供的用户界面应该友好、功能齐全、运行效率高、结构清晰而又开放。只有这样才能使它具有较强的适应性、灵活性和可扩充性。

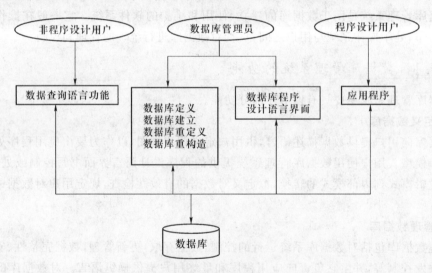

图 1-24　数据库管理系统的总体模型

本 章 小 结

本章介绍了数据库系统的基本概念,主要包括以下内容。

（1）数据库基础知识

数据库基础知识包括数据、数据库、数据库管理系统、数据库系统、数据库应用系统、数据模型、概念模型等内容。

（2）数据库系统体系结构

数据库系统体系结构从数据库用户角度出发可分为单用户结构、主从式结构、分布式结构、客户/服务器结构和浏览器/服务器结构5种；数据库系统体系结构从数据库管理系统角度出发来看，其体系结构一般采用三级模式结构，即数据库系统是由外模式、模式和内模式组成，并实现两级映射。

习　题

一、选择题

1. 数据库系统的核心是_____。
   - A. 网络系统
   - B. 操作系统
   - C. 数据库
   - D. 数据库管理系统

2. 下列实体型的联系中，一对多联系的是_____。
   - A. 班级对学生的所属关系
   - B. 母亲对孩子的亲生关系
   - C. 供应商对工程项目的供货关系
   - D. 省对省会的关系

3. E-R 数据模型属于_____。
   - A. 信息模型
   - B. 层次模型
   - C. 关系模型
   - D. 网状模型

4. 数据操作语言应具备的基本功能包括_____。
   - A. 向数据库中插入数据
   - B. 对数据库中的数据排序
   - C. 描述数据库的访问控制
   - D. 删除数据库中某些数据

5. 单个用户使用的数据视图的描述称为_____。
   - A. 外模式
   - B. 存储模式
   - C. 概念模式
   - D. 内模式

6. 子模式 DDL 用来描述_____。
   - A. 数据库的总体逻辑结构
   - B. 数据库的局部逻辑结构
   - C. 数据库的物理存储结构
   - D. 数据库的概念结构

7. 在 DBS 中，DBMS 和 OS 之间的关系是_____。
   - A. 相互调用
   - B. DBMS 调用 OS
   - C. 并发运行
   - D. OS 调用 DBMS

8. 在关系模型中，表示实体间 $m:n$ 联系是通过增加一个_____实现。
   - A. 关系或一个属性
   - B. 属性
   - C. 关系
   - D. 关系和一个属性

9. 数据库管理技术的发展大致经历了 3 个阶段，其中数据独立性最高的是_____。
   - A. 数据库系统
   - B. 文件系统
   - C. 人工管理
   - D. 机器管理

10. 数据库采用二级映像模式体系结构，它有利于保证数据库的_____。
    - A. 数据安全性
    - B. 数据完整性
    - C. 数据并发性
    - D. 数据独立性

11. 数据库中存储的是_____。
    - A. 记录
    - B. 信息
    - C. 关系
    - D. 数据及其之间的联系

12. 数据库中数据的物理独立性是指_____。
    - A. 用户程序与 DBMS 相互独立
    - B. 内模式改变，概念模式不变
    - C. 概念模式改变，内模式不改变
    - D. 内模式改变，外模式不变

13. 要保证数据库的数据独立性,需要修改的是_____。

    A. 模式与内模式   B. 三层模式之间的两种映射

    C. 三层模式   D. 模式与外模式

14. 数据模型包括 3 个部分,下面的_____不包括在其中。

    A. 数据操作   B. 完整性规则   C. 数据恢复   D. 数据结构

15. _____是位于用户与操作系统之间的一层数据管理软件。

    A. 数据库系统   B. 数据库应用系统   C. 数据库   D. 数据库管理系统

二、填空题

1. 数据库是_____的集合,用于描述一个或多个相关组织的活动。它包括_____和_____两方面的信息。

2. 数据模型的设计方法决定着数据库的设计方法。除了关系数据模型外,其他重要的数据模型有_____、_____、_____。今天的主导模型是_____。

3. 数据库管理系统在数据管理方面优越性高,它主要通过三级模式与二级映像实现的,其中,三级模式结构是_____、_____、_____,二级映像是_____、_____。

4. 数据独立性分为_____和_____。前者能通过_____与_____的分离加以保证,后者通过_____与_____的分离来实现。

三、思考题

1. 什么是数据、数据库、数据库管理系统以及数据库系统?

2. 数据管理技术经历了哪几个阶段?各个阶段的特点是什么?

3. 层次模型有哪些优点和缺点?

4. 与非关系模型相比,关系模型具有哪些特点?

5. DBMS 具有哪些主要功能?

第2章 关系数据库基础知识

 本章将学习以下内容

- 关系模型的相关知识；
- 关系完整性的概念；
- 关系的传统运算和代数运算；
- 关系演算；
- 关系的规范化理论。

20世纪70年代初，E.F.Codd博士建立了关系数据库的方法，并对关系模型作了一些规范性的研究。定义了一些关系运算，研究了数据的函数相关性，定义了关系的第三范式，从而开创了数据库的关系方法和数据规范化的理论研究。关系方法的出现，大大地激发了数据库的理论研究，把它推向一个更高级的阶段。

关系数据库是当前信息管理系统中最常用的数据库，在信息管理系统中占统治地位。关系数据库以关系模型为基础，采用关系模式，应用关系代数的方法来处理数据库中的数据。关系数据库有严格的理论基础，可用于知识库、分布式数据库和并行数据库等领域。

关系模型由关系数据结构、关系操作集合和完整性约束三部分组成。本章首先介绍关系数据模型的基本概念及常用术语，而后讨论关系运算及关系演算，最后介绍关系的基本理论。

2.1 关系模型与关系数据库

1970年，IBM公司的研究员E.F.Codd博士系统地提出了关系模型的概念，并确定了关系数据库的理论基础。20世纪80年代以来，关系数据库（Relation Database）理论日臻完善，并在数据库系统中得到了广泛的应用，现已成为商用的主流数据库管理系统，如Oracle、Sybase、SQL Server、DB2和Visual FoxPro等都是著名的关系模型数据库管理系统。本章只涉及关系理论及关系数据库系统的一些基本概念。

1. 术语

关系模型（Relational Model）就是用二维表格结构来表示实体及实体间联系的数据模

型。它由三部分组成:关系数据结构、关系操作集合和完整性约束。以关系数据模型为基础的数据库管理系统,称为关系数据库系统(RDBS),目前得到了广泛的应用。下面给出关系模型中的一些基本概念。

(1) 关系(Relation):一个关系就是一张没有重复行、重复列的二维表。每个关系都有一个关系名。在 SQL Server 中,一个关系就是一个表文件。

(2) 关系模式(Relation Schema):对关系的描述,一般表示为

关系名(属性 1,属性 2,属性 3,…,属性 n)

例如:学生(学号,姓名,性别,出生日期,政治面貌,籍贯,班级代码)。

关系既可以用二维表格描述,也可以用数学形式的关系模式来描述。一个关系模式对应一个关系的数据结构,也就是表的数据结构。

(3) 记录(Record):二维表(一个具体的关系)中的每一行(除了表头的那一行)称为关系的一个记录,又称行(Row)或元组(Tuple)。

(4) 属性(Attribute)和属性值(Attribute Value):二维表中的一列称为属性。每列用一个名称来标识,称为属性名,在关系数据库中称为数据项或字段。各列的顺序可以任意交换,但不能重名。二维表中的若干列,其中至少包括两列以上(含两列),称为属性集。属性都有某一特定的值,这个值称为属性值。同一属性名下的各个属性值必须来自同一个域,是同一类型的数据。

(5) 域(Domain):属性的取值范围称为域。例如学生表中的出生日期只能是 1988 年 1 月 1 日后。

(6) 分量(Element):元组中的一个属性称为分量,即元组中的一个属性值。

(7) 关键字(Key)或码:关系中能唯一区分、确定不同元组的属性或属性组合的某个属性组即为该关系的关键字或码。单个属性组成的关键字称为关键字,多个属性组合的关键字称为组合关键字。关系中的元组由关键字的值来唯一确定,关键字的属性值不能取"空值"。

(8) 候选关键字或候选码(Candidate Key):关系中能够成为关键字的属性或属性组合可能不是唯一的。凡在关系中能够唯一区分、确定不同元组的属性或属性组合的属性组都称为候选关键字或候选码。

(9) 主关键字(Primary Key)或主码:在候选关键字中选定一个作为关键字,称为该关系的主关键字或主码。关系中主关键字是唯一的。

(10) 非主属性或非码属性:关系中不组成码的属性均称为非主属性(Non-prime Attribute)或非码属性(Non-primary Key)。

(11) 外部关键字或外键(Foreign Key):关系中某个属性或属性组合并非关键字,但却是另一个关系的主关键字,则称此属性或属性组合为本关系的外部关键字或外键。关系之间的联系是通过外部关键字来实现的。

(12) 从表与主表:从表与主表是指外键相关的两个表,以外键为主键的表称为主表(主键表),外键所在的表称为从表(外键表)。

2. 关系模型的数据结构

关系模型的数据结构是一种二维表格结构。在关系模型中,现实世界的实体与实体之

间的联系均用二维表格表示。关系模型数据结构如图 2-1 所示。

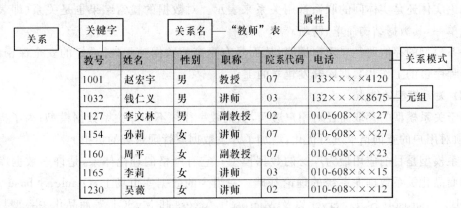

图 2-1　关系模型数据结构

3. 关系的性质

尽管关系与传统的二维表非常相似,但它们之间有较大的区别。关系是一种规范化了的二维表中行的集合,即关系是被作了种种限制的。关系应满足如下性质。

① 关系中的每一属性都是不可再分的基本属性,即关系中元组的分量是原子的,不存在表中表的情况,图 2-2 是非关系表,图 2-3 是关系表。

② 表中各列分量取自同一个域,故一列中的各个分量具有相同的性质。

③ 各列为一个属性,它被指定一个相异的名字,不同的列可以来自同一个域。

④ 表中的行称为元组,代表一个实体,表中各行相异,不允许重复。

⑤ 行、列次序均无关,其次序可以任意改变,不会改变关系的意义。

课程名称	总学时	学时分配	
		理论	实践
数据库	68	40	28
计算机网络	68	40	28
C 语言	90	60	30

图 2-2　非关系表

课程名称	总学时	理论	实践
数据库	68	40	28
计算机网络	68	40	28
C 语言	90	60	30

图 2-3　关系表

4. 关系数据库

关系数据库(Relation Database)主要是由若干个依照关系模型设计的数据表文件组成的集合。一张二维表称为一个数据表,数据表包括数据及数据间的关系。

一个关系数据库由若干个数据表、视图、存储过程等组成,而数据表又由若干个记录组成,每一个记录是由若干个以字段属性加以分类的数据项组成的。

在关系数据库中,每一个数据表都具有相对的独立性,这一独立性的唯一标志是数据表的名字,称为表文件名。

在关系数据库中,有些数据表之间是具有相关性的。

5. 关系模型的优点和缺点

(1) 关系模型的优点

关系模型是以集合论和数理逻辑作为其理论基础的,通过对关系的各种运算得到询问

25

结果，使用户脱离了在层次模型、网状模型中沿路径导航式查询的繁琐细节。

无论实体还是实体间的联系都用关系来表示。对数据的检索结果也是关系（即表），因此概念单一，其数据结构简单、清晰。

关系模型的存取路径对用户透明，从而具有更高的数据独立性，更好的安全保密性，也简化了程序员的工作和数据库开发建立的工作。

（2）关系模型的缺点

由于关系模型的存取路径对用户透明，查询效率往往不如非关系数据模型；为了提高性能，必须对用户的查询请求进行优化，增加了开发数据库管理系统的负担。

关系模型是目前应用最为广泛的数据模型。它有严格的理论体系，是许多数据库厂商推出的商品化关系数据库系统的理论基础。在当今的数据库市场上，Oracle、Sybase ASA、IBM DB2、Microsoft SQL Server 以及 Microsoft Access 和 MySQL 等商品化关系型数据库系统都占有大量的份额。由于关系模型的重要性，其始终保持主流数据库的位置。

2.2　关系操作

关系数据模型提供了一系列操作的定义，这些操作称为关系操作。关系操作采用集合操作方式，即操作的对象和结果都是集合。常用的关系操作有两类：一是查询操作，包括选择、投影、连接、并、交、差、除；二是增、删、改操作。表达（或描述）关系操作的关系数据语言可以分为如下三类。

（1）关系代数语言

关系代数语言是用对关系的集合运算来表达查询要求的方式，是基于关系代数的操作语言。关系代数的基本运算有两类：一类是传统的集合运算，包括并、差、交；另一类是专门的关系运算，包括选择、投影和连接。

表 2-1 给出了这些运算的基本运算符。

表 2-1　关系代数运算符

运　算　符		含　　义
传统集合运算符	∪	并
	∩	交
	—	差
	×	广交笛卡儿积
专门的集合运算符	σ	选择
	Ⅱ	投影
	⋈	连接
	÷	除

（2）关系演算语言

关系演算语言是用谓词来表达查询要求的方式，是基于数理逻辑中的谓词演算的操作语言。限于篇幅,本章不作介绍,读者可以参考相关书籍。

(3) 介于关系代数和关系演算之间的结构化查询语言 SQL

结构化查询语言 SQL 将在第 7 章作详细介绍。

2.2.1 传统的集合运算

传统的集合运算包括 4 种运算:并($\cup$)、交($\cap$)、差(一)和广义笛卡儿积($\times$)。

要求:进行并、差、交集合运算的两个关系必须具有相同的关系模式,即结构相同。

1. 并(Union)

如果 R 和 S 都是关系,那么由属于 R 或属于 S 的元组(记录)组成的新关系称为 R 和 S 的并,记为 $R \cup S$:

$$R \cup S = \{t \mid t \in R \lor t \in S\}$$

其属性与关系 R 或关系 S 相同,由属于 R 或 S 的元组组成。

图 2-4 中的深色部分表示了 $R \cup S$ 的运算结果。

例如,有关系 R 和 S 分别如图 2-5 所示。

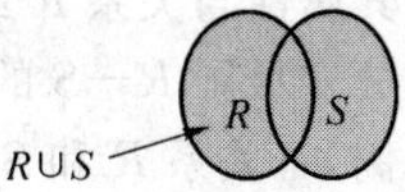

图 2-4　$R \cup S$ 的运算结构

关系 R

院系代码	院系名称
01	轨道交通学院
02	机电工程系
03	经济与管理工程系

关系 S

院系代码	院系名称
03	经济与管理工程系
04	电子信息工程系
05	公共课部

图 2-5　关系 R 和 S

则 $R \cup S$ 如图 2-6 所示。

院系代码	院系名称
01	轨道交通学院
02	机电工程系
03	经济与管理工程系
04	电子信息工程系
05	公共课部

图 2-6　关系 $R \cup S$

2. 交(Intersection)

如果 R 和 S 都是关系,那么由同属于 R 和属于 S 的元组(记录)组成的新关系称为 R 和 S 的交,记为 $R \cap S$:

$$R \cap S = \{t \mid t \in R \land t \in S\}$$

其属性与关系 R 或关系 S 相同,由既属于 R 又属于 S 的元组组成。图 2-7 中的深色部分表示了 $R \cap S$ 的运算结果。

例如,关系 R 和 S 同上,则 $R \cap S$ 如图 2-8 所示。

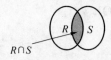

图 2-7 $R \cap S$ 的运算结果

院系代码	院系名称
03	经济与管理工程系

图 2-8 关系 $R \cap S$

3. 差(Difference)

如果 R 和 S 都是关系,那么由同属于 R 而不属于 S 的元组(记录)组成的新关系称为 R 和 S 的差,记为 $R - S$:

$$R - S = \{t \mid t \in R \wedge t \notin S\}$$

其属性与关系 R 或关系 S 相同,由属于 R 而不属于 S 的所有元组组成。图 2-9 中的深色部分表示了 $R - S$ 的运算结果。

例如,关系 R 和 S 同上,则 $R - S$ 如图 2-10 所示。

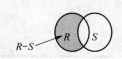

图 2-9 $R - S$ 的运算结果

院系代码	院系名称
01	轨道交通学院
02	机电工程系

图 2-10 关系 $R - S$

4. 广义笛卡儿积(Extended Cartesion Product)

两个分别有 n 个属性和 m 个属性的关系 R 和 S 的广义笛卡儿积是一个 $(n+m)$ 个属性的元组的集合。元组的前 n 个属性是关系 R 的一个元组,后 m 个属性是关系 S 的一个元组。若 R 有 k_1 个元组,S 有 k_2 个元组,则关系 R 和 S 的广义笛卡儿积有 $k_1 \times k_2$ 个元组,记作 $R \times S$:

$$R \times S = \{(t_R, t_S) \mid t_R \in R \wedge t_S \in S\}$$

【例 2-1】 设 R 和 S 两个关系如图 2-11(a) 和 2-11(b) 所示,则 $R \times S$ 的值为如图 2-11(c) 所示。

$R \times S$

$R.A$	$R.B$	$R.C$	$S.A$	$S.B$	$S.C$
a_1	b_2	c_2	a_1	b_2	c_2
a_1	b_2	c_2	a_2	b_4	c_1
a_1	b_2	c_2	a_3	b_3	c_2
a_1	b_2	c_2	a_4	b_1	c_1
a_1	b_2	c_3	a_1	b_2	c_2
a_1	b_2	c_3	a_2	b_4	c_1
a_1	b_2	c_3	a_3	b_3	c_2
a_1	b_2	c_3	a_4	b_1	c_1
a_2	b_1	c_1	a_1	b_2	c_2
a_2	b_1	c_1	a_2	b_4	c_1
a_2	b_1	c_1	a_3	b_3	c_2
a_2	b_1	c_1	a_4	b_1	c_1

R

A	B	C
a_1	b_2	c_2
a_1	b_2	c_3
a_2	b_1	c_1

(a)

S

A	B	D
a_1	b_2	c_2
a_2	b_4	c_1
a_3	b_3	c_2
a_4	b_1	c_1

(b)

(c)

图 2-11 广义笛卡儿积运算实例

2.2.2　专门的关系运算

在关系数据库中查询用户所需数据时,需要对关系进行一定的关系运算。关系运算主要有选择、投影和连接及除 4 种,其中连接分 θ 连接和自然连接。

为了叙述上的方便,先引入几个记号。

(1) 设关系模式为 $R(A_1,A_2,\cdots,A_n)$。它的一个关系设为 $R,t\in R$ 表示 t 是 R 的一个元组,$t[A_i]$ 则表示元组 t 中相应于属性 A_i 的一个分量。

(2) 若 $A=\{A_{i_1},A_{i_2},\cdots,A_{i_k}\}$,其中 $A_{i_1},A_{i_2},\cdots,A_{i_k}$ 是 $A_1,A_2,\cdots,A_n$ 中的一部分,则 A 称为属性列或域列。$t[A]=(t[A_{i_1}],t[A_{i_2}],\cdots,t[A_{i_k}])$ 表示元组 t 在属性列 A 上诸分量的集合。$\overline{A}$ 则表示 $\{A_1,A_2,\cdots,A_n\}$ 中去掉 $\{A_{i_1},A_{i_2},\cdots,A_{i_k}\}$ 后剩余的属性组。

(3) R 关系中有 n 个属性,S 关系中有 m 个属性。$t_R\in R,t_S\in S,t_Rt_S$ 称为元组的连接 (Concatenation)。它是一个 $n+m$ 个属性的元组,前 n 个属性为 R 中的一个 n 元组,后 m 个属性为 S 中的一个 m 元组。

(4) 给定一个关系 $R(X,Z)$,X 和 Z 为属性组。定义当 $t[X]=x$ 时,x 在 R 中的像集 (Images Set) 为:

$$Z_x=\{t[Z]\mid t\in R,t[X]=x\}$$

它表示 R 中属性组 X 上的诸元组在 Z 上分量的集合。

下面给出这些关系的定义。

1. 选择(Selection)

选择是指从关系 R 中选择满足指定条件的元组,它是一种对表进行横向的操作。选择运算所形成的新的关系其关系模式不变,即不影响原关系的结构,但其元组的数目小于或等于原关系中的元组的数目,因此新关系是原有关系的一个子集。

选择又称为限制(Restriction),其运算操作符为 σ,其中 c 为逻辑表达式,表示选择条件,用逻辑运算符连接关系表达式或关系表达式组成,取值为"真"或"假"。通常把选择运算记作

$$\sigma_c(R)=\{t\mid t\in R\wedge c(t)='真'\}$$

用于逻辑表达式中的比较操作符有 $>$、$>=$、$=$、$<$、$<=$、$<>$,逻辑运算符有 $\neg$、$\wedge$ 和 $\vee$。

【例 2-2】 设有"院系"关系表和"专业"关系表,如图 2-12 所示和图 2-13 所示。

院系代码	院系名称	负责人	电话
01	轨道交通学院	苏云	010-608××××
02	机电工程系	邱会仁	010-608××××
03	经济与管理工程系	谢苏	010-608××××
04	电子信息工程系	王楠	010-608××××
05	公共课部	余平	010-608××××
06	护理学院	王毅	010-608××××
07	计算机系	程宽	010-608××××

图 2-12 "院系"关系表

专业代码	专业名称	院系代码	专业代码	专业名称	院系代码
0101	铁道运输	01	0402	应用电子	04
0102	铁道信号	01	0501	旅游	05
0103	铁道通信	01	0601	高级护理	06
0201	高速驾驶	02	0602	中英护理	06
0301	财会	03	0701	计算机网络	07
0302	物流	03	0702	计算机软件	07
0401	计算机通信	04	0703	多媒体技术	07

图 2-13 "专业"关系表

查询院系代码为"07"的所有专业信息。

解
$$\sigma_{院系代码="07"}(专业)$$
或
$$\sigma_{3="07"}(专业)$$
其中下角标"3"为院系代码的属性序号,结果如图 2-14 所示。

专业代码	专业名称	院系代码
0701	计算机网络	07
0702	计算机软件	07
0703	多媒体技术	07

图 2-14 例 2-2 问题的结果

2. 投影(Projection)

投影是从关系 R 中选择出若干属性(字段)组成新关系的一种运算,是一种竖向的操作。投影运算是一种针对表内容的列运算。由于在投影后生成的新表中,可能会出现因属性被取消了若干个而导致剩下来的元组数据完全相同的情况,因此,投影运算后必须将这些重复元组取消。

关系 R 上的投影是从 R 中选择出若干属性列组成新的关系,记作
$$\Pi_A(R) = \{t[A] | t \in R\}$$
其中,A 为 R 中的属性列。

【**例 2-3**】 查询院系名称及负责人名,即对"院系"关系表在"院系名称"和"负责人"两个属性上进行投影。

$$\Pi_{院系名称,负责人}(院系)$$
或
$$\Pi_{2,3}(院系)$$
结果如图 2-15(a)所示。

【**例 2-4**】 查询"院系"关系表中有哪些院系代码,即在"院系"表中"院系代码"属性上进行投影。

$$\Pi_{院系代码}(院系)$$
结果如图 2-15(b)所示。

院系名称	负责人
轨道交通学院	苏云
机电工程系	邱会仁
经济与管理工程系	谢苏
电子信息工程系	王冤
公共课部	余平
护理学院	王毅
计算机系	程宽

院系代码
01
02
03
04
05
06
07

(a)　　　　　　　　　　　　　　　(b)

图 2-15　投影运算示例

3. 连接

（1）θ连接

θ连接是从关系 R 和关系 S 的笛卡儿积中选取属性值满足某一 θ 关系的元组。记作

$$R \underset{A\theta B}{\bowtie} S = \{\widehat{t_R t_S} \mid t_R \in R \wedge t_S \in S \wedge t_R[A]\theta t_S[B]\}$$

其中，A 和 B 分别为 R 和 S 上度数相等且可比的属性组，θ 是比较运算符。连接运算从 R 和 S 的广义笛卡儿积 $R \times S$ 中选取（R 关系）在 A 属性组上的值与（S 关系）在 B 属性组上值满足比较关系 θ 的元组。

通过公共属性名连接成一个新的关系。连接运算可以实现两个关系的横向合并，在新的关系中可以反映出原来关系之间的关系。

连接运算中有两种最为重要也最为常用的连接，一种是等值连接（Equal-join），另一种是自然连接（Natural-join）。

当 θ 为"＝"时的连接运算称为等值连接。它是从关系 R 与 S 的广义笛卡儿积中选取 A、B 属性值相等的那些元组。等值连接可记为

$$R \underset{A=B}{\bowtie} S = \{\widehat{t_R t_S} \mid t_R \in R \wedge t_S \in S \wedge t_R[A]\theta t_S[B]\}$$

（2）自然连接

自然连接是一种特殊连接。在连接运算中，以字段值对应相等条件进行的连接操作称为等值连接。自然连接是去掉重复属性的等值连接。它是对行和列同时进行运算。若关系 R 和关系 S 具有相同的属性组 B，则关系 R 和 S 的自然连接可用下式表示：

$$R \bowtie S = \{\widehat{t_R t_S} \mid t_R \in R \wedge t_S \in S \wedge t_R[B]\theta t_S[B]\}$$

具体计算过程如下。

① 计算 $R \times S$。

② 设 R 和 S 的公共属性是 $A_1, A_2, \cdots, A_k$，挑选满足 $R.A_1 = S.A_1, R.A_2 = S.A_2, \cdots, R.A_k = S.A_k$ 的那些元组。

③ 去掉 $S.A_1, S.A_2, \cdots, S.A_k$ 的这些列。如果两个关系中没有公共属性，那么其自然连接就转化为笛卡儿积操作。

31

【例 2-5】 设有关系 R 和关系 S，如图 2-16 所示。求 R 与 S 的自然连接。

R

A	B	C
1	4	7
2	5	8
3	6	9

S

B	C	D
4	7	d
5	8	r

图 2-16　关系 R 和关系 S

解　R 与 S 的自然连接计算如下：

（1）求 $R \times S$，如图 2-17 所示。

A	$R.B$	$R.C$	$S.B$	$S.C$	D
1	4	7	4	7	d
1	4	7	5	8	r
2	5	8	4	7	d
2	5	8	5	8	r
3	6	9	4	7	d
3	6	9	5	8	r

图 2-17　$R \times S$ 的结果

（2）选择 $\sigma_{R.B=S.B \wedge R.C=S.C}(R \times S)$，结果如图 2-18 所示。

A	$R.B$	$R.C$	$S.B$	$S.C$	D
1	4	7	4	7	d
2	5	8	5	8	r

图 2-18　选择运算结果

（3）删除重复的列 $S.B$ 和 $S.C$，用下面操作 $\Pi_{R.A,R.B,R.C,R.D}(\sigma_{R.B=S.B \wedge R.C=S.C}(R \times S))$ 将其选出，得到如图 2-19 的结果。

A	B	C	D
1	4	7	d
2	5	8	r

图 2-19　删除重复列的结果

4. 除（Division）

除运算是两个关系之间的运算。设有关系 $R(X,Y)$ 和 $S(Y,Z)$，其中 X、Y、Z 为单个属性或属性组，R 中的 Y 与 S 中的 Y 出自相同的域集。则 $R \div S$ 得到一个新的关系 $P(X)$，$P(X)$ 是由 R 中某些 X 属性值构成，其中的任一 X 值所对应的一组 Y 值都包含在关系 S 在 Y 上的投影。记作

$$R \div S = \{t_R[X] \mid t_R \in R \wedge \Pi_y(S) \subseteq Y_X\}$$

【例 2-6】 设有两关系 R、S 分别如图 2-20(a)和图 2-20(b)所示，$R \div S$ 的结果为图 2-20(c)。

R

A	B	C
a_1	b_1	c_2
a_2	b_3	c_7
a_3	b_4	c_6
a_1	b_2	c_3
a_4	b_6	c_6
a_2	b_2	c_3
a_1	b_2	c_1

(a)

S

B	C	D
b_2	c_3	d_1
b_2	c_3	d_2
b_2	c_3	d_3

(b)

$R \div S$

A
a_1
a_2

(c)

图 2-20　除运算举例

解　在关系 R 中，X 可以取 4 个值（a_1、a_2、a_3、a_4），其中
a_1 的像集为 $\{(b_1, c_2), (b_2, c_3), (b_2, c_1)\}$；
a_2 的像集为 $\{(b_3, c_7), (b_2, c_3)\}$；
a_3 的像集为 $\{(b_4, c_6)\}$；
a_4 的像集为 $\{(b_6, c_6)\}$。
S 在 (B, C) 上的投影为 $\{(b_2, c_3)\}$。
显然，a_1、a_2 的像集包含了 S 在 (B, C) 属性组上的投影，所以 $R \div S = \{a_1, a_2\}$

2.3　关系的完整性

关系的完整性约束是为保证数据库中数据的正确性和兼容性对关系模型提出的某种约束条件或规则。完整性通常包括实体完整性、参照完整性、域完整性和用户定义完整性 4 种。其中实体完整性和参照完整性是关系模型必须满足的完整性约束条件。关系只有遵循了这些规则，才能确保关系在实际使用中与设计者的期望相符。

1. 实体完整性（Entity Integrity）

实体完整性规则是指关系的主关键字不能取"空值"，即若属性 A 是基本关系 R 的主键，则属性 A 不能取空值，否则主键值就不能起到保证唯一标识原则的作用。例如，在院系表中，其主键为"院系代码"，此时就不能将一个无院系代码的院系记录插入到这个关系中。

一个基本关系通常对应现实世界的一个实体集。

2. 参照完整性（Referential Integrity）

参照完整性规则指的是若属性（或属性组）F 是基本关系 R 的外键，它与基本关系 S 的主键相对应（基本关系 R 和 S 不一定是不同的关系），则对于 R 中每个元组在 F 上的

值必须为:或者取空值(F 的每个属性值均为空值),或者等于 S 中某个元组的主键值。例如,在专业表中,"院系代码"是一个外键,它对应院系表中的主键"院系代码"。根据参照完整性规则,专业表中的"院系代码"的取值要么为院系表中的"院系代码"已有的值,要么为空。

3. 域完整性(Domain Integrity)

域完整性规则是指要求表中列的数据必须具有正确的数据类型、格式以及有效的数据范围。例如学生成绩表中学生成绩的数据类型为数字型,用户不能输入数字外的字符。

4. 用户定义完整性

实体完整性和参照完整性适用于任何关系数据库系统,并且是自动支持的。除此之外,不同的关系数据库系统根据其应用环境的不同,往往还需要一些特殊的约束条件,用户定义的完整性(User-defined Integrity)就是针对某一具体关系数据库的约束条件,它反映某一具体应用所涉及的数据必须满足的语义要求。关系模型应提供定义和检验这类完整性的机制,以便用统一的系统的方法处理它们,而不要由应用程序承担这一功能。例如,将学生成绩表中的"成绩"的取值范围限定在 0~100 之间。

2.4 关系规范化理论

2.4.1 问题的提出

1. 关系模式中可能存在的异常

当得到一组数据后,就要构造一个适合于它们的数据模式,这是数据库的逻辑设计问题。在关系数据库系统里,一个数据库模式涉及多个关系模式,如何构造好这些关系模式,即应该构造几个关系模式,每个关系模式涉及哪些属性及各属性间的一些联系性质,这是关系数据库逻辑设计所关心的问题。

研究模式设计理论的目的是设计一个"好"的关系模式,如何评价关系模式的"好"与"不好",这里先来看一个问题。

【例 2-7】 设有学生及选课关系"Student",如图 2-21 所示。"Student"中具有以下属性:学号、院系名称、系主任、课程号、教师、成绩,于是得到这样一组属性:$U=\{$学号,院系名称,系主任,课程号,教师,成绩$\}$。

学号	院系名称	系主任	课程号	教师	成绩
05010031	计算机系	程宽	062308	张然	89
05010032	计算机系	程宽	062308	黎明	68
05010033	计算机系	程宽	062308	张明	70
06010001	经济与管理工程系	谢苏	221032	张然	68
06010010	经济与管理工程系	谢苏	221032	王子	72
06030200	机电工程系	邱会仁	241302	张然	68

图 2-21 学生与选课关系表

解 现实生活中已知的事实告诉人们：

① 一个系可以有多名学生，但每名学生只属于一个系；

② 一个系只有一名负责人，一名系主任只在一个系任职；

③ 教师中没有重名，每个教师只属于一个系，一个系有多位教师；

④ 一个学生可选修多门课程，而每门课程可供多位学生选修；

⑤ 每位学生学习每门课程只有一个成绩；

⑥ 每门课程只有一位任课教师，但一位教师可以教多门课。

这样便得到了学生选课关系 Student 的数据模式 Student(U,F)，其中：

$U=\{$学号，院系名称，系主任，课程号，教师，成绩$\}$

$F=\{($学号，课程号$)\rightarrow$成绩，院系名称$\rightarrow$系主任，课程号$\rightarrow$教师，学号$\rightarrow$院系名称，学号$\rightarrow$系主任$\}$

此关系模式，在使用过程中存在以下问题。

(1) 数据冗余。如表中当院系名称出现时，其系主任同时出现。这样，一方面浪费存储空间，另一方面系统要付出很大的代价来维护数据库的完整性。例如，若系主任名更换后，就必须逐一修改有关这个系的每一个元组。

(2) 删除异常。如果某个系的学生全部毕业了，如计算机系，在删除该系学生选修课程的信息的同时，其院系名称及其系主任的信息也被删除掉了，这是一种不合适的现象。

(3) 插入异常。如果某个系刚刚成立，尚未有学生，则无法把该系及其负责人的信息添加进去，因为学号和课程号是该关系的码，它不能为空值。

2. 关系模式中存在异常的原因

例 2-11 中的关系模式为什么会发生数据冗余、删除异常和插入异常等问题呢？这是因为该关系模式 Student 的设计不是一个合适的设计，在该模式中存在着一些不好的数据依赖关系。

解决异常的方法是利用关系数据库规范化理论，对关系模式进行相应的分解，使得每一个关系模式表达的概念单一，属性间的数据依赖关系单纯化，从而消除这些异常。

一个好的模式应当不会发生插入和删除异常，而且冗余要尽可能少，在操作过程中不致产生信息的丢失和造成数据的不一致。

2.4.2 函数依赖

数据依赖是通过一个关系中属性间值的相等与否体现出数据间的相互关系。它是现实世界属性间相互联系的抽象，是数据内在的性质，是语义的体现。现在人们已经提出了多种类型的数据依赖，其中最重要的数据依赖是函数依赖（Functional Dependency，FD）和多值依赖（Multi-valued Dependency，MVD）。

数据依赖是指数据之间存在的各种关系，如外键就是一种依赖。数据冗余的产生和数据依赖有着密切的关系。

在数据依赖中，函数依赖是最基本的一种依赖。实际上，它是键概念的推广。

1. 函数依赖的定义

为便于定义描述，先给出如下标记。

设 R 是一个关系模式，U 是 R 的属性集合，$X\subseteq U$ 且 $Y\subseteq U$，r 是 R 的一个关系实例，元

组 $t \in R$。则用 $t[X]$ 表示元组 t 在属性集合 X 上的值。XY 表示 X 和 Y 的并集(实际上是 $X \cup Y$ 的简写)。

定义 2.1 设有关系模式 $R(A_1, A_2, \cdots, A_n)$。X 和 Y 是 U 的子集。对于 R 上的任一关系 r,如果 r 中的任意两个元组 t_1 和 t_2,若有 $t_1[X] = t_2[X]$,则必有 $t_1[Y] = t_2[Y]$。那么称 X 函数决定 Y,或者函数 Y 依赖于 X,记作 $X \rightarrow Y$。读作"Y 函数依赖于 X"或"X 函数决定 Y",X 称为决定因素。

如果 Y 不依赖于 X,则记作 $X \nrightarrow Y$。

事实上,对于关系模式 R,U 为其属性集合,X、Y 为其属性子集,根据函数依赖定义和实体间联系的定义,可以得出如下变换方法。

① 如果 X 和 Y 之间是 $1:1$ 的关系,则存在函数依赖 $X \rightarrow Y$ 和 $Y \rightarrow X$。

② 如果 X 和 Y 之间是 $1:n$ 的联系,则存在函数依赖 $Y \rightarrow X$。

③ 如果 X 和 Y 之间是 $m:n$ 的联系,则 X 和 Y 之间不存在函数依赖关系。

2. 函数依赖分类及其定义

函数依赖可分为 5 种:平凡函数依赖(Trivial FD)、非平凡函数依赖(Nontrivial FD)、完全函数依赖(Full FD)、部分函数依赖(Partial FD)和传递函数依赖(Transitive FD)。

(1) 平凡函数依赖。如果 $Y \subseteq X$,显然,$X \rightarrow Y$ 成立,则称函数依赖 $X \rightarrow Y$ 为平凡函数依赖。

(2) 非平凡函数依赖。如果 $X \rightarrow Y$,且 Y 不是 X 的子集,则称函数依赖 $X \rightarrow Y$ 是非平凡函数依赖。本章如不作特别声明,一般总是指非平凡函数依赖。

如果 $X \rightarrow Y$,且 $Y \rightarrow X$,则 X 与 Y 一一对应,即 X 与 Y 等价,记作 $X \leftrightarrow Y$。

定义 2.2 设 R 是一关系模式,U 是 R 的属性集合,如果 $X \rightarrow Y$,并且对于 X 的任何一个真子集 Z,$Z \rightarrow Y$ 都不成立,则称 Y 完全函数依赖于 X,记作 $X \xrightarrow{f} Y$,简记为 $X \rightarrow Y$。若 $X \rightarrow Y$,但 Y 不完全函数依赖于 X,则称 Y 部分函数依赖于 X,记作 $X \xrightarrow{p} Y$。

定义 2.3 设 R 是一关系模式,U 是 R 的属性集合,$X \subseteq U$ 且 $Y \subseteq U$ 且 $Z \subseteq U$,X、Y、Z 是不同的属性集。如果 $X \rightarrow Y$,但 $Y \rightarrow X$ 不成立,$Y \rightarrow Z$,则称 Z 传递函数依赖于 X。

需要说明的是,在上述关于传递函数依赖的定义中,加上条件"$Y \rightarrow X$ 不成立",是因为如果 $Y \rightarrow X$ 成立,则实际上 Z 直接依赖于 X,而不是传递依赖于 X。

3. 关系模式的规范形式

数据依赖引起的主要问题是操作异常,解决的办法是进行关系模式的合理分解,也就是对关系模式进行规范化(Normalization)。

范式(Normal Form,NF)是指关系模式规范形式。

关系模式需要满足规范化条件,不同程度的条件称为不同的范式。

E.F.Codd 于 1971—1972 年系统地提出了 1NF、2NF、3NF 概念,讨论了规范化的问题。

1974 年 Codd 和 Boyce 共同提出了 BCNF。

1976 年 Fagin 提出了 4NF,以后又有人提出了 5NF。

对于各种范式之间的联系有 $5NF \subset 4NF \subset BCNF \subset 3NF \subset 2NF \subset 1NF$。一个低一级范式的关系模式,通过投影运算可以转化为若干个高一级的关系模式的集合,这种过程就叫规范化设计。

（1）第一范式（1NF）

定义 2.4 设 R 是一个关系模式。如果 R 的每一个属性的值域都是不可再分的数据项，即关系中的每一属性都是原子的，则称该关系模式为第一范式，记作 1NF。

第一范式是对关系模式的最低要求。不满足第一范式的数据库模式不能称为关系数据库。

不满足第一范式的关系称为非规范关系。如图 2-22 所示就为一非规范关系，图 2-23 为一规范关系。若让关系数据库能处理非规范关系的数据，必须对非规范关系进行转换，使其成为规范关系。如图 2-23 是图 2-22 经转换而成的。转换的方法是将非规范关系中的不是原子属性的作横向展开即可。图 2-23 就是图 2-22 中学生信息作横向展开，即将学生信息下的"学号"、"院系代码"和"系主任"转换成为属性。

学生信息			课程号	成绩
学号	院系代码	系主任		
04010010	01	苏云	255430	89
03070120	04	王楠	255341	68
03070120	04	王楠	255430	70

图 2-22 学生选课成绩表

学号	院系代码	系主任	课程号	成绩
04010010	01	苏云	255430	89
03070120	04	王楠	255341	68
03070120	04	王楠	255430	70

图 2-23 学生选课成绩表

（2）第二范式（2NF）

定义 2.5 设 R 是一个关系模式。如果 R 是第一范式，且 R 中每一个非键属性完全函数依赖于 R 的键，则称该关系模式为第二范式，记为 2NF。

第二范式消除了非主属性对关键字的部分依赖。即满足 2NF 的关系，其非主属性完全函数依赖于关键字。

2NF 存在以下问题：

（1）插入异常；

（2）删除异常；

（3）冗余；

（4）更新异常。

【例 2-8】 设有学生成绩关系模式成绩，其关系如图 2-23 所示。函数依赖集为 $F = \{$（学号，课程号）→成绩，学号→院系代码，学号→系主任，院系代码→系主任$\}$，主码为（学号，课程号），可用图 2-24 表示。

解 根据函数依赖集 F 可以看出，非主属性

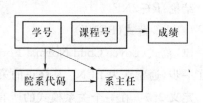

图 2-24 成绩关系中的函数依赖

37

成绩对主属性(学号,课程号)是完全依赖的,非主属性院系代码和系主任对主属性(学号,课程号)是部分函数依赖的,因此,关系成绩不是 2NF 的。对于一个不是 2NF 的关系,更新就会产生异常。

那么怎样把关系成绩变成符合 2NF 的要求呢? 解决的办法是用投影分解把成绩分解成两个关系,消除非主属性对主属性的部分函数依赖。将 F 分解如下两个关系:

A1={学号,课程号,成绩}

A2={学号,院系代码,系主任}

关系 A1 和 A2 中属性间的依赖可以用图 2-25 和图 2-26 表示。

图 2-25 关系 A1　　　　　　　　　　图 2-26 关系 A2

A1 的码为(学号,课程号),A2 的码为学号。这样 A1 和 A2 都满足 2NF 的要求了。

(3) 第三范式(3NF)

定义 2.6 设 R 是一个关系模式。如果 R 是 2NF,且它的任何一个非键属性都不传递依赖于 R 的任一候选键,则称该模式为第三范式,记为 3NF。

在图 2-25 中不存在传递依赖满足 3NF 的要求,属于 3NF。图 2-26 中,由学号→院系代码,院系代码→系主任可推得学号→系主任,即存在传递依赖,所以 A2 不属于 3NF。

对于一个不属于 3NF 的关系,若使它满足 3NF 的要求,解决的办法同样是进行分解。A2 被分解为:

A2_1(学号,院系代码)

A2_2(院系代码,系主任)

【例 2-9】 求关系模式 R(学号,姓名,班级号,班级人数)的范式级别。

解 ① 因为 R 中的各属性都是原子的,所以 $R \in 1NF$。

② 从 R 中可以看出,学号为主键,它是一个单一属性,因此在 R 中不存在部分函数依赖,所以 $R \in 2NF$。

③ 在 R 中由于有学号→班级号,班级号→班级人数,它构成了学号→班级人数这一传递依赖,故 R 不满足第三范式的要求。

结论:$R \in 2NF$

(4) BC 范式(BCNF)

BC 范式(Boyce Codd Normal Form,BCNF)是由 Boyce 和 Codd 提出的,比上述 3NF 又进了一步,通常认为 BCNF 是修正的第三范式。

定义 2.7 在一个关系模式的所有非平凡函数依赖中,如果所有决定于都含有码(即起决定因素的超码),则此关系模式属于 BCNF。

38

由 BCNF 的定义可以得到结论,一个满足 BCNF 的关系模式具有以下 3 个性质。

① 所有非主属性对每个候选码都是完全函数依赖。

② 所有的主属性对每一个不包含它的候选码,也是完全函数依赖的。

③ 没有任何属性完全函数依赖于非码的任何一组属性。

由于 R 属于 BCNF,按定义排除了任何属性对候选码的传递依赖与部分依赖,所以 R 属于 3NF。但是若 R 属于 3NF,则 R 未必属于 BCNF。

【例 2-10】 求 A1(学号,课程号,成绩)的范式级别。

解 对于关系模式 A1(学号,课程号,成绩),它只有一个主关键字(学号,课程号),并且没有任何属性对(学号,课程号)部分函数依赖或传递函数依赖,所以 A1 $\in$ 3NF。另外,A1 中(学号,课程号)是唯一的决定因素,所以 A1 $\in$ BCNF。

(5) 范式的规范化

在关系数据库中,对关系模式的基本要求是满足第一范式。但关系模式仅满足第一范式是不够的,因为满足第一范式的关系模式存在着大量的数据冗余、数据操作容易出现问题等不足,这时就需要对关系模式进行规范化。规范化的基本思想是逐步消除数据依赖中不合适的部分,使数据库模式中的各关系模式达到某种程度的分离,即采用"一事一地"的模式设计原则,让一个关系描述一个概念、一个实体或者实体间的联系,若多于一个概念就把它分离出去。

规范化的一般过程是:

① 取原始的 1NF 关系模式的投影,消除非主属性对主键的部分函数依赖,从而产生一组属于 2NF 的关系模式;

② 取上述 2NF 关系模式的投影,消除非主属性对主键的传递函数依赖,产生一组属于 3NF 的关系模式;

③ 取上述 3NF 关系模式的投影,消除决定因素不是候选键的函数依赖,产生一组属于 BCNF 的关系模式。

本 章 小 结

本章介绍了关系数据库基础知识,主要包括以下内容。

(1) 关系数据库的一些基本概念

这些基本概念包括关系、关系模式、记录、域、分量、关键字(Key)或码、候选关键字或候选码、主关键字或主码、非主属性或非码属性、外部关键字或外键、从表与主表的概念;关系模型的结构、关系模型的数据结构、关系模型的特点及关系模型的优点和缺点。

(2) 关系操作

常用的关系操作有两类:一是查询操作,包括选择、投影、连接、并、交、差、除;二是增、删、改操作。表达(或描述)关系操作的关系数据语言可以分为如下 3 类:关系代数语言、关系演算语言和介于关系代数和关系演算之间的结构化查询语言 SQL。关系代数的基本运算有两类:一类是传统的集合运算,包括并、差、交;另一类是专门的关系运算,包括选择、投影和连接。

（3）关系

关系的完整性约束是为保证数据库中数据的正确性和兼容性对关系模型提出的某种约束条件或规则。完整性通常包括实体完整性、参照完整性、域完整性和用户定义完整性4种。其中实体完整性和参照完整性是关系模型必须满足的完整性约束条件。关系只有遵循了这些规则，才能确保关系在实际使用中与设计者的期望相符。

（4）关系规范化的基本理论

函数依赖和范式。解决关系模式中存在着大量的数据冗余、数据操作容易出现问题等不足的方法就是对关系模式进行规范化，逐步消除数据依赖中不合适的部分，使数据库模式中的各关系模式达到某种程度的分离。

习　题

一、选择题

1. 对关系模型的说法不正确的是_____。

　　A. RDBMS 是现在比较流行的 DBMS

　　B. 关系模型一般用二维表来表示

　　C. 关系模型用层次表示

　　D. 它有严格的数学论、集合论、谓词演算公式作基础

2. 关系数据库系统能够实现的传统的集合运算包括_____。

　　A. 并、交、差、广义笛卡儿积　　　　　B. 创建数据库、删除元组、排序元组

　　C. 选择、投影、连接　　　　　　　　　D. 选择、投影、笛卡儿积

3. 在关系模型中，一个关键字是_____。

　　A. 由一个或多个任意属性组成

　　B. 由一个属性组成

　　C. 不能由全部属性组成

　　D. 可由一个或多个能唯一标识该关系模式中任何元组的属性组成

4. 在关系中，不允许出现相同元组的约束是通过_____实现。

　　A. 关键字　　　　B. 索引　　　　　C. 外部关键字　　　D. 主关键字

5. 在一个关系中，若有一个属性，其值能唯一标识一个元组，则称其为_____。

　　A. 主属性　　　B. 主关键字　　　C. 关键字　　　　D. 主值

6. 关系 R 与 S 要进行自然连接，它们须有一个或多个相同的_____。

　　A. 属性　　　　　B. 行　　　　　C. 记录　　　　　D. 元组

7. 在关系的各种运算中，花费时间最长的是_____。

　　A. 广义笛卡儿积　　B. 选取　　　C. 连接　　　　　D. 投影

8. 从关系中选择满足一定条件的元组组成新的关系的操作为_____。

　　A. 投影　　　　　B. 选择　　　　C. 连接　　　　　D. 筛选

9. 在职工关系中,属性"姓名"的域只能是字符串类型的约束属于_____。

    A. 实体完整性规则   B. 码约束

    C. 参照完整性规则   D. 用户定义完整性规则

10. 在职工关系中,属性"工种"必须在关系工种中存在,这种约束属于_____。

    A. 实体完整性   B. 外码约束

    C. 完整性   D. 用户定义完整性

11. 关于自然连接的说法,正确的是_____。

    A. 自然连接就是连接,只是说法不同罢了

    B. 自然连接是去掉重复属性的等值连接

    C. 自然连接是去掉重复元组的等值连接

    D. 自然连接其实是等值连接,它与连接不同

12. _____是对数据项的数据类型、取值范围的规定。

    A. 域完整性约束   B. 元组完整性约束

    C. 关系完整性约束   D. 完整性约束

13. 关系代数语言是用对_____的集合运算来表达查询要求的方式。

    A. 实体   B. 域   C. 属性   D. 关系

14. 关系演算语言是用_____来表达查询要求的方式。

    A. 关系   B. 谓词   C. 代数   D. 属性

15. 设有如下关系 R、S,则 $\Pi_{A,B}\left[\sigma_{B='b'}(R)\right]$ 的运算结果为_____。

A	B	C
a	b	c
d	a	f
a	b	d

关系 R

B	C
b	c
b	d

关系 S

题图 2-1 关系 R 和关系 S

A	B
a	b
a	b

A.

A	B
a	b

B.

A	B	C
a	b	c
a	b	d

C.

A	B
a	b
d	a

D.

16. 基于 15 题的关系,$R÷S$ 的结果是_____。

A
a
a

A.

A	B
a	b

B.

A
a

C.

A	B	C
a	b	c
a	b	d

D.

17. 基于 15 题的关系，$R \times S$ 的结果是_____。

A	B	C	B	C
a	b	c	b	c
a	b	c	b	d
d	a	f	b	c
d	a	f	b	d
a	b	d	b	c
a	b	d	b	d

A
a
a

A.

A
a

B.

A	B
a	b

C.

D.

二、填空题

1. 关系操作的特点是_____操作。

2. 关系模式是对_____的描述，一个关系模式的定义格式为_____，它可以形式化表示为_____。

3. 关系模型的完整性约束包括_____、_____、_____、_____。

4. 码约束规定，组成主关键字的属性或部分属性不能是_____，即在一个关系中不能有两个_____的元组存在。

5. 关系数据库可使用的最小单元是_____，它不允许再分解。

6. 关系代数运算中，传统的集合运算有_____、_____、_____、_____。

7. 关系代数运算中，专门的关系运算有_____、_____、_____、_____，其中以元组为变量的关系运算是_____，以属性为变量的关系运算是_____。

8. _____是提高关系范式等级的重要方法。

三、简答题

1. 试述关系模型的 3 个组成部分。

2. 一个系有若干个教研室，每一个教研室有一名负责人和多位老师，每位老师只能属于一个教研室。每个教研室承担了多项课题研究，每项课题可有多位老师参加，每位老师可以参加多项课题的研究。

① 用 E-R 图画出此系的概念模型。

② 将 E-R 图转换为关系模式，并指出每一个关系的主键。

③ 判断各模式属于几范式。

3. 设有院系(院系代码，院系名称，负责人)、专业(专业代码，专业名称，院系代码)、班级(班级代码，班级名，专业代码，班主任，电话)3 个关系，试用关系代数表达式表示下列查询语句。

① 检索班级代码为"060227"的班级名称及所在的院系名称。

② 检索班主任名为"王月"所带的班级及其电话号码。

③ 检索全校院系名称。

④ 检索"计通 061"班所在院系的负责人名。

第3章 数据库设计

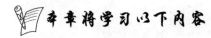本章将学习以下内容

- 数据库设计的概念；
- 需求分析；
- 概念结构设计；
- 逻辑结构设计；
- 物理结构设计；
- 数据库的实现与维护。

数据库设计是研究数据库及其应用系统的技术。数据库设计的主要任务是通过对现实系统中的数据进行抽象，得到符合现实系统要求的、能被 DBMS 支持的数据模式。早期的数据库设计主要取决于设计者的经验，质量难以得到保证；而当今数据库设计由于有理论和工程方法的支持，数据库设计的质量不仅得到了保证，而且减少了运行和维护成本。

本章主要介绍数据库设计的基本概念、需求分析、概念结构设计、逻辑结构设计、物理结构设计以及数据库的实施与维护。

3.1 数据库设计概述

数据库设计是研究数据库及其应用系统的技术，是数据库在应用领域中的主要研究课题。它要求对于指定的应用环境，设计出较优的数据库模式，建立数据库及其应用系统，使系统能有效地存储、操作和管理数据，并满足用户的各种应用需求（信息需求和处理需求）。

在当今社会，数据库已经广泛地应用于各类信息管理系统，如银行管理系统、超市 POS 系统、火车售票系统、决策支持系统等。数据库已经成为现代信息系统的基础和核心。数据库设计的好坏将直接影响信息系统的质量和运行效果。没有合理的数据库设计，就不可能开发出优秀的信息管理系统。

3.1.1 数据库和信息系统

数据库与信息系统是密不可分的，数据库是信息系统的基础和核心。一个信息系统的

各个部分能否紧密地结合在一起以及如何结合,关键在数据库。因此只有对数据库进行合理的逻辑设计和物理设计才能开发出完善而高效的信息系统。数据库设计是信息系统开发和建设的重要组成部分。

大型数据库的设计和开发是一个庞大的工程,是涉及多学科的综合性技术。其开发周期长、耗资多,失败和风险也大。对于一个从事数据库设计的专业人员来说,不能只凭个人的经验或技巧来完成设计,而应把软件工程的原理和方法应用到数据库建设中,同时还应具备多方面的技术和知识。这些技术和知识主要有:

(1) 数据库的基本知识和数据库设计技术;

(2) 计算机科学的基础知识和程序设计的方法与技巧;

(3) 软件工程的原理和方法;

(4) 应用领域的知识。

不同的应用领域其应用系统也就不同,因此,数据库设计人员必须深入实际与用户密切结合,对应用环境及用户业务作深入了解,以期设计出符合具体领域要求的数据库应用系统。

3.1.2 数据库设计的特征

数据库设计过程不仅是一项庞大的工程项目,而且是一项涉及多学科的综合性技术,同时也牵涉到与此相关的方方面面的人员,如系统分析员、DBA、应用程序员等。数据库设计和其他工程设计一样,具有如下 3 个特征。

1. 反复性(Iterative)

数据库设计不可能"一气呵成",需要反复推敲和修改才能完成。前阶段的设计是后阶段设计的基础和起点,但后阶段也可向前阶段反馈其需求。如此反复修改,以臻完善。

2. 试探性(Tentative)

数据库的设计不同于求一个问题的数学解,设计结果一般不是唯一的,设计的过程往往是一个试探的过程。在设计过程中,会经常遇到各种各样的要求和制约因素,它们之间可能是有矛盾的,设计过程便是解决这些矛盾的过程。

3. 分布进行(Multistage)

数据库设计常常是由不同的人员分阶段进行的。这样做一方面是设计分工的需要,另一方面,由于不同阶段的参与者可能不同,数据库采用分步进行,有利于分段把关,逐级审查,保证设计的质量和进度。

3.1.3 数据库设计方法简述

设计方法(Design Methodology)是指设计数据库所使用的理论和步骤。在数据库的发展过程中,由于信息结构复杂,应用环境多样,在相当长的一段时间内数据库设计主要采用手工试凑法。这样的方法与设计人员的经验和水平有直接关系,对于缺少数据库设计知识的设计人员来说,往往需要经历大量尝试和失败的过程。即使有经验的数据库设计人员设计的数据库,往往在运行一段时间后也会时常出现不同程度的问题,增加了系统维护的代价。经过努力探索,人们设计出了各种数据库设计方法,这些方法运用软件工程的思想,提出了各种设计准则和规程。

为了让数据库设计能够循序渐进,目前的数据库设计多采用规范设计法,如新奥尔良(New Orleans)方法、基于 E-R 数据模型的数据库设计方法、基于 3NF 的设计方法和基于抽象语义的设计方法。规范设计法从本质上讲仍然是手工设计方法,其基本思想是过程迭代和逐步求精。

1. 新奥尔良(New Orleans)方法

新奥尔良(New Orleans)方法是因其在美国新奥尔良市讨论时而得名。它将数据库设计分为 4 个阶段:需求分析(分析用户需求)、概念设计(信息分析和定义)、逻辑设计(设计实现)和物理设计(物理数据库设计),其中前两个阶段集中于正确完整的理解用户需求,后两个阶段主要考虑如何实现用户需求。其后,S. B. Yao 等又将数据库设计分为 5 个步骤。又有 I. R. Palmer 等主张把数据库设计当成一步接一步的过程,并采用一些辅助手段实现每一过程。

2. 基于 E-R 数据模型的数据库设计方法

基于 E-R 数据模型的数据库设计方法是由 P. P. S. Chen 于 1976 年提出的数据库设计方法,其基本思想是在需求分析的基础上,用 E-R 图构造一个反映现实世界实体之间联系的企业模式,然后再将此企业模式转换成基于某一特定的 DBMS 的概念模式。

3. 基于 3NF 的设计方法

基于 3NF 的数据库设计方法是由 S. Atre 提出的结构化设计方法,其基本思想是在需求分析的基础上,确定数据库模式中的全部属性和属性间的依赖关系,将它们组织在一个单一的关系模式中,然后再分析模式中不符合 3NF 的约束条件,将其进行投影分解,规范成若干个 3NF 关系模式的集合。其具体设计步骤可分为 5 个阶段。

(1) 设计企业模式,利用规范化得到的 3NF 关系模式画出企业模式。

(2) 设计数据库的概念模式,把企业模式转换为 DBMS 所能接受的概念模式,并根据概念模式导出各个应用的外模式。

(3) 设计数据库的物理模式。

(4) 对物理模式进行评价。

(5) 数据库实现。

除了使用先进的数据库设计方法,加快数据库设计速度,目前有很多计算机辅助软件工程(Computer Aided Software Engineering,CASE)工具,如 Sybase 公司的 Power Designer 和 Oracle 公司的 Designer 等。这些工具软件可以自动地或辅助设计人员完成数据库设计过程中的很多任务,特别是大型数据库的设计离不开这类工具的支持。

3.1.4　数据库设计的步骤

和其他软件一样,数据库的设计过程可以使用软件工程的生存周期的概念来描述,称为"数据库设计的生存期",它是指从数据库研制到不再使用它的整个时期。按规范设计法可将数据库设计分为 6 个阶段,如图 3-1 所示。它们是:

- 需求分析阶段;
- 概念结构设计阶段;

- 逻辑结构设计阶段；
- 物理结构设计阶段；
- 数据库实施阶段；
- 数据库运行和维护阶段。

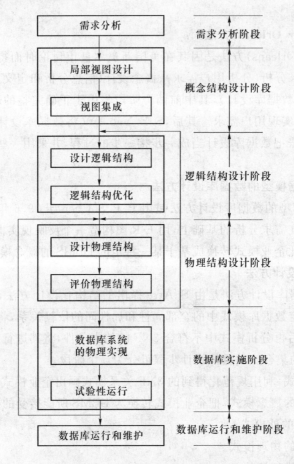

图 3-1　数据库设计步骤

在数据库设计开始之前，首先选定参加设计的人员，这些人员包括系统分析员、数据库设计人员、程序员、用户和数据库管理人员。其中系统分析员和数据库设计人员是数据库设计的核心成员，他们必须自始至终地参与数据库设计，而且他们的水平决定了数据库系统设计的质量；用户和数据库管理人员也起着较重要的作用，系统分析员和数据库设计人员主要从他们那里获得数据库设计的需求，其设计的数据库还需他们的检验。程序员则对数据库实施完成。

如果数据库设计是一个较大的项目，还需使用辅助设计软件如 PowerDesinger 等，这样可以加快数据库设计的进度，并提高数据库设计的质量。

1. 需求分析阶段

它是数据库设计的第一阶段，是整个设计的基础。其任务是收集和分析用户对系统的功能、环境、可靠性、安全保密性等的要求，并以此建立系统需求规格说明性文档。

2. 概念结构设计阶段

根据对系统的需求分析、综合、归纳,建立一个独立完整的、不依赖于具体 DBMS 的、高度细化的数据模型。它是整个数据库设计的关键。

3. 逻辑结构设计阶段

逻辑结构设计是将概念结构转换为某一具体 DBMS 所支持的数据模型,同时对其进行优化。

4. 物理结构设计阶段

根据数据库分析和程序总体设计的结果,为逻辑数据模型选取一个最适合应用环境的物理结构(包括存储结构和存取方法),它面向特定的 DBMS 系统。

5. 数据库实施阶段

在数据库实施阶段,设计人员运行 DBMS 提供的数据语言和其宿主语言,根据逻辑结构设计和物理结构设计的结果建立数据库,编制与调试应用程序,组织数据库,并进行试运行。

6. 数据库运行和维护阶段

数据库应用系统经过试运行后即可投入正式运行。在运行过程中,还需不断修正在各个阶段发生的错误。

3.2 需求分析

简单地说,需求分析就是分析用户的需求。需求分析是数据库的起点,需求分析的结果是否正确将直接影响到后面各个阶段的设计思想以及最后结果的合理性与实用性。不符合用户需求的数据库可能比较容易设计,但那只是浪费金钱和时间,同时滞后了企业信息化的发展。

需求分析阶段成果是系统说明书,此说明书主要包括数据流图、数据字典、系统功能结构图和必要的说明。系统需求说明书是数据库设计的基础文件。

3.2.1 需求分析的任务

需求分析是数据库设计中非常关键的一步,其结果直接左右其后各阶段的设计思想。需求分析的任务是通过详细调查现实世界要处理的对象(组织、部门、企业等),充分了解原系统(手工系统或计算机系统)工作概况,明确用户的各种需求,然后在此基础上确定新系统的功能。由于技术和信息需求不断进步和提高,因此新系统的需求分析必须充分考虑到今后可能的扩充和改变,不能仅仅按当前的应用需求来设计数据库。

在需求分析阶段,从多方面对整个要处理的对象进行调查,收集和分析各项应用对信息和处理两方面的需求。

调查的重点是"数据"和"处理",通过调查、收集与分析,获得用户对数据库的如下要求。

(1)信息要求。它是指用户要从应用系统中获得信息的内容与性质。由信息的要求可以导出数据的要求,即在数据库中存储哪些数据。

(2)处理要求。它是指用户要完成什么处理功能,对处理的响应时间有什么要求,是什么样的处理方式(批处理还是联机处理)。

（3）安全性与完整性要求。确定用户的要求是很困难的，因为一方面用户往往对计算机应用不太了解，难以准确表达自己的需求；另一方面，计算机专业人员又缺乏用户的专业知识，存在与用户准确沟通方面的障碍，只有通过不断与用户深入交流，才能逐步确定用户的实际需求。

3.2.2 需求分析方法

在做需求调查时，需要使用多种调查方法，并需要用户的积极参与和配合。调查了解了用户的需求后，要进一步分析和表达用户的需求。常用的分析方法有自顶向下的分析方法（又称结构化分析方法，简称 SA 方法）和自底向上的分析方法。SA 方法是最简单、实用的方法，它从最上层的系统组织机构入手，采用自顶向下、逐层分解、步步细化的方式分析系统，并用数据流图（Data Flow Diagram，DFD）和数据字典（Data Dictionary，DD）描述系统。

1. 基本符号

数据流图是最常用的结构化分析工具之一，用于表达和描述系统的数据流向和对数据的处理功能。数据流图有 4 种基本符号，如图 3-2 所示。

| 数据的处理变换 | 数据的源点或终点 | 数据存储 | 数据流 |

图 3-2 数据流图的基本符号

用 SA 方法做需求分析，数据库设计人员首先要抽象出系统的顶层数据流图，如图 3-3 所示，然后将顶层数据流图中的处理功能分解为若干子功能，再将每个子功能继续分解，直到每个功能能够被清晰地描述出来，在功能分析的同时，它所用的数据也需逐级分解，最终形成若干层次的数据流图。

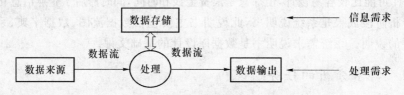

图 3-3 系统顶层数据流图的一般形式

2. 数据流图实例

【例 3-1】 某学校教务管理信息系统要求实现学生选课、成绩登录等功能，需要得到其相关的数据流图。

解 学生选课系统的顶层数据流图如图 3-4 所示，学生选课系统第一层数据流图如图 3-5 所示。

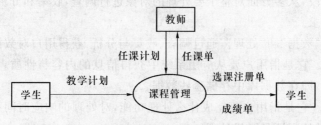

图 3-4 学生选课系统的顶层数据流图

48

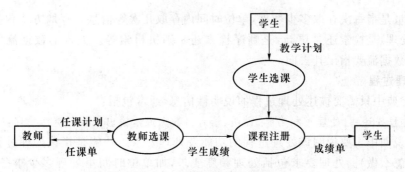

图 3-5 学生选课系统第一层数据流图

数据流图要分多少层次需根据实际情况而定,对于复杂的大系统,要分许多层。为了提高规范化程度,通常对数据流图上的每一个图例元素进行编号。

3.2.3 数据字典

数据字典(DD)是对数据的详细描述,是对数据的结构和属性列出清单,它是将数据信息以特定格式记录下来所形成的文档。数据字典主要包括数据项、数据结构、数据流、数据存储、处理过程 5 个部分。

1. 数据项

数据项是数据中最小的、不可再分割的单位,一个数据项的描述通常包括:

数据项描述＝{数据项名、数据项含义说明、别名、数据类型、长度、取值范围、取值含义、
            与其他数据项的关系}

其中,取值范围、与其他数据项的关系定义了数据的完整性约束条件,是设计数据检验功能的依据。

2. 数据结构

数据结构是有意义的数据的集合,它反映了数据之间的组合关系。一个数据结构可以由若干个数据项组成,也可以由若干个数据结构组成,或由若干个数据项和数据结构混合组成。对数据结构的描述通常包括:

数据结构描述＝{数据结构名称、含义说明、组成:{数据项或数据结构}}

3. 数据流

数据流是数据结构在系统内传输的路径。它既可以是数据项也可以是数据结构。数据流的描述通常包括:

数据流描述＝{数据流名称、含义、数据流来源、数据流去向、数据流组成:{数据结构}、
            平均流量、高峰期流量}

其中,数据流来源是说明该数据流来自哪个过程。数据流去向是说明该数据流将到哪个过程中去。平均流量是指在单位时间里的传输次数,高峰期流量则是指在高峰时期的数据流量。

4. 数据存储

数据存储是数据结构停留或保存的地方,也是数据流的来源和去向之一。对数据存储的描述通常包括:

数据存储描述＝{数据存储名称、说明、编号、流入的数据流、流出的数据流、组成:{数据
            结构}、数据量、存取方式}

其中,数据量是指每次存取多少数据,单位时间内存取几次等信息。存取方式包括是批处理还是联机处理,是检索还是更新,是顺序检索还是随机检索等。流入的数据流要指出其来源,流出的数据流要指出其去向。

5. 处理过程

数据字典中只需要描述处理过程的说明性信息,通常包括:

处理过程描述={处理过程名称、说明、输入:{数据流},输出:{数据流},处理:{简要说明}}

其中,简要说明中主要说明该处理过程的功能及处理要求。功能是指该处理过程用来做什么(而不是怎么做)。处理要求包括处理频度要求,如单位时间里处理多少事务,多少数据量;响应时间要求等。这些处理要求是后面物理结构设计的输入及性能廉价的标准。

6. 数据字典实例

【例 3-2】 以教务管理信息系统数据库"jwgl"为例,简要说明如何定义数据字典。

解 (1)数据项说明

数据项名:学号。

数据项含义说明:唯一标识每个学生。

别名:学生编号。

数据类型:字符型。

长度:8。

取值范围:00000000~99999999。

取值含义:前两位标识该生所在专业,接着的两位标识所在年级,后四位为顺序号。

与其他数据项的关系:是学生成绩表的主键。

(2)数据结构说明

数据结构名称:学生。

含义说明:定义一个学生的有关信息,是教务管理信息系统中的主要数据结构。

组成:学号、姓名、性别、出生日期、籍贯、政治面貌、班级名、专业名称。

(3)数据流说明

数据流名称:成绩单。

含义:某班某学期选修某门课程的成绩。

数据流来源:院系。

数据流去向:教务处。

数据流量:……

数据流组成:课程号+学号+成绩。

(4)数据存储

数据存储名称:学生成绩。

说明:学生某学期某课程成绩登记情况。

流入的数据流:……

流出的数据流:……

组成:课程号+学号+成绩。

存取方式:随机存取。

(5)处理过程

处理过程名称:成绩汇总。

说明：根据相关参数计算学生某一课程期末成绩。

输入：平时、作业、期中、期末成绩以及各占比例。

输出：成绩报告单。

处理：一学期结束后，能计算平时、期末成绩并可形成成绩报告单。

3.3　概念结构设计

在需求分析阶段，数据库设计人员只是根据用户的需求，用数据流图描述了系统的逻辑结构，还只停留在现实世界，必须将它们抽象为信息结构即概念模型，才能更好、更准确地用某一个 DBMS 实现用户的需求。概念结构设计的目的就是根据对用户需求分析的结果，将用户对数据的需求综合成一个统一的模型，它是整个数据库设计的关键，是数据库设计的核心环节。设计时，一般是先根据单个应用的需求，画出能反映每个应用需求的局部 E-R 图。然后把这些 E-R 图合并起来，并消除冗余和可能存在的矛盾，得出系统的 E-R 图。

3.3.1　概念结构设计的必要性

在概念结构设计阶段，设计人员从用户的角度看待数据及其处理要求和约束，产生一个反映用户观点的概念模式。然后再把概念模式转换成逻辑模式。将概念模式从设计过程中独立出来，至少有以下几个好处。

(1) 各阶段的任务相对单一化，设计复杂程度大大降低，便于组织管理。

(2) 不受特定 DBMS 的限制，也独立于存储安排和效率方面的考虑，因此比逻辑模式更为稳定。

(3) 概念模式不含具体的 DBMS 所附加的技术细节，更容易被用户理解，因此有可能准确反映用户的信息需求。

3.3.2　概念模型的特点

概念模型与数据模型之间的关系如图 3-6 所示。

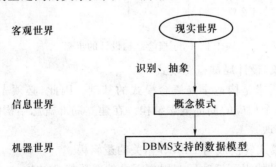

图 3-6　概念模型与数据模型的关系

概念模型有如下特点。

(1) 能真实地反映现实世界，包括实体和实体之间的联系，同时又能满足用户对数据的处理要求。

(2) 易于理解。

（3）易于更改，当现实世界中的事物变化时，应该容易对概念模型修改和补充。

（4）易于向关系、网状、层次等各种数据模型转换。

3.3.3　概念结构设计的主要步骤

概念结构设计要遵从一定的策略和步骤。

1. 设计概念结构的策略

设计概念结构的策略有以下 4 种。

（1）自顶向下：首先定义全局概念结构的框架，再逐步细化。

（2）自底向上：先定义每一个局部应用的概念结构，然后按一定的规则将它们集成，得到全局的概念结构。

（3）逐步扩张：首先定义核心结构，然后向外扩张。

（4）混合策略：就是先自顶向下和自底向上结合起来，先用前一种方法确定框架，再自底向上设计局部概念，然后再结合起来。

在设计概念结构时通常采用自底向上策略。

2. 自底向上策略

自底向上策略可用图 3-7 表示。

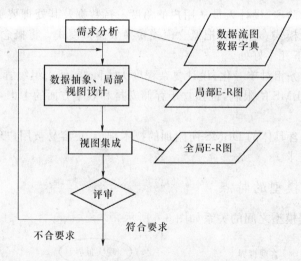

图 3-7　概念结构设计的步骤

（1）进行数据抽象，设计局部概念模式

局部用户的信息需求是构造全局概念模式的基础。因此，必须先从个别用户的需求出发，为每个用户建立一个相应的局部概念结构。在建立局部概念结构时，要对需求分析的结果进行细化、补充和修改。

（2）将局部概念模式转换成与 DBMS 相关的逻辑模式

综合各局部概念结构得到反映所有用户需求的全局概念结构。

在综合过程中，需要注意的问题是处理各局部模式对各种对象定义的不一致性问题，同时，把各个局部结构合并，还会产生冗余问题或导致对信息需求的再调整和分析，以确定确切的含义。

（3）评审

综合成全局概念模式后，提交全局机构评审。评审分为用户评审和 DBA 及应用开发人员评审。用户评审的重点放在确认全局概念模式是否准确地反映了用户的信息需求和现实世界事物的属性间的固有联系；DBA 和应用开发人员评审侧重于确认全局概念结构是否完整，各种成分划分是否合理，是否存在一致以及各种文档是否齐全完整。

3.3.4 采用 E-R 数据模型的数据库概念结构设计步骤

采用 E-R 数据模型进行数据库概念结构设计步骤通常分为 3 步。

1. 设计局部 E-R 数据模型

局部 E-R 数据模型的设计步骤如图 3-8 所示。

在设计 E-R 数据模型的过程中应遵守这样一个原则：现实世界中的事物能作为属性对待的，尽量作为属性对待。下列两类事物可以作为属性对待：

- 作为属性，不能再具有需要描述的性质。
- 属性不能与其他实体具有联系。

（1）确定局部结构范围

确定局部结构范围是设计各个 E-R 模式的第一步，须遵守以下原则：

- 范围的划分要自然、易于管理；
- 范围之间的界面要清晰，相互影响要小；
- 范围的大小要适度。

（2）实体定义

实体定义的任务就是从信息需求和局部范围定义出发，确定每一个实体类型的属性和键。定义实体依据以下 3 点：

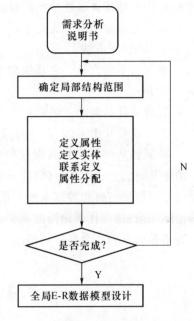

图 3-8　局部 E-R 数据模型的设计步骤

- 采用人们习惯的划分；
- 避免冗余，在一个局部结构中，对一个对象只采用一种抽象形式，不要重复；
- 根据用户的信息处理需求。

实体类型确定后，其属性也随之确定。

（3）联系定义

联系定义的目的是对于任意两个实体类型，依据需求分析的结果，确定其间是否有联系，是何种联系，一个实体类型内部属性之间是否有联系，多个实体之间是否存在联系等。

在确定联系类型时，要防止出现冗余的联系，若存在则尽量消除。

（4）属性分配

实体和联系确定下来后，就要将属性分配到有关实体和联系中去。

确定属性的原则：

- 属性应该是不可再分的语义单位；
- 实体与属性之间的关系只能是 $1:n$；
- 不同的实体类型的属性之间应无直接联系。

2. 设计全局 E-R 数据模型

将所有局部的 E-R 图集成为全局的 E-R 数据模型，一般采用两两集成的方法，即先将具有相同实体的 E-R 图以该相同的实体为基准进行集成,如果还有相同的实体,就再次集成,这样一直继续下去,直到所有具有相同实体的局部 E-R 图都被集成,从而得到全局的 E-R图。在集成的过程中,要消除属性、结构、命名三类冲突,实现合理的集成。

3. 全局 E-R 数据模型的优化

一个好的 E-R 数据模型,除了能够准确、全面地反映用户需求外,还应满足以下条件:

- 实体类型的个数尽量少;
- 实体类型所含属性个数尽可能少;
- 实体类型键的联系无冗余。

可以采用以下方法:

- 实体类型的合并。它是指相关实体类型的合并,一般把一对一联系的两个实体类型合并;
- 冗余属性的消除。消除初步生成 E-R 数据模型的冗余属性。一般把同一非键的属性出现在几个实体类型中,或者一个属性值可以从其他属性的值导出,此时应把冗余的属性从初步 E-R 数据模型中去掉。

消除冗余的方法主要有两种:分析方法消除冗余和规范化理论消除冗余。分析方法消除冗余是以数据字典和数据流图为依据,根据数据字典中关于数据项之间的逻辑关系的说明来消除冗余;规范化理论消除冗余主要是运用函数依赖提供的形式化工具。

并不是所有的冗余都必须消除,有时为了提高效率,适当保留部分冗余。

3.4 逻辑结构设计

概念模型是独立于任何数据模型的信息结构,是从设计者的角度和方向来分析问题。而逻辑结构设计的任务就是将概念模型 E-R 数据模型转化成特定的 DBMS 系统所支持的数据库的逻辑结构。

由于现在设计的数据库应用系统都普遍采用关系模型的 RDBMS,所以这里仅介绍关系数据库逻辑结构设计。关系数据库逻辑结构设计一般分 3 步。

(1) 将概念结构向一般的关系模型转换。

(2) 将转换来的关系模型向特定的 RDBMS 支持的数据模型转换。

(3) 对数据模型进行优化。

3.4.1 E-R 图向关系模型的转换

关系模型的逻辑结构是一组关系模式的集合,而 E-R 图则是由实体、实体的属性和实体之间的联系 3 个要素组成的。如何将 E-R 数据模型的实体和实体间的联系转换成关系模式?如何确定这些关系模式的属性和关键字?这些问题是通过 E-R 数据模型向关系模式转换来解决的。E-R 数据模型向关系数据库的转换有以下 6 个规则。

1. 实体的转换

一个实体型转换为一个关系模式。实体的属性就是关系的属性,实体所对应的码就是关系的关键字。

2. 1∶1 联系的转换

一个1∶1联系可以转换为一个独立的关系模式,也可以与任意1端对应的关系模式合并。如果转换为一个独立的关系模式,则相连的每个实体的关键字及该联系的属性是该关系模式的属性,每个实体的关键字是该关系模式的候选关键字。

3. 1∶*n* 联系的转换

一个1∶*n*联系可以转换为一个独立的关系模式,也可以与*n*端所对应的关系模式合并。如果转换为一个独立的关系模式,与该联系相连的各实体的关键字及联系本身的属性均转换为关系的属性,而关系的关键字为*n*端实体的关键字。

4. *m*∶*n* 联系的转换

一个*m*∶*n*联系转换为一个关系模式,与该联系相连的各个实体的关键字及联系本身的属性转换为关系的属性,而该关系的关键字为各实体的关键字的组合。

5. 三个或三个以上实体间的多元联系的转换

三个以上的实体间的一个多元联系可以转换为一个关系模式,与该多元联系相连的各实体的关键字及联系本身的属性转换为关系的属性,而该关系的关键字为各实体关键字的组合。

6. 具有相同码的关系的处理

具有相同码的关系可以合并。如果两个关系模型具有相同的主码,可以考虑将它们合并为一个关系模式。合并的方法是将其中一个关系模式的全部属性加入到另一个关系模式中,然后去掉其中的同义属性,并适当调整属性的次序。

3.4.2 数据模型的规范化处理

数据库逻辑结构设计产生的结果应该满足规范化要求,以使关系模式的设计合理,达到减少冗余、提高查询效率的目的。因此,应该对数据库进行规范化。对数据库进行规范化时,首先应确定规范化的级别,并要求所有的关系模式都达到这一级别。一般来说,将关系模式规范化 3NF 和 BCNF 就够了。规范化处理的具体方法如下。

1. 确定数据依赖

用数据依赖概念把 E-R 图中的每一个实体内的各属性按需求分析阶段所得到的语义写出来,实体之间的联系用实体关键字之间的联系来表示。

2. 确定键,消除冗余的联系

对于各个关系模式之间的数据依赖进行极小化处理,消除冗余的联系。

3. 确定各关系模式的范式级别

按照数据依赖的理论对关系模式逐一分析,考查是否存在部分函数依赖、传递函数依赖、多值依赖等,确定关系模式分别属于第几范式。

对关系模式进行必要的分解,以提高数据操作的效率和存储空间的利用率。对于需要分解的关系模式按照关系模式分解理论进行分解,对产生的各种模式进行评价,选出合适的模式。

3.4.3 关系数据库的逻辑设计

关系数据库逻辑结构设计的步骤如下。

(1) 导出初始的关系模式:将 E-R 数据模型按规则转换成关系模式。

(2) 规范化处理:消除异常,改善完整性、一致性和存储效率。

（3）模式评价：检查数据库模式是否能满足用户的要求，它包括功能评价和性能评价。

（4）优化模式：采用增加、合并、分解关系的方法优化数据模型的结构，提高系统性能。

（5）形成逻辑设计说明书。

3.5　物理结构设计

数据库物理结构设计的任务是选择合适的存储结构和存取路径，即设计数据库的内模式。内模式的设计不直接面向用户，对于用户来讲，一般不需要了解内模式的实现细节。因此，内模式的设计不必过多地考虑用户的因素。

数据库物理结构的设计目标通常包括两个方面：其一，提高数据库的性能，主要是对用户应用性能的满足；其二，有效地利用存储空间。数据库的物理设计比逻辑设计更加依赖于具体的 DBMS，在进行数据库物理设计时，设计人员必须熟悉具体的 DBMS 提供的访问手段和设计中的限制条件，从而合理地设计数据库的物理结构。关系数据模型大多数物理设计因素都由 RDBMS 处理，留给设计人员控制的因素很少。一般来说，物理设计阶段，设计人员需考虑以下内容。

3.5.1　数据库的存取方法

存取方法是快速存取数据库中数据的技术，因此存取方法的设计主要是指如何建立索引，确定哪些属性上建立组合索引，哪些索引设计为唯一索引以及哪些索引要设计为聚集索引。创建索引时考虑以下 4 个方面。

（1）唯一性索引保证索引列中的使用数据是唯一的，不含重复值。因此，唯一性索引一般创建在关系的主码上或候选码上。也就是说，只可在强制实体完整性列上创建唯一索引。

（2）复合索引指定多个列为关键字值。当两个或多个列最适合作为搜索关键字时，则可以考虑创建复合索引。

（3）如果一个或多个列在连接操作中经常出现，则考虑在该列上创建索引。

（4）在经常出现查询条件的列上创建索引。

3.5.2　确定数据库的存储结构

数据库的物理设计与特定的 DBMS、硬件环境和实施环境都密切相关。在确定数据库的物理结构时，必须仔细了解、参考 DBMS 的规定。一般来说，DBMS 已经确定了基本的存储结构，设计人员可以不用花太大心思。决定存储结构的主要因素一般是存取时间、存储空间和维护代价这 3 个方面。

数据库的配置也是确定数据库的存储结构的重要内容，包括数据库空间的分配、日志文件的大小、数据字典空间的确定以及相关参数设置等。DBMS 产品也提供了一些有效存储分配的参数，供设计者参考使用。

数据库的物理结构实际完成后，还应该进行评价，以确定设计结果是否满足设计要求。评价内容主要在时间和空间的效率方面。如果设计满足要求，则可以进入数据库实施阶段，否则需要修正甚至重新设计物理结构。数据库的物理结构不可能一步到位的，总是不断的修改、测试和优化。

3.6　数据库的实现与维护

在完成了数据库的物理设计并对数据库的物理设计进行初步评价后,就可以根据前面的物理设计说明书开始着手建立数据库和组织数据入库了,即数据库的实施阶段。

3.6.1　数据库的实施

数据库的实施主要包括以定义数据库结构和组织数据入库两个方面的内容。

1. 定义数据库结构

使用所选的 DBMS 提供的数据定义语言来严格描述数据库的结构,或者直接采用 CASE 工具,根据需求分析和设计阶段的成果直接生成数据库结构,既可以直接创建数据库,也可以先生成 SQL 脚本,再用生成的 SQL 脚本创建数据库。

2. 组织数据入库

当用户将数据结构定义好后,就可以输入数据了。一般数据库系统中,数据量非常大,而且有些数据通过其他系统已经录入到计算机了,这时用户除了输入数据外,还需转换数据。输入数据时,为了减小输入的错误,就需预先对数据进行整理,同时,用户也可以编制一个专门用于输入数据的程序,这样可以输入快些。

3.6.2　数据库的运行和维护

对数据库经常性的维护工作主要是由 DBA 来完成的,数据库维护的主要工作有下面 4 个方面。

1. 数据库安全性、完整性控制

在数据库运行过程中,由于需求和应用环境的变化,如用户的权限发生变化。这时 DBA 应根据实际情况修改原有的安全性控制。同样,数据库的完整性约束条件也会发生改变,也需要 DBA 不断修正,以满足用户要求。

2. 数据库的转储和恢复

在系统运行过程中,可能存在无法预料的自然或人为的意外,如电源故障、磁盘故障等,导致数据库运行中断,甚至破坏数据库部分内容。这就需要 DBA 针对不同的应用要求制定对数据库和数据库日志的备份计划,以便当故障发生时,能够尽快地将数据库恢复到某种一致的状态,并尽量减少对数据库的破坏。目前,许多大型的 DBMS 都提供了故障恢复功能,但这种恢复大都需要 DBA 配合才能完成。

3. 数据库性能监控、分析与改进

在数据库运行过程中,对数据库性能实施监控,分析监测数据,找出改进系统性能的方法是 DBA 的重要职责。目前许多大型的 DBMS 产品都提供了系统性能参数监测工具,DBA 可以利用这些工具方便地得到系统运行过程中一系列性能参数的值。数据库设计完成并运行后并不意味着数据库性能是最优的、最先进的或是正确的,DBA 应仔细分析这些数据,判断当前系统运行状况是否最佳,应做哪些改进,也要及时改正系统运行时发生的错误,或者根据用户需求对数据库的性能进行扩充。

4. 数据库的重组与重构

数据库运行一段时间后,随着时间的推移、应用环境的变化或用户需求的变化,记录不断地进行增、删、改而使其物理存储结构不尽合理了,如插入记录不一定按逻辑相连而是按用户指针链接,导致数据的存取效率下降,数据库性能下降,这时 DBA 就要对数据库进行重组,或部分重组(只对频繁增、删的表进行重组),以提高系统的性能。如果数据库变化过大,那就不得不重新设计新的数据库了。

数据库重组并不修改原设计的逻辑结构和物理结构,而数据库的重构则不同,它是指部分修改数据库的模式和内模式。

3.7 数据库设计案例

本节以高校教务管理信息系统的数据库为例,重点介绍数据库设计中的概念设计与逻辑设计部分。为了便于读者理解,这里对教务管理信息系统做了简化处理。

【实例】 某学校有若干个院系,每一院系有若干教师,每位教师可讲授多门课程,每门课程可被多位老师讲授。有若干专业,且院系间的专业不重复设置,每一专业有若干班级,每个班只能属于某一专业,每一班级有一名班主任和多名学生,每个学生只能属于一个班级;在教学活动中,每个学生可以选修多门课程,每门课程可以被多名学生选修。一个教师只属于一个系(学院),一个系(学院)有多名教师,一个教师可讲授多门课,而一门课可被多位教师讲授,学生所学每门课程只有一个成绩。

1. 教务管理信息系统数据流图

教务管理信息系统数据流图如图 3-9 和图 3-10 所示。

图 3-9 教务管理信息系统的顶层数据流图

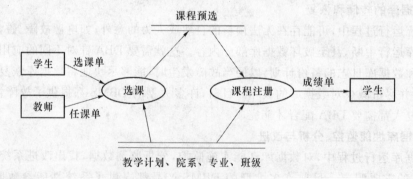

图 3-10 教务管理信息系统的第一层数据流图

2. 教务管理信息系统 E-R 图

(1) 系统局部 E-R 图

以教务管理信息系统数据流图为依据,设计局部 E-R 数据模型的步骤如下:

① 确定实体类型

教务管理信息系统实体类型:学生、课程、教师。

② 确定联系类型

学生实体型与课程实体型存在修课的关系。一个学生可以选修多门课程,而每门课程可供多人选修,所以学生实体型和课程实体型存在多对多的关系($m:n$),定义为"学生-课程"。

教师实体型与课程实体型存在讲授的关系。一个教师可以讲授多门课程,而每门课程可以有多位老师讲授,所以教师实体型和课程实体型存在多对多的关系($m:n$),定义为"教师-课程"。

教师实体型与学生实体型间存在着授课的关系。一个学生可选修多位老师的课程,而一位老师可给多位同学授课,教师实体型与学生实体型间存在着多对多的关系($m:n$),定义为"教师-学生"。

③ 确定实体类型的属性

实体型"学生"有属性:学号、姓名、性别、出生日期、政治面貌、籍贯、院系名称、专业名称。

实体型"课程"有属性:课程号、课程名、学分、课时数、开课学期。

实体型"教师"有属性:教号、姓名、性别、职称、院系名称、电话。

④ 确定联系类型

"教师-课程"联系的属性:教号、课程号。

"学生-课程"联系的属性:学号、课程号、开课学期、成绩。

⑤ 根据实体类型画出 E-R 图,如图 3-11 所示。

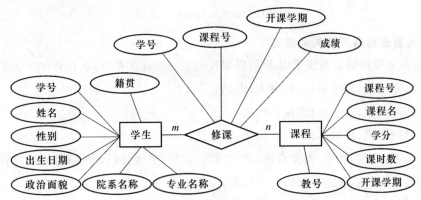

(a) 学生与课程间的E-R图

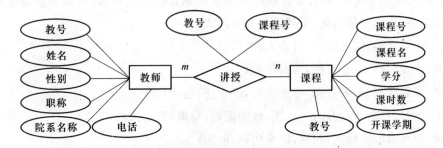

(b) 教师和课程间的E-R图

图 3-11　教务管理信息系统局部 E-R 图

（2）合成全局 E-R 图

将所有局部 E-R 图集成为全局的 E-R 数据模型，如图 3-12 所示。

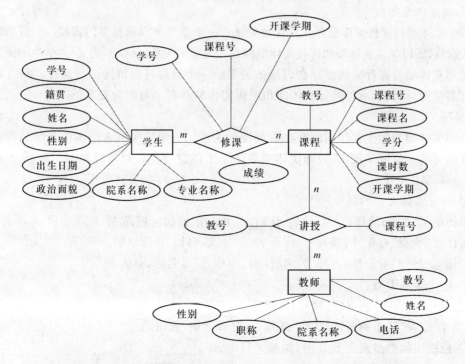

图 3-12　合成后的全局 E-R 图

3. 教务管理信息系统关系模式

（1）将教务管理信息系统 E-R 数据模型按规则转换成关系模式，得到如下关系模式。

院系（院系代码，院系名称，负责人，电话）

专业（专业代码，专业名称，院系代码）

班级（班级代码，班级名称，专业代码，班主任，电话）

学生（学号，姓名，性别，出生日期，政治面貌，籍贯，班级代码，专业代码，院系代码）

教师（教号，姓名，性别，职称，院系代码，电话）

课程（课号，课程名，学分，课时数，开课学期，教号）

（2）模式评价与优化，检查数据库模式是否能满足用户的要求，根据功能需求，合并关系或增加关系、属性并规范化，得到如下关系模式。

院系（院系代码，院系名称，负责人，电话）

专业（专业代码，专业名称，院系代码）

班级（班级代码，班级名称，专业代码，班主任，电话）

学生（学号，姓名，性别，出生日期，政治面貌，籍贯，班级代码）

教师（教号，姓名，性别，职称，院系代码，电话）

课程（课号，课程名，学分，课时数，开课学期，教号）

成绩（学号，课程号，成绩）

本 章 小 结

数据库设计是进行数据库系统开发的主要内容。数据库设计是指对于一个给定的应用环境,构造最优秀的数据库模式,建立数据库系统,使之能够有效地存储数据,满足各种应用的需要。数据库设计一般要经过以下 6 个阶段:需求分析阶段、概念结构设计阶段、逻辑结构设计阶段、物理结构设计阶段、数据库实施阶段和数据库的实施与维护阶段。

需求分析阶段:需求分析是整个数据库设计的第一步,其主要包括需求分析的任务、需求分析的基本步骤、数据流图、数据字典。

概念结构设计阶段:E-R 图、局部 E-R 图、全局 E-R 图(合并局部 E-R 图得到)。

逻辑结构设计阶段:E-R 数据模型向关系模型的转换、数据模型的规范化、设计用户外模式。

物理结构设计阶段:存取方法设计、存放位置设计、确定系统配置、评价物理结构。

数据库实施阶段:根据逻辑设计和物理设计的结果,在计算机上建立起实际数据库结构。装入数据、进行测试和试运行的过程。

数据库运行与维护阶段:在数据库运行阶段,对数据库不断地进行修改、调整和维护。

习 题

一、选择题

1. 下列不属于数据设计阶段的工作是_____。

　　A. 需求分析　　　　B. 概念结构设计　　C. 物理结构设计　　D. 系统设计

2. 在 E-R 数据模型中,实体间的联系用_____图标来表示。

　　A. 直线　　　　　　B. 椭圆　　　　　　C. 矩形　　　　　　D. 菱形

3. 在数据库设计过程中使用_____可以很好地描述数据处理系统中信息的传递和变换。

　　A. 数据流图　　　　B. 系统流程图　　　C. 数据字典　　　　D. E-R 图

4. 1∶1 的联系可以_____。

　　A. 转换成一个独立的关系模式

　　B. 可以与任意一端实体对应的关系模式合并

　　C. 不能转换成一个独立的关系模式

　　D. 不能与任意一端实体对应的关系模式合并

5. 数据流图(DFD)是用于描述结构化方法中_____阶段的工具。

　　A. 详细设计　　　　B. 可行性分析　　　C. 需求分析　　　　D. 程序编码

6. 数据库逻辑结构设计阶段的主要任务是_____。

　　A. 建立数据库的 E-R 数据模型

　　B. 明确用户需求,确定新系统的功能

　　C. 选择合适的存储结构和存储路径

　　D. 将数据库的 E-R 数据模型转换为关系模型

7. 下列不属于数据库实施阶段的功能是_____。
    A. 建立实际的数据库结构　　　　　B. 装入试验数据对应用程序进行测试
    C. 选择合适的存储结构和存储路径　D. 装入实际数据并建立实际的数据库

8. 概念模型独立于_____。
    A. E-R 数据模型　　　　　　　　　B. DBMS
    C. E-R 数据模型和 DBMS　　　　　D. 硬件设备和 DBMS

9. 在数据库的概念设计中,最常用的数据模型是_____。
    A. 物理模型　　　B. 系统模型　　　C. 逻辑模型　　　D. 实体联系模型

10. 当局部 E-R 图合并成全局 E-R 图时可能出现冲突,不属于合并冲突的是_____。
    A. 结构冲突　　　B. 命名冲突　　　C. 属性冲突　　　D. 结构冲突

11. 设计数据库时,首先应该设计_____。
    A. 数据库的概念结构　　　　　　　B. 数据库的控制结构
    C. DBMS 结构　　　　　　　　　　D. 数据库应用系统结构

12. 在关系数据库设计中,设计关系模式是数据库设计中_____的任务。
    A. 需求分析阶段　　　　　　　　　B. 概念设计阶段
    C. 物理设计阶段　　　　　　　　　D. 逻辑设计阶段

13. 数据库物理设计完成后,进入数据库实施阶段,下列各项中不属于实施阶段的工作是_____。
    A. 系统调试　　　B. 加载数据　　　C. 设计存储结构　　　D. 建立库结构

14. 设计数据库的存储结构属于数据库的_____。
    A. 概念设计　　　B. 物理设计　　　C. 需求分析　　　D. 逻辑设计

15. 关系数据库的规范化理论主要解决的问题是_____。
    A. 如何构造合适的数据逻辑结构　　B. 如何控制不同的数据操作权限
    C. 如何构造合适的数据物理结构　　D. 如何构造合适的应用程序结构

二、填空题

1. 在数据库设计的不同阶段,常用的规范设计方法有 3 种,它们是_____、_____和_____。

2. 按规范化设计方法将数据库设计分为_____、_____、_____、_____、_____、_____6 个阶段。

3. 需求分析阶段中常用的分析方法有_____。

4. 数据字典主要包括_____、_____、_____、_____、_____5 个内容。

5. E-R 数据模型一般在数据库设计的_____阶段使用。

6. 关系模型必须是规范化的,即_____。

7. 概念结构设计常用的方法有_____、_____、_____、_____。

8. 逻辑设计的主要步骤有 E-R 数据模型转换、_____、_____和设计用户视图。

9. 逻辑设计的目的是把概念设计阶段设计的_____转换成关系模型。

10. 数据库实施阶段包括两项重要的工作,一项是数据的_____,另一项是应用程序的编码与调试。

三、简答题

1. 简述数据库设计的任务。

2. 数据设计分为哪几个步骤?

3. 简述新奥尔良方法。

4. 数据字典通常包括哪几个部分?

5. 两个实体之间的联系有哪几种?

6. 数据库为什么要规范化?

7. 现有一个局部应用,包括两个实体及属性如下:

图书:{书号,书名,作者,出版社,定价,出版时间,库存量,借出数量}

读者:{卡号,姓名,性别,部门,办卡日期,卡状态,罚款}

一个读者可以借还多本图书,而一本图书可被多个读者借还,读者与图书之间的关系是多对多的关系。

(1) 根据上述语义画出 E-R 图。在 E-R 图中需注明实体的属性、联系的类型及实体标识符。

(2) 将 E-R 数据模型转换成关系模型,并指出每个关系模式的主键和外键。

8. 某校公寓管理系统需要保存院系、专业、班级、学生、公寓、宿舍和水电以及它们之间联系的信息。院系的属性包括院系代码、院系名称、负责人及电话等,专业的属性包括专业代码、专业名称及专业所属的院系等,班级的属性包括班级代码、班级名称、院系代码、班主任名、班主任电话等,学生的属性包括学号、姓名、性别、出生日期、班级代码、公寓编号、宿舍编号、住宿费等,公寓的属性包括公寓编号、公寓名称、负责人、房间数等,宿舍的属性包括宿舍编号、公寓编号、应住人数、住宿标准、性别和实住人数,水电的属性包括公寓编号、宿舍编号、水费、电费和日期。

完成如下设计。

(1) 分别指出学生与宿舍、宿舍与水电是何种联系类型。

(2) 分别设计院系与专业、专业与班级、班级与学生、学生与宿舍、宿舍与水电、公寓与宿舍的局部 E-R 图。

(3) 将上述设计完成的 E-R 图合并成一个全局 E-R 图。

(4) 将上述全局 E-R 图转换为等价的关系模型表示的数据库逻辑结构。

第2部分　SQL Server 2005数据库使用

本部分内容如下:

第 4 章　SQL Server 2005 概述

本章将学习以下内容

- SQL Server 数据库管理系统的特点；
- SQL Server 2005 新增特点；
- SQL Server 2005 的安装；
- SQL Server 2005 体系结构；
- Microsoft SQL Server Management Studio 的使用；
- 连接数据库；
- 查询分析器的使用。

Microsoft SQL Server 2005 数据库管理系统是微软公司研制并发布的关系型数据库管理系统，它可以支持企业、部门以及个人等各种用户完成信息系统、电子商务、决策支持等工作。Microsoft SQL Server 2005 数据库管理系统在易用性、可用性、可管理性、可编程性等方面有突出的优点。本章是对 Microsoft SQL Server 2005 数据库管理系统进行概述，以帮助用户对该系统有一个初步的了解。

4.1　SQL Server 2005 简介

SQL Server 2005 是微软公司于 2005 年推出的用于大规模联机事务处理（OLTP）、数据仓库以及电子商务应用的数据库和数据分析平台，它是在原 SQL Server 的基础上进行全新升级后的产品。

4.1.1　SQL Server 数据库管理系统的主要特点

SQL Server 2005 是微软公司在 SQL Server 2000 的基础上增加了许多功能而推出的新一代大型关系数据库管理系统，它在电子商务、数据仓库和数据库解决方案等应用中起着重要的核心作用，为企业的数据管理提供强大的支持，对数据库中的数据提供有效的管理，并采用有效的措施实现数据的完整性及数据的安全性。

SQL Server 2005 是按 Client/Server（客户/服务器，C/S）结构设计的，其 C/S 结构应用模式如图 4-1 所示。其中服务器端是安装了 SQL Server 2005 服务器组件的计算机，客户端是安装了 SQL Native Client 的计算机。SQL Server 2005 允许将客户端和服务器端安装在同一台计算机上。在客户/服务器模式的体系结构中,可以将任务合理地分配到服务器端和客户端,从而减少网络的拥挤,提高了整体的性能。

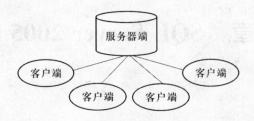

图 4-1　C/S 结构应用模式

在一个或多个网络中可有多个 SQL Server 2005 数据库服务器,用户可以将数据分别存放在各个 SQL Server 2005 数据库服务器上,组成分布式数据库结构,客户可向多个 SQL Server 数据库存取数据,多个 SQL Server 数据库并行工作处理用户的需求,提高了处理效率和响应速度。

SQL Server 2005 数据库管理系统具有如下几个主要特点。

（1）Internet 集成

SQL Server 2005 数据库引擎提供完整的 XML 支持。它还具有构成最大的 Web 站点的数据存储组件所需的可伸缩性、可用性和安全功能。

（2）可伸缩性和可用性

SQL Server 2005 数据库引擎可以运行在 Windows 2000 Professional、Windows 2000 Server、Windows 2000 Advanced Server、Windows 2000 Data Center、Windows XP 及 Windows 2003 Server 或 Enterprise 等平台上,此数据库引擎是一个功能极强的服务器,可管理供上千用户访问的 TB 级数据库。

SQL Server 2005 关系数据库引擎支持在视图上创建索引。在创建索引的同时将索引的结果集具体化,并在修改基本数据时对其进行维护,因而可提高访问 SQL Server 数据库的大型复杂处理应用程序的性能。

（3）易于安装、部署和使用

SQL Server 2005 中包括一系列管理和开发工具,这些工具可改进在多个站点上安装、部署、管理和使用 SQL Server 的过程。

（4）数据仓库

SQL Server 2005 为了满足现代企业对大规模数据进行查询、分析、处理等要求,包含了多个可用于生成有效支持决策支持处理所需求的数据仓库的组件:数据仓库框架、数据转换服务、联机分析处理支持、数据挖掘支持、English Query 与 Meta Data Services 等,从而可完成数据的提取、分析,用于实施数据仓库或数据集成的服务。

（5）上手容易

目前,大多数中、小企业日常的数据应用都建立在 Windows 平台上,由于 SQL Server 与 Windows 界面风格完全一致,且有许多"向导（Wizard）"帮助,因此易于安装和学习,有关 SQL Server 的资料、培训随处可得。

（6）兼容性良好

当今 Windows 操作系统占领着主导地位,选择 SQL Server 一定会在兼容性方面取得一些优势。另外，SQL Server 2005 除了具有扩展性、可靠性以外，还具有可以迅速开发新的因特网系统的功能。尤其是它可以直接存储 XML 数据，可以将搜索结果以 XML 格式输出等特点，有利于构建异构系统的互操作性，奠定了面向互联网的企业应用和服务的基石。这些特点在.NET 战略中发挥着重要的作用。

（7）相对于 SQL Server 2000 的优越性

Microsoft SQL Server 2005 是在 SQL Server 2000 的基础上对性能可靠性、质量以及易用性进行了扩展。SQL Server 2005 中包含许多新特性，这些特性使其成为针对电子商务、数据仓库和在线商务解决方案的卓越的数据库平台。其增强的特性包括对丰富的扩展标记语言的支持、综合分析服务以及便捷的数据库管理。

（8）电子商务

在使用由 Microsoft SQL Server 2005 关系数据库引擎的情况下，XML 数据可在关系表中进行存储，而查询则能以 XML 格式将有关结果返回。此外，XML 支持还简化了后端系统集成，并实现了跨防火墙的无缝数据传输。用户还可以使用超文本传输协议（Hypertext Transfer Protocol，HTTP）来访问 SQL Server 2005，以实现面向 SQL Server 2005 数据库的安全 Web 连接和无需额外编程的联机分析处理（OLAP）多维数据集。

（9）通告服务

通告服务使得业务可以建立丰富的通知应用软件，向任何设备，提供个人化和及时信息，如股市警报、新闻订阅、包裹递送警报、航空公司票价等。在 SQL Server 2005 中，通告服务和其他技术更加紧密地融合，这些技术包括分析服务、SQL Server Management Studio。

（10）Web 服务

使用 SQL Server 2005，开发人员将能够在数据库层开发 Web 服务，将 SQL Server 当作一个超文本传输协议（HTTP）侦听器，并且为网络服务中心应用软件提供一个新型数据存取功能。

（11）报表服务

利用 SQL Server 2005，报表服务可以提供报表控制，可以通过 Visual Studio 2005 发行。

4.1.2　SQL Server 2005 新增特点

SQL Server 2005 扩展了 SQL Server 2000 的可靠性、可用性、可编程性和易用性。SQL Server 2005 包含了多项新功能，这使它成为大规模联机事务处理（OLTP）、数据仓库和电子商务应用程序的优秀数据库平台。

SQL Server 2005 新增特性主要包括以下几个方面。

（1）更多组件

SQL Server 2005 将先前版本中需要独立购买安装的组件 SQL Server Services、Analysis Services 和 Reporting Services 捆绑到了一个安装包里。

（2）统一的用户界面

SQL Server 2005 将先前版本中独立的企业管理器（Enterprise Manager）、查询分析器（Query Analyzer）、报表服务（Reporting Services）和数据转换服务（Data Transformation Services，DTS）整合在一个称之为 Microsoft SQL Server Management Studio 的独立平台中。

（3）与 Visual Studio.NET 语言相结合

SQL Server 2005 与 Visual Studio.NET 2005 开发工具紧密结合，程序员可以充分利用.NET Framework 类库和编程语言（Visual Basic.NET、C♯）开发数据库应用程序，扩充了传统结构化查询语言（Structure Query Language，SQL）的处理能力。

（4）数据加密

SQL Server 2000 没有用来在表自身加密数据的有文档记载的或者公共支持的函数。企业需要依赖第三方产品来满足这个需求。SQL Server 2005 自身带有支持对用户自定义数据库中存储的数据进行加密的功能。

（5）SMTP 邮件

在 SQL Server 2000 中直接发送邮件是可能的，但是很复杂。在 SQL Server 2005 中，微软通过合并 SMTP 邮件提高了自身的邮件性能。

（6）增添新的 XML 数据类型

开发人员使用 SQL Server 2005，通过相似语言（如微软 Visual C♯.NET 和微软 Visual Basic）创立数据库对象。开发人员还将能够建立两个新对象——用户定义类和集合。

（7）XML 技术

在使用本地网络和互联网的情况下，在不同应用软件之间处理数据的时候，可扩展标记语言是一个重要标准。SQL Scrvcr 2005 将会自身支持存储和查询可扩展标记语言文件。

（8）增强安全性

SQL Server 2005 中新安全模式将用户和对象分开，提供较细粒度的存取、并允许对数据存取进行更大控制。另外，所有系统表格将作为视图得到实施，对数据库系统对象进行更大程度的控制。

（9）T-SQL 增强性能

SQL Server 2005 为开发可升级数据库应用软件，提供了新的语言功能。这些增强性能包括处理错误、递归查询功能、关系运算符 PIVOT，APPLY，ROW_NUMBER 和其他数据列排行功能等。

（10）全文搜索功能增强

SQL Server 2005 支持丰富的全文搜索应用程序。分类功能得到了进一步增强，能够在分类基础上提供更强的灵活性。查询性能与伸缩性得到了显著提高，同时，新型管理工具将能够更加细致的洞察全文实现方式的整个过程。

（11）增强复制功能

数据复制可用于数据分发、处理移动数据应用、企业报表、数据可伸缩存储、与异构系统的集成等。

（12）数据访问接口方面的功能增强

SQL Server 2005 提供了新的数据访问技术——SQL 本地客户机程序（Native Client）。这种技术将 SQL OLE DB 以及 SQL ODBC 集成到一起，连同网络库形成本地动态链接库（DLL）。SQL 本地客户机程序可使数据库应用的开发更为容易。另外，SQL Server 2005 还提供了微软公司数据访问（MDAC）和.NET Frameworks SQL 客户端提供程序方面的改进，具有更好的易用性、更强的可控制性使数据库应用程序的开发人员提高了工作效率。

（13）新增的 Service Broker 新技术

用于生成安全、可靠和可伸缩的数据库密集型应用程序。Service Broker 提供应用程序用以传递请求和响应的消息队列。

（14）增强的在线商务

Microsoft SQL Server 2005 简化了管理，优化了工作，并且增强了迅速、成功地部署在线商务应用程序所需的可靠性和伸缩性。其中，用以提高可靠性的特性包括日志传送、在线备份和故障切换群集。

4.1.3　SQL Server 2005 的体系结构

SQL Server 2005 是一个提供了联机事务处理、数据仓库、电子商务应用的数据库和数据分析平台，其系统由 4 个主要部分组成，这 4 个部分被称为 4 个服务，分别是数据库引擎、分析服务、报表服务和集成服务，它们之间的关系如图 4-2 所示。

（1）数据库引擎

数据库引擎（SQL Server Database Engine，SSDE）是 Microsoft SQL Server 2005 系统的核心服务，负责完成业务数据的存储、处理、查询和安全管理。

（2）分析服务

分析服务（SQL Server Analysis Services，SSAS）提供了联机分析处理（Online Analytical Processing，OLAP）和数据挖掘功能，可以支持用户建立数据库。相对于 OLAP 来说，联机事务处理（Online Transaction Processing，OLTP）是由数据库引擎负责完成的。使用分析服务可以设计、创建和管理包含来自于其他数据源数据的多维结构，通过对多维数据进行多个角度的分析，可以支持管理人员对业务数据更全面的理解。另外，通过使用分析服务，用户可以完成数据挖掘模型的构造和应用，实现知识发现、表示和管理。

（3）报表服务

报表服务（SQL Server Reporting Services，SSRS）为用户提供了支持 Web 的企业级报表功能。通过使用报表服务功能，用户可以方便地定义和发布满足自己需求的报表。无论是报表的布局格式，还是报表的数据源，都可以轻松地实现。

（4）集成服务

集成服务（Integration Services）是一个数据集成平台，它可以完成有关数据的提取、转换、加载等。

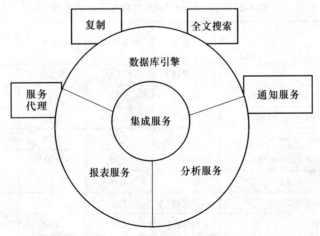

注：摘自 SQL Server 2005 联机丛书。

图 4-2　Microsoft SQL Server 2005 系统的体系结构图

4.2 SQL Server 2005 的安装

4.2.1 安装 SQL Server 2005 的硬件与软件要求

SQL Server 2005 的安装对硬件、操作系统和网络环境的需求分别如表 4-1、表 4-2 和表 4-3 所示。

表 4-1 SQL Server 2005 对硬件的要求

硬　件	最低要求
处理器(CPU)	处理器频率不低于 600 MHz,建议 1 GHz 或更高
内存(RAM)	(1) SQL Server 2005 企业版(Enterprise Edition):至少 512 MB,建议 1 GB 或更高 (2) SQL Server 2005 开发者版(Developer Edition):至少 512 MB,建议 1 GB 或更高 (3) SQL Server 2005 标准版(Standard Edition):至少 512 MB,建议 1 GB 或更高 (4) SQL Server 2005 工作组版(Workgroup Edition):至少 512 MB,建议 1 GB 或更高 (4) SQL Server 2005 简化版(Express Edition):至少 192 MB,建议 512 MB 或更高
硬盘空间	(1) 数据库引擎及数据文件、复制、全文搜索等:150 MB (2) 分析服务及数据文件:35 KB (3) 报表服务和报表管理器:40 MB (4) 通知服务引擎组件、客户端组件以及规则组件:5 MB (5) 集成服务:9 MB (6) 客户端组件:12 MB (7) 管理工具:70 MB (8) 开发工具:20 MB (9) SQL Server 联机图书以及移动联机图书:15 MB (10) 范例以及范例数据库:390 MB
显示器	VGA 或分辨率至少在 1 024×768 像素之上的显示器
点触式设备	鼠标或兼容的点触式设备
CD-ROM 驱动器	通过 DVD 媒体进行安装时需要相应的 DVD 驱动器

表 4-2 SQL Server 2005 对操作系统的支持

操作系统　　SQL Server 2005	企业版	开发者版	标准版	工作组版	简化版
Windows 2000	不支持	不支持	不支持	不支持	不支持
Windows 2000 Professional Edition SP4	不支持	支持	支持	支持	支持
Windows 2000 Server SP4	支持	支持	支持	支持	支持
Windows 2000 Advanced Server SP4	支持	支持	支持	支持	支持
Windows 2000 Datacenter Edition SP4	支持	支持	支持	支持	支持
Windows XP Home Edition SP2	不支持	支持	不支持	不支持	支持
Windows XP Professional SP2	不支持	支持	支持	支持	支持
Windows2003 Server SP1	支持	支持	支持	支持	支持
Windows2003 Enterprise Edition SP1	支持	支持	支持	支持	支持

表 4-3　SQL Server 2005 对网络环境的需求

网络组件	最低要求
IE 浏览器	Internet Explorer 6.0SP1 或更高版本,如果只安装客户端组件且不需要连接到要求加密的服务器,则 Internet Explorer 4.01SP2 即可
IIS	安装报表服务器需要 IIS 5.0 以上
ASP.NET2.0	SQL Server Reporting Services(报表服务器)需要 ASP.NET

如果操作系统为 Windows 2003 Server SP1 以下的版本,需要安装以下组件,才能正确安装 SQL Server 2005。

- Microsoft Windows Nstaller3.1 或更高版本;
- Microsoft 数据访问组件(MDAC)2.8 SP1 或更高版本;
- Microsoft Windows .NET Framework 2.0。

4.2.2　安装 SQL Server 2005

SQL Server 2005 有多个版本,且可安装在不同的操作系统上,即使是同一个版本,也可在一台计算机上安装多次。本节以 SQL Server 2005(32 位 x86)开发版为例介绍其在 Windows 2003 Enterprise Edition SP1(32 位)上的整个安装过程,其安装过程如下。

(1) 将 SQL Server 2005 的系统安装盘放入光驱,启动 SQL Server 2005 的安装界面,选择基于 x86 的操作系统,弹出如图 4-3 所示的安装选择窗口。

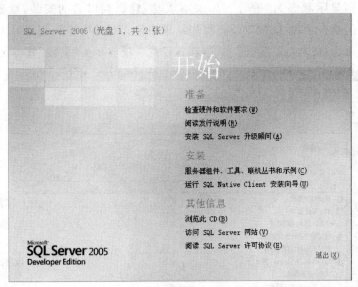

图 4-3　SQL Server 2005 安装选择窗口

(2) 选择安装"服务器组件、工具、联机丛书和示例"选项,在弹出的"最终用户许可协议"对话框中选中"我接受许可条款和条件"复选框接受协议,并单击"下一步"按钮,安装程序开始安装 SQL Server 2005 的必备组件。

(3) 必备组件安装完成后,单击"下一步"按钮,打开"系统配置检查"界面。若系统配置检查成功,则进入 Microsoft SQL Server 2005 安装向导的"欢迎"窗口,如图 4-4 所示。

图 4-4 SQL Server 安装向导的"欢迎"窗口

(4) 单击"下一步"按钮,进入如图 4-5 所示的"系统配置检查"窗口。安装程序检查当前系统的软、硬件,看是否有潜在的安装问题。如果成功,则显示状态为"成功";如果不成功,但不影响安装,则显示状态为"警告";如果不成功,且影响以后的安装,则显示状态为"失败"。对于失败的检查项,系统配置检查报告结果中包含对妨碍性问题的解决办法。值得注意的是,只有显示为"成功"或"警告"才可,若有任意一项显示为"失败"就将无法安装。

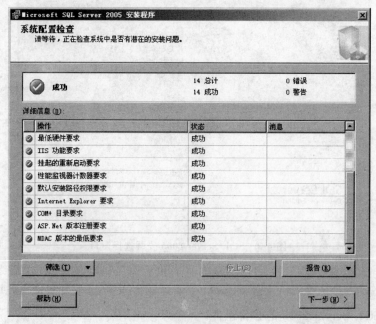

图 4-5 "系统配置检查"窗口

（5）系统配置检查成功之后，单击"下一步"按钮，在弹出的"信息注册"窗口中的"姓名"和"公司"文本框中分别输入相应的信息，并根据 SQL Server 2005 光盘封套上提供的产品密钥输入到相应的位置。

（6）单击"下一步"按钮，弹出如图 4-6 所示的"要安装的组件"窗口。用户根据自己的需求选择相应的组件。若要安装单个组件，则单击"高级"按钮，打开如图 4-7 所示的"高级"安装组件窗口，用户可以根据需要选择组件。

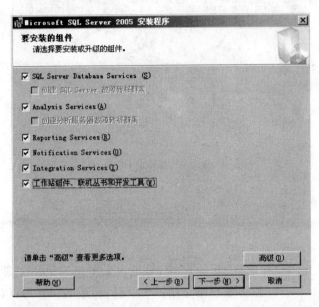

图 4-6 "要安装的组件"窗口

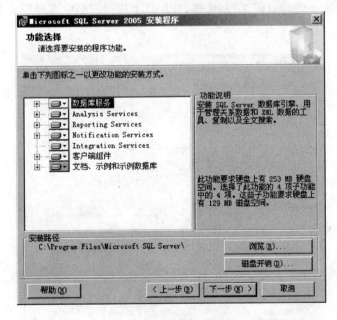

图 4-7 "高级"安装组件窗口

（7）单击"下一步"按钮，进入如图 4-8 所示的"实例名"安装窗口。用户既可以选择"默认实例",也可以选择"命名实例",在"命名实例"文本框中输入唯一的实例名。SQL Server 2005 支持一个默认的实例和多个命名实例,视版本的不同而不同。若计算机上没有默认实例时,才可以安装默认实例,否则只能安装命名实例。

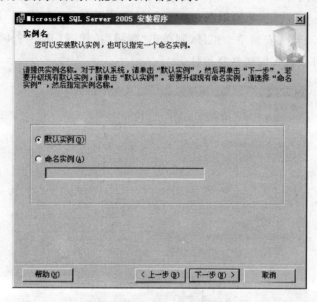

图 4-8 "实例名"窗口

(8) 选择"默认实例",并单击"下一步"按钮,进入如图 4-9 所示的"服务账户"窗口。在该窗口中,可为 SQL Server 服务账户指定用户名、密码和域名。既可以让所有服务使用一个账户,也可以为各个服务指定不同的单独账户。若要为各个服务指定单独的账户,则需要选中"为每个服务账户进行自定义"复选框,并从其下拉列表框中选择服务名称,然后为该服务提供登录凭据。

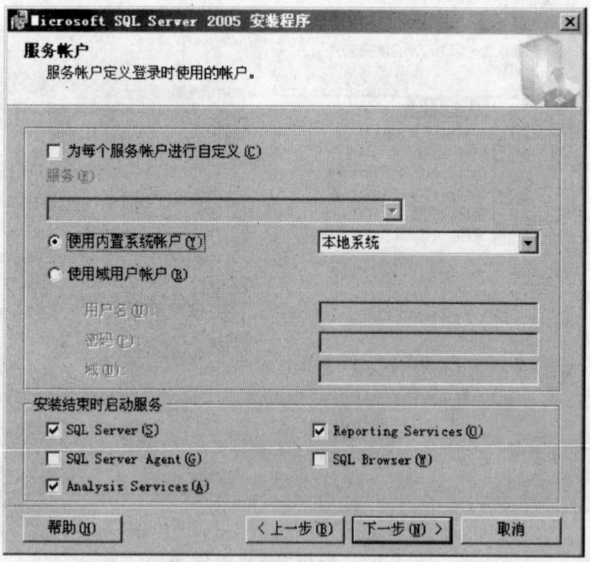

图 4-9 "服务账户"窗口

（9）单击"下一步"按钮，弹出如图 4-10 所示的"身份验证模式"窗口。有两种身份验证模式："Windows 身份验证模式"和"混合模式"。若以 Windows 用户身份登录，则不需提供登录密码；若选择"混合模式"，则需要为输入密码。默认为"Windows 身份验证模式"。本例选择"混合模式"，输入 sa 的密码及确认密码。

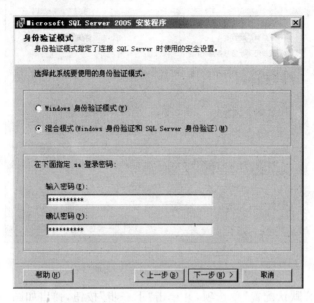

图 4-10　"身份验证模式"窗口

（10）单击"下一步"按钮，弹出如图 4-11 所示的"排序规则设置"窗口，指定 SQL Server 实例的排序规则。可以将一个账户用于 SQL Server 和 Analysis Services，也可以为各个组件分别指定排序规则。若要为 SQL Server 和 Analysis Services 设置单独的排序规则，需选中"为每个服务账户进行自定义"复选框，在出现的下拉列表框中选择一个服务，并为其指定排序规则。对每个服务重复上述步骤即可。

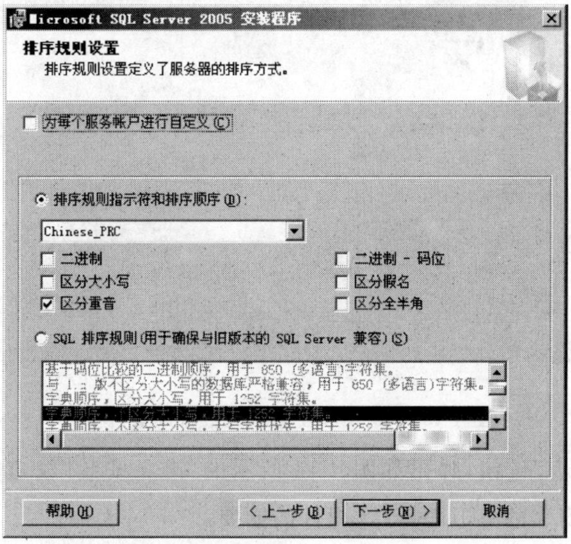

图 4-11　"排序规则设置"窗口

（11）单击"下一步"按钮，弹出如图 4-12 所示的"报表服务器安装选项"窗口。

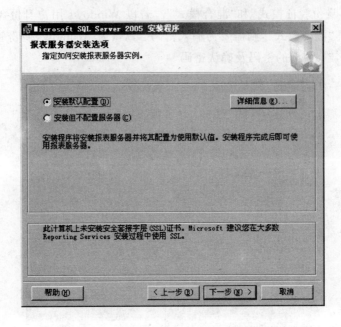

图 4-12　"报表服务器安装选项"窗口

（12）选择"安装默认配置"单选项，并单击"下一步"按钮，弹出如图 4-13 所示的"错误和使用情况报告设置"窗口。用户可以选择错误和使用情况报告的发送方式。

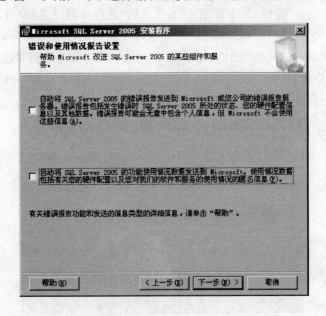

图 4-13　"错误和使用情况报告设置"窗口

（13）单击"下一步"按钮，弹出如图 4-14 所示的"准备安装"窗口。在"准备安装"窗口中，用户可以看到要安装的 SQL Server 组件的摘要。

（14）单击"安装"按钮，弹出如图 4-15 所示的"安装进度"窗口。安装过程中的"下一步"按钮呈灰色。当所有组件安装成功,即"安装进度"窗口中的所有产品名称前的符号全部成绿色的""时,"下一步"按钮呈黑色。

图 4-14 "准备安装"窗口

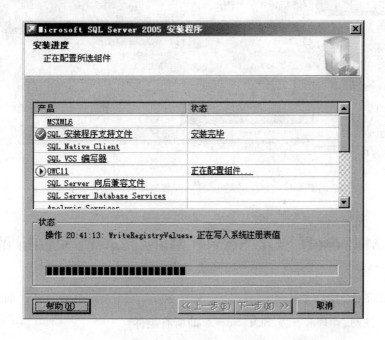

图 4-15 "安装进度"窗口

(15)单击"下一步"按钮,弹出如图 4-16 所示的完成安装窗口,完成 SQL Server 2005 的安装。单击"完成"按钮,退出安装。

安装完成后会在开始菜单增加许多项目,如图 4-17 所示。

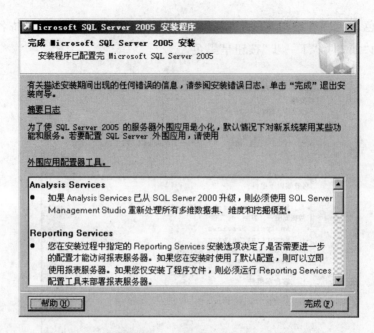

图 4-16 完成安装窗口

图 4-17 SQL Server 2005 安装完成后的开始菜单

4.3 Microsoft SQL Server Management Studio 的使用

Microsoft SQL Management Studio 是 SQL Server 2005 提供的一种新的集成环境,用于访问、配置、控制、管理和开发 SQL Server 的所有组件。

SQL Server Management Studio 将一组多样化的图形工具与各种功能齐全的脚本编辑器组合在一起,可为各种技术级别的开发人员和管理人员提供对 SQL Server 的访问。

SQL Server Management Studio 将以前版本的 SQL Server 中所包含的企业管理器、查询分析器和 Analysis Manager 功能整合到单一环境中。另外,SQL Server Management

Studio 还可以和 SQL Server 的所有组件协同工作。

SQL Server Management Studio 作为 SQL Server 2005 的控制中心,绝大部分针对 SQL Server 2005 的操作都可在 SQL Server Management Studio 内完成。

4.3.1　认识 SQL Server Management Studio

认识 SQL Server Management Studio 平台是使用 SQL Server Management Studio 的第一步,首先要连接到 SQL Server 服务器。

1. 登录服务器

登录服务器的具体操作步骤如下。

(1) 依次单击"开始"→"程序"→"Microsoft SQL Server 2005"→"SQL Server Management Studio",打开如图 4-18 所示的对话框,要求登录到 SQL Server 服务器。

图 4-18　登录到服务器

(2) 在图 4-18 中的服务器类型下拉列表框中选择一种服务器类型如"数据库引擎"。值得注意的是,服务器类型最多会有 5 种选择(视 SQL Server 2005 版本而定),一个 SQL Server 服务器可提供多种服务。

(3) "服务器名称"是指已安装 SQL Server 2005 的计算机名称,若网络上有多个 SQL Server 服务器,可在此选择要登录的服务器。在此选择"YGDL\WTXYJWGL"。

(4) 身份验证是针对用户的验证模式,在安装时可指定使用两种验证模式,分别是混合验证及 Windows 验证。若是混合验证,必须在图 4-18 中的登录名中输入 sa 账号及密码;若是 Windows 验证模式,则用登录到 Windows 的当前用户执行验证并登录至 SQL Server 服务器。

2. 了解服务器的内容

任何一台 SQL Server 2005 服务器,都会提供"数据库引擎"服务,如图 4-19 所示。

从图 4-19 中可以看出,当前 Management Studio 窗口共分为六大部分,最上面的是"工具栏",左边分别是"已注册服务器"窗格和"对象资源管理器"窗格,中间为"摘要"窗格,右边为"解决方案资源管理器"窗格,下面是"挂起的签入"窗格。在已注册的服务器中,只显示数据库引擎及服务器名"YGDL",表明"YGDL"作为"SQL Server"服务器,提供数据库引擎服务。

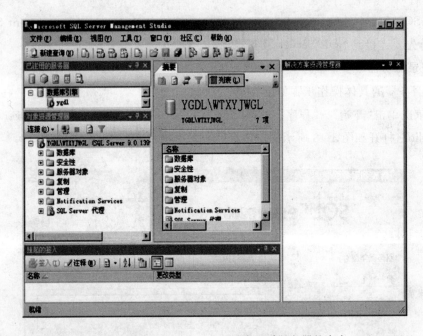

图 4-19 在 Management Studio 中查看服务器的内容

(1)"已注册服务器"窗格

"已注册服务器"窗格中共有 5 个按钮图标,分别代表五项服务,它们是 ▯:数据库引擎;▯:Analysis Services;▯:Reporting Services;▯:SQL Server Mobile;▯:Integration Services。由于当前启动的是"数据库引擎"服务,所以在此显示的是名为数据库引擎的服务。

值得注意的是,在"SQL Server Management Studio"窗口的工具栏中也可看到这 5 个按钮图标。

(2)"对象资源管理器"窗格

"对象资源管理器"窗格则显示所有已连接的服务器及服务,如图 4-19 所示。可提供如下服务:

- 数据库;
- 安全性;
- 服务器对象;
- 复制;
- 管理;
- Notification Services;
- SQL Server 代理。

同时,在"对象资源管理器"窗格中可以连接数据库引擎、报表服务、分析服务、集成服务和 SQL Server Mobile,以便通过 Management Studio 对它们进行管理。

若用户想使用其他服务,可先打开"连接"列表,如图 4-20 所示,选择一项服务,则会出现与图 4-18 显示的登录提示框,完成后就会显示多项服务的内容。

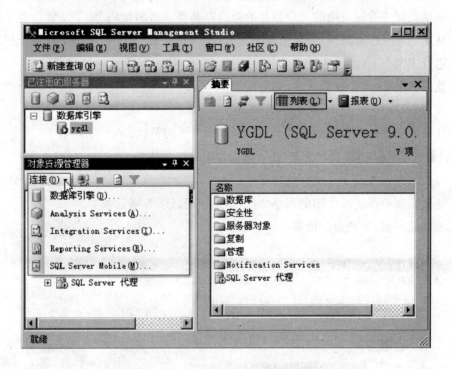

图 4-20　显示多项服务的内容

从这里可以看出,"已注册的服务器"窗格的目的是显示提供不同服务的服务器,对象资源管理器窗格则显示服务内容。

(3)"摘要"窗格

"摘要"窗格用于显示当前操作的信息及结果。单击"新建查询"命令,"查询命令"窗格将覆盖"摘要"窗格,可进行切换。

(4)"解决方案资源管理器"窗格

"解决方案资源管理器"窗格显示当前解决方案名称及方案所包含的内容。

(5)"挂起的签入"窗格

"挂起的签入"窗格是针对当前打开的解决方案中的文件签入到 VSS(源代码管理器)的情况。

3. 服务器的注册与连接

用户若想连接到其他 SQL Server 服务器,可在 Management Studio 中进行。步骤如下。

(1)右击"已注册服务器"窗格中的"数据库引擎",在弹出的快捷菜单中依次选择"新建"→"服务器注册",如图 4-21 所示。

需要注意的是,在注册服务器时必须指定以下选项。

- 在 Microsoft SQL Server 2005 中,可以注册的服务器类型包括数据库引擎、分析服务、报表服务、集成服务等,默认值为数据库引擎服务。
- 服务器名称。
- 登录到服务器时使用的身份验证的类型以及登录名和密码(如果需要):登录服务器使用两种身份验证模式,包括 SQL Server 身份认证模式和 Windows 认证模式。在进行 Windows 身份认证时,用户只需维护、使用一个 Windows 登录账户和口令;而使用 SQL Server 身份认证,则必须维护 Windows 登录账户和 SQL Server 登录账户及口令。
- 注册了服务器后要将该服务器加入到其中的组的名称。

选择服务器"连接属性"选项卡,还可以指定下列连接选项。

- 服务器默认情况下连接到的数据库。
- 连接到服务器时所使用的网络协议,要使用的网络数据包大小。
- 连接超时值、执行超时值等。

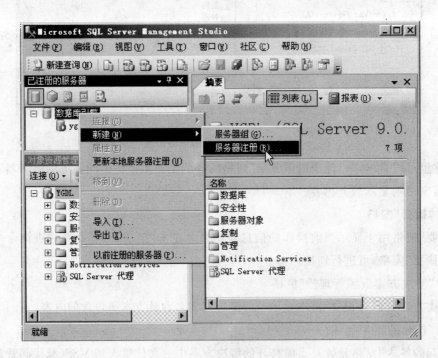

图 4-21　准备注册其他服务器

（2）如图 4-22 所示,分别输入服务器名称、登录名及密码等必要信息,单击"保存"按钮。

（3）返回 SQL Server Management Studio 后,在新的服务器上右击,再分别单击"连接"→"对象资源管理器",如图 4-23 所示。

（4）在图 4-18 中再次输入密码并单击"连接"按钮。这样就注册到了另一台提供数据库引擎服务的 SQL Server 服务器,可以是 SQL Server 2005 或更早的版本。

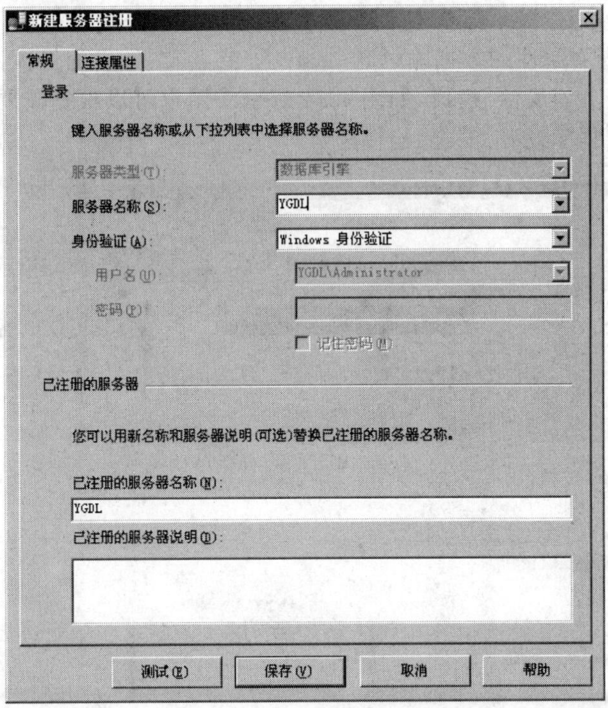

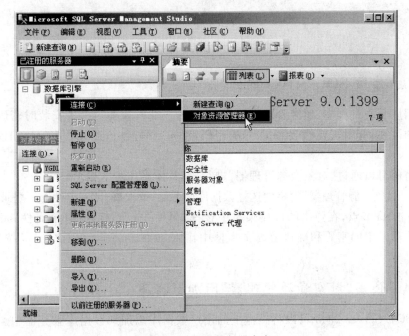

图 4-22 登录服务器

图 4-23 获取服务器内容

4.3.2 查看数据库

用户可以通过 SQL Server Management Studio 查看系统数据库和用户数据库的属性，其具体步骤如下。

（1）在"对象资源管理器"窗格中依次展开"数据库"→"系统数据库"节点；

（2）右击需要查看属性的数据库（如"master"）节点，在弹出的快捷菜单中选择"数据库属性"命令，打开"服务器属性"窗口，如图 4-24 所示。用户可以根据需要选择不同的选项卡标签，查看或修改数据库设置、安全、连接等。

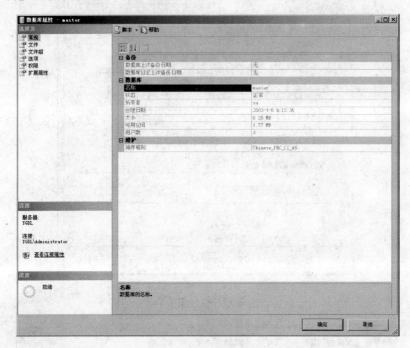

图 4-24　"数据库属性"窗口

4.3.3　修改 SQL Server 的 sa 密码

在数据库管理过程中，超级管理员账号 sa 的密码非常重要。由于安装时密码过于简单以及安全的需要，有时需要修改 sa 账号的密码，以防密码泄露，造成非法的访问连接和不必要的损失。

修改密码可以通过"对象资源管理器"进行，其具体操作步骤如下。

（1）在"对象资源管理器"窗格中选择数据库服务器，依次展开"安全性"→"登录名"节点。

（2）右击 sa 节点，在弹出的快捷菜单中选择"属性"命令，打开"登录属性-sa"窗口。在其"常规"选项卡中的密码和确认密码文本框中输入 sa 的新密码，单击"确定"按钮，完成密码修改。

4.3.4　使用"对象资源管理器"附加数据库

使用 SQL Server 2005 可以将磁盘上的用户数据库添加到数据库服务器中。其操作步骤如下。

（1）在"对象资源管理器"窗格中，选择数据库服务器，右击"数据库"节点，在弹出的快捷菜单中选择"附加"命令，打开"附加数据库"对话框。

（2）在"附加数据库"对话框中，单击"添加"命令按钮，打开"定位数据库文件"对话框，在该对话框中选择数据文件所在的路径，选择扩展名为 mdf 的数据文件，单击"确定"按钮返回"附加数据库"对话框。

（3）在"附加数据库"对话框中，单击"确定"按钮，完成数据库的附加。

4.3.5　查询窗口

在 Management Studio 界面中，在开发和维护应用系统时，SQL Server Management Studio 查询窗口是最常用的管理工具之一。它是一个图形界面的查询工具，用它可以提交 T-SQL 语言，然后发送到服务器，并返回执行结果，该工具支持基于任何服务器的任何数据库连接。

打开查询窗口的具体步骤如下。

（1）单击 SQL Server Management Studio 窗口中"标准"工具栏上的"新建查询"按钮图标 新建查询(N)，打开一个当前连接的服务的查询编辑窗口，如图 4-25 所示。在"Query"窗格中右击，可以看到弹出的快捷菜单中的子菜单"将结果保存到"有 3 个选项。

- 以文本格式显示结果：以这个选项显示的是以当前连接选项格式显示的结果。
- 以网格显示结果：这种格式显示的结果易读，且比文本格式更节省空间。
- 将结果保存到文件：通过此选项可以将结果保存到文件中，方便用户使用。

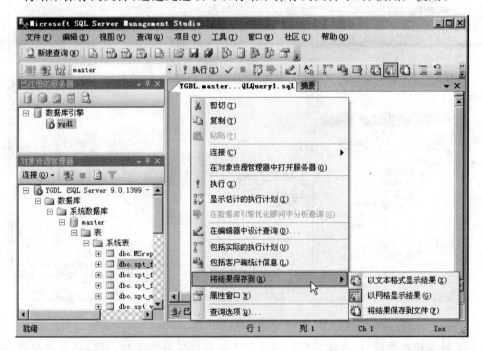

图 4-25　查询窗口

（2）如果连接的是数据库引擎，则打开 SQL 编辑器；如果是分析服务，则打开 MDX 编辑器。在"标准"工具栏上，单击与所需连接类型相关的按钮，则打开具体类型的编辑器。"标准"工具栏如图 4-26 所示。

（3）编辑代码：在查询窗口中可以输入 T-SQL 语句，并可以修改，也可以按"标准"工具栏上的保存按钮图标 保存当前编辑的查询语句。例如，在查询窗口输入如下 SQL 语句，如图 4-27 所示。

DECLARE @姓名 CHAR(8),@性别 CHAR(2)　——定义变量

SELECT @姓名 =´向隅´,@性别 =´男´ ──── 给变量赋值

SELECT @姓名 AS 姓名,@性别 AS 性别 ──── 显示变量值

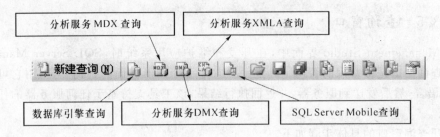

图 4-26 "标准"工具栏

（4）分析和执行代码：如图 4-27 所示的查询窗口中输入了一段 SQL 代码，用户单击工具栏上的"分析"按钮或按 Ctrl＋F5 键，则开始对输入的代码进行分析，检查通过后按 F5 键或单击工具栏上的"执行"按钮，执行代码，结果如图 4-27 所示。

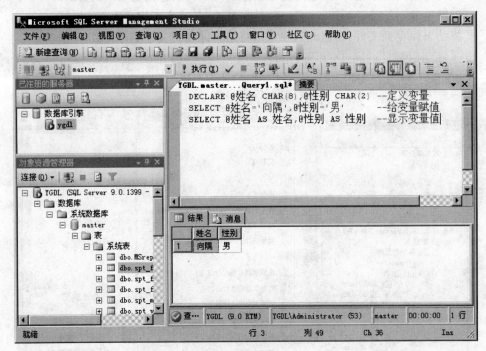

图 4-27 "查询窗口"及执行结果

（5）最大化查询窗口：若编写代码时希望查询窗口尽可能大些，可以最大化窗口，使"查询窗口"全屏显示。最大化查询窗口的方法为单击"查询窗口"任一位置，然后按 Shift＋Alt＋Enter 键，在全屏显示模式和常规显示模式之间进行切换。

关于 SQL Server Mamagement Studio 的其他功能，在后续章节中将进一步详细讲述。

本 章 小 结

本章主要介绍了 SQL Server 2005 的相关知识，主要包括以下内容。

（1）SQL Server 2005 数据库管理系统的特点和新增特点。SQL Server 2005 是一个基于客户/服务器的数据库管理系统，功能强大。

（2）SQL Server 2005 的体系结构。SQL Server 2005 由 4 个主要部分组成，这 4 个部分被称为 4 个服务，分别是数据库引擎、分析服务、报表服务和集成服务。

（3）SQL Server 2005 的版本以及安装时对硬件、软件和网络环境的要求。SQL Server 2005 有 5 个版本，分别是工作组版、简化版、企业版、开发者版和标准版。

（4）SQL Server 2005 的集成管理平台 SQL Server Management Studio 的使用。

读者通过本章的学习，对 SQL Server 2005 会有一个初步的了解。

习　题

一、选择题

1. ＿＿＿＿是 SQL Server 2005 的操作中心。

    A. Management Studio　　　　　　　B. Visual Studio. NET 2005

    C. Report Manager　　　　　　　　　D. Enterprise Manager

2. 以下有关服务器及服务的描述＿＿＿＿是正确的。

    A. 一个服务器可因安装版本的差异，提供不同的服务

    B. 一个服务可同时存在于多个服务器中

    C. 一个服务器只能提供一种服务

    D. 不管安装的是哪一个版本，都只能提供一种服务

3. ＿＿＿＿不是 SQL Server 所具有的功能。

    A. 协调和执行客户对数据库的所有服务请求命令

    B. 管理分布式数据库，保证数据的一致性和完整性

    C. 降低对最终用户查询水平的要求

    D. 对数据加锁，实施并发控制

4. ＿＿＿＿是一个图形界面的查询工具，用它可以提交 T-SQL 语言，然后发送到服务器，并返回执行结果，该工具支持基于任何服务器的任何数据库连接。

    A. DTS　　　　　　　　　　　　　　B. SQL 管理对象

    C. 事件查看器　　　　　　　　　　　D. SQL Server Management Studio

二、填空题

1. SQL Server 2005 是一个＿＿＿＿＿＿型的数据库管理系统，其版本包括＿＿＿＿＿＿、＿＿＿＿＿＿、＿＿＿＿＿＿、＿＿＿＿＿和＿＿＿＿＿＿＿。

2. SQL Server 2005 的集成管理平台是＿＿＿＿＿＿＿＿＿＿。

3. SQL Server 2005 支持两种登录认证模式，分别是＿＿＿＿＿＿和＿＿＿＿＿＿。

三、简答题

1. SQL Server 2005 新增了哪些特点？

2. Windows 身份验证和混合身份验证各有什么特点？

第5章 数据库的设计与管理

本章将学习以下内容

- 数据库实例的含义及创建方法；
- 使用 Microsoft SQL Server Management Studio 管理平台管理数据库；
- CREATE DATABASE、ALTER DATABASE 和 DROP DATABASE 语句的使用方法。

SQL Server 是关系数据库的典型产品之一，是在 Windows 操作系统上使用最多的数据库管理软件。SQL Server 2005 提供了以下两种方式来管理数据库。

- 通过 Microsoft SQL Server Management Studio 提供的图形管理界面创建、修改和删除数据库对象。
- 使用 CREATE DATABASE、ALTER DATABASE 和 DROP DATABASE 语句创建、修改和删除数据库对象。

不论使用哪一种方式，都是通过对数据库对象属性的定义来实现对数据库创建和管理的。本章首先介绍数据库实例的概念以及创建数据库实例的方法，接着具体地介绍用上述两种方式来设计和管理数据库。

5.1 创建数据库

5.1.1 创建数据库实例

1. 数据库实例的概念

"数据库"和"数据库实例(Database Instance)"是两个不同的概念。数据库是指长期存储在计算机内的、有组织的、可共享的数据集合，其职责是负责存储和管理数据；而一个"SQL Server 数据库实例(简称实例)"就是一整套 SQL Server 服务程序，它包括"SQL Server Service"、"SQL Server Agent"和"Distribute Transaction Coordinator"，因此，数据库实例不仅包含数据库的功能，而且还包含其他服务功能。在一台 SQL Server 服务器中可以同时运行多个 SQL Server 实例，而且不同的实例可以为不同的应用程序服务。数据库实例与数据库之间的关系如图 5-1 所示，它是一个一对多的关系。

图 5-1 数据库实例与数据库的关系

每个实例为了互不干扰都要使用自己的一个端口运行,如在一台 IP 为 192.168.1.1 的计算机上存在实例 A、实例 B 和实例 C 3 个实例,分别设置这 3 个实例的端口为:实例 A 为 1314 端口,实例 B 为 1315 端口,实例 C 为 1316 端口。当要在客户机上连接这 3 个服务器中任何一个实例时,只需要设置其相应的连接端口即可。

对于不同的 SQL Server 2005 版本,其所支持的实例个数也不同。SQL Server 2005 版本支持的实例个数如表 5-1 所示。

表 5-1　SQL Server 2005 各版本支持的实例个数

版　　本	数据库引擎支持实例个数	分析服务器支持实例个数	报表服务器支持实例个数
企业版(Enterprise Edition)	50	50	50
标准版(Standard Edition)	16	16	16
工作组版(Workgroup Edition)	16	16	16
开发版(Developer Edition)	50	50	50
学习版(Express Edition)	16	16	16

2. 创建数据库实例

【例 5-1】　使用 SQL Server 2005 创建一个命名实例"WTXYJWGL"。

【实例分析】　SQL Server 2005 中的数据库实例分为默认实例和命名实例,一台服务器中只能有一个默认实例,而其他都是命名实例。在一台服务器中,若要安装多个数据库实例,需多次安装 SQL Server 2005。当第一次安装 SQL Server 2005 时,既可以是默认实例,也可以是命名实例。当在同一个服务器上再次安装其他版本的 SQL Server 2005 时,只能是命名实例。

【实现步骤】

(1) 在光驱中插入 SQL Server 2005 安装盘,启动 Microsoft SQL Server 安装向导。在"最终用户许可协议"页面上选择"我接受许可条款和条件"复选框,然后单击"下一步"。

(2) 在其后弹出的对话框中依次单击"下一步"按钮。当弹出如图 5-2 所示的"要安装的组件"对话框时,勾选所有组件,即提供的组件全部安装。

(3) 单击"高级"按钮,在打开的对话框中展开"文档、示例和示例数据库"节点。

(4) 在与示例数据库关联的下拉列表中,选择"整个功能将安装到本地硬盘上"。如图 5-3 所示。

(5) 单击"下一步"按钮,在弹出的对话框中单击"已安装的实例"按钮,显示服务器上已安装了的实例名,如图 5-4 所示。

(6) 单击"确定"按钮,弹出"实例名"对话框。

(7) 在"实例名"对话框中选择"命名实例"单选按钮,在文本框中输入一个实例名称,例如"WTXYJWGL",如图 5-5 所示。

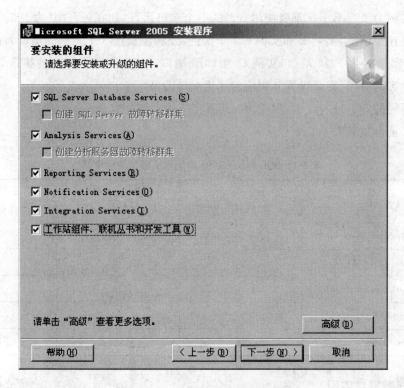

图 5-2 "要安装的组件"对话框

图 5-3 "安装示例数据库"对话框

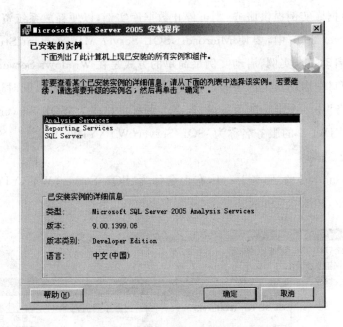

图 5-4　确定使用实例的名称

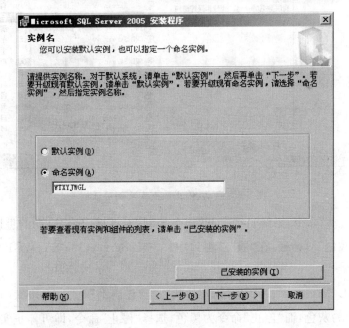

图 5-5　命名一个实例

（8）单击"下一步"按钮，系统检查将被安装的组件，同时修改连接。当出现安装完成对话框时，用户只需单击"完成"按钮，即完成了一个实例的安装。

3. 启动、停止数据库实例

【例5-2】　启动或停止命名数据库实例"WTXYJWGL"。

【实例分析】　数据库实例已安装好后，如果不启动，是不能连接数据库实例的；另外，如果不需要某个数据库实例提供服务,则可停止数据库实例,以便释放系统资源。

在 SQL Server 2005 中,要使 Microsoft SQL Server Management Studio 连接到 SQL 服务器,至少要启动一个实例,启动实例最简单的方式是在 Windows Server 2000/2003 操作系统的"服务"窗口中启动指定的服务。一台 SQL Server 服务器可以同时运行多个实例,每个实例对应"服务"中一个唯一的服务名,服务名的标准格式为"SQL Server(实例名)",例如命名实例 WTXYJWGL 的服务名称为"SQL Server(WTXYJWGL)"。

【实现步骤】

(1) 打开 Windows 的"服务"窗口,右击名称为"SQL Server(WTXYJWGL)"的服务程序,弹出快捷菜单,如图 5-6 所示。

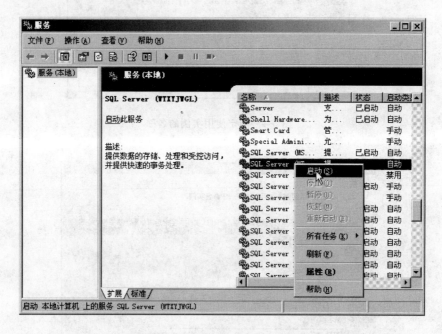

图 5-6 启动、停止数据库实例对话框

(2) 选择"启动"命令,系统自动打开"服务控制"对话框,显示启动的进度。启动成功后自动关闭"服务控制"对话框,在"服务"窗口中,"SQL Server(WTXYJWGL)"的状态自动变为"已启动"。

(3) 若"SQL Server(WTXYJWGL)"的状态为"已启动",此时在步骤(1)弹出的快捷菜单中"启动"命令为灰色,而"停止"命令为黑色,选择"停止"命令,即可停止实例。

4. 连接数据库实例

【例 5-3】 连接数据库命名实例"WTXYJWGL"。

【实例分析】 在 SQL Server 中,任何一个数据库都是由数据库命名实例提供服务的,数据库命名实例不启动,用户就不能进行相关的数据库操作。

【实现步骤】

(1) 在"开始"菜单中选择"SQL Server Management Studio"菜单项,打开"Microsoft

SQL Server Management Studio"窗口,同时弹出"连接到服务器"对话框,在"服务器名称"
列表框中显示的是本地计算机名称,表示本地默认实例,如图 5-7 所示。

图 5-7 "连接到服务器"对话框

(2)展开"服务器名称"下拉列表框,单击"<浏览更多…>"选项,打开"查找服务器"对
话框,如图 5-8 所示。在"本地服务器"选项卡和"网络服务器"选项卡中分别显示本地计算
机和网络计算机中的 SQL Server 服务对象。

图 5-8 "查找服务器"对话框

(3)选择"本地服务器"选项卡,展开"数据库引擎",可以看到创建的两个实例,一个是
"默认实例",另一个是"命名实例"。选择要连接的实例"YGDL\WTXYJWGL",如图 5-9 所

示。其中,"YGDL"为安装了 SQL Server 2005 系统的计算机名。

图 5-9　选择"本地服务器"的数据库引擎

(4) 单击"确定"按钮,返回到图 5-7 所示的"连接服务器"对话框,选择身份验证模式,并单击"连接"按钮,连接所选实例。连接成功后将自动关闭该对话框,并激活"Microsoft SQL Server Management Studio"窗口,如图 5-10 所示。

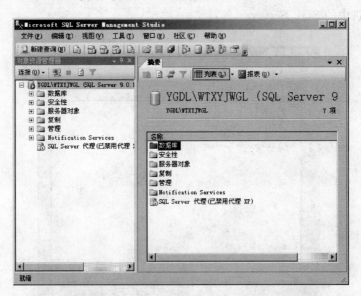

图 5-10　"Microsoft SQL Server Management Studio"窗口

5.1.2　数据库的结构

数据库的存储结构分为逻辑存储结构和物理存储结构两种。数据库的逻辑存储结构是指数据库是由哪些性质的信息所组成;数据库的物理存储结构则是讨论数据库文件是如何在磁盘上存储的。数据库在磁盘上是以文件为单位存储的,由数据库文件和事务日志文件组成,一个数据库至少应该包含一个数据库文件和一个事务日志文件。

SQL Server 2005 中数据库主要由文件和文件组组成。数据库中的所有数据和对象(如表、索引、存储过程和触发器等)都被存储在文件中。每个数据库都有一个唯一标识,这个标识就是数据库名称,如 jwgl。

SQL 数据库的文件结构如图 5-11 所示。

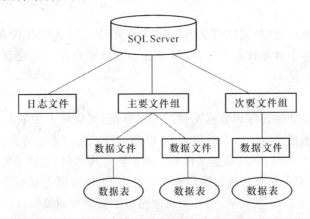

图 5-11　SQL 数据库的文件结构

(1) 数据文件

数据文件是用于存放数据的文件。SQL Server 中的数据文件有 3 个重要属性。

① 数据文件的"逻辑文件名称"和"操作系统文件名"

"逻辑文件名称"是在所有 T-SQL 语句中引用物理文件时所使用的名称。逻辑文件名必须符合 SQL Server 标识符规则(见 5.1.3 节),而且在数据库中的逻辑文件名必须是唯一的。

"操作系统文件名"是包含目录路径的物理文件名,它必须符合操作系统文件命名规则。

② 数据文件分类

在 SQL Server 中数据文件分为两类:

- 主要数据文件;
- 次要数据文件。

主要数据文件不仅包括应用数据,还包括数据库的启动信息。主要数据文件是必须的,而且一个数据库只有一个主要数据文件,次要数据文件是可选的。这两种文件的"逻辑名称"和"操作系统文件名"都可以由用户自己定义,但它们的扩展名不同,主要数据文件的扩展名是 mdf,次要数据文件的扩展名是 ndf。

③ 数据文件的大小

数据文件的大小有 3 种表示方式:

- 初始尺寸;
- 最大尺寸;
- 文件增长尺寸。

初始尺寸是创建数据库时指定的文件大小;最大尺寸表示一个数据库文件的最大容量,数据文件的最大尺寸不能大于硬盘的容量,数据文件达到最大尺寸后需要创建新的数据文件；文件增长尺寸是指在数据的存储过程中，当数据文件达到初始尺寸后自动增长的尺度。

（2）事务日志文件

为了提高数据库的操作效率，也为了能够撤销某些错误操作，对数据库的每一个操作结果不是立即更新到数据库文件中，而是将结果暂存在另一个文件中，这个文件就是事务日志文件。只有确认了操作结果或事务日志文件达到一定容量后，才将结果更新到数据文件中。

事务日志文件也包括"逻辑文件名称"和"操作系统文件名"，其含义和数据文件相同。一个数据库可以有多个事务日志文件，而事务日志文件可以存放在硬盘的不同分区上。事务日志文件的扩展名是 ldf。

（3）文件组

为了便于数据文件的管理和数据文件的存储分配，可以将有关联的几个数据文件集中为一个文件组。在创建表等数据库对象时，可以将对象创建在指定的文件组上。

文件组是 SQL Server 2005 数据文件的一种逻辑管理单位，它将数据库文件分成不同的文件组，便于对文件的分配和管理。为数据文件分组，不仅可以直观地体现数据文件之间的关系，而且可以提高表的检索效率，尤其是在使用多个硬盘存储数据时。

文件组分为"主要文件组"和"用户定义文件组"。

主要文件组是包含主要数据文件的组，用 Primary 表示。在未明确指定文件组的情况下，数据文件都分配在主要文件组中。系统表的所有页都分配在主文件组中。

用户定义文件组可以放在 Primary 组中，也可以放在用户定义的文件组中，主要是在 CREATE DATABASE 或 ALTER DATABASE 语句中，使用 FileGroup 关键字指定的文件组。

值得注意的是，事务日志文件不分组。

对文件进行分组时，一定要遵守如下的文件和文件组的设计原则。

- 一个文件或者文件组只能用于一个数据库，不能用于多个数据库。
- 一个文件只能是某一个文件组的成员，不能是多个文件组的成员。
- 数据库的数据信息和日志信息不能放在同一个文件或文件组中，数据文件和日志文件总是分开的。
- 日志文件永远也不能是任何文件组的一部分，它与数据空间分开管理。

图 5-12　系统数据库

（4）SQL Server 2005 系统数据库

在 SQL Server Management Studio 中，每个实例的"数据库"节点都有一个名为"系统数据库"的子节点，每一个实例都拥有 5 个系统数据库用于存储基本信息。对这些数据库既不能修改，也不能删除。

SQL Server 2005 的安装程序在安装时默认建立 5 个系统数据库，它们分别为 master、tempdb、model、msdb 和 mssqlsystemresource，如图 5-12 所示。下面分别对其进行介绍。

① master 数据库

该数据库是 SQL Server 2005 中最重要的数据库。记录 SQL Server 实例的所有系统级信息,包括实例范围的元数据、端点、连接服务器和系统配置设置。master 数据库还记录着所有其他数据库是否存在以及这些数据库文件的位置。另外,master 还记录 SQL Server 的初始化信息。如果 master 数据库不可用,则实例也无法启动,因此必须经常备份 master 数据库。在 SQL Server 2005 中,系统对象不再存储在 master 数据库中,而是存储在 Resource 数据库中。

② tempdb 数据库

tempdb 是连接到实例上的所有用户都可用的全局资源,是一个临时数据库,用于保存临时对象或中间结果集。每次启动 SQL Server 时都要重新创建 tempdb,以便保证该数据库总是空的。在断开连接时会自动删除临时表和存储过程,并且在系统关闭后没有活动连接。tempdb 不能备份或还原。

③ model 数据库

model 数据库是一个模板,用作 SQL Server 实例上创建的所有数据库的模板。对 model 数据库进行的修改(如数据库大小、排序规则、恢复模式和其他数据库选项)将应用于以后创建的所有数据库。如果修改 model 数据库,之后创建的所有数据库都将继承这些修改。

④ msdb 数据库

msdb 数据库用于 SQL Server 代理计划报警和作业调度,关于备份操作的信息也存放在 msdb 数据库中,因此对于 msdb 数据库也一定要经常备份。

⑤ mssqlsystemresource 数据库

mssqlsystemresource 是一个只读数据库,包含 SQL Server 2005 中的所有系统对象,但不包含用户数据或用户元数据。物理名称为 mssqlsystemresource. mdf,默认情况下,文件保存在 C:\Program Files\Microsoft SQL Server\MSSLQ. 1\MSSQL\Data 目录下。

5.1.3 创建数据库

1. 数据库命名规则

在创建数据库时,数据库名称必须遵循 SQL Server 2005 的标识符命名规则。其规则如下。

(1) 名称的字符长度为 1~128。

(2) 名称的第一个字符必须是一个字母或者"_"、"@"、"#"中的任意一个字符。

(3) 在中文版 SQL Server 2005 中,数据库名称可以是中文名。

(4) 名称中不能有空格,不允许使用 SQL Server 2005 的保留字。如系统数据库名 model、master 等。

2. 创建数据库

SQL Server 2005 中创建数据库是一种比较简单的操作。创建数据库常用以下两种方法。

① 利用 SQL Server Management Studio 创建。

② 使用 T-SQL 创建。

在创建数据库之前应注意以下几点:

- 创建数据库的用户成为该数据库的所有者;
- 在一个 SQL Server 服务器上,最多能创建 32 767 个数据库;
- 数据库名必须遵守标识符规则。

（1）使用 SQL Server Management Studio 创建数据库

【例 5-4】 在数据库实例"WTXYJWGL"下创建数据库"jwgl"。

【实例分析】 SQL Server Management Studio 是 Microsoft SQL Server 2005 新增的工具，它将 SQL Server 2000 中的企业管理器、查询分析器和分析管理器等应用程序组合到一个界面中，用于访问 SQL Server 中所有的管理功能。在数据库实例"WTXYJWGL"下创建数据库，首先必须启动 SQL Server Management Studio 管理器，并连接到数据库实例"WTXYJWGL"。

【实现步骤】

① 启动 SQL Server Management Studio，并连接到 SQL Server 2005 数据库实例"YGDL\WTXYJWGL"，打开"Microsoft SQL Server Management Studio"窗口，如图 5-13 所示。

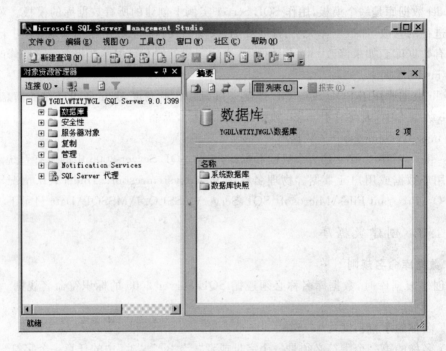

图 5-13 "Microsoft SQL Server Management Studio"窗口

② 右击"SQL Server Management Studio"窗口"对象资源管理器"窗格中的"数据库"节点，在弹出的快捷菜单中选择"新建数据库"命令，打开如图 5-14 所示的"新建数据库"对话框。

如图 5-14 所示的"新建数据库"窗口包括"常规"、"选项"和"文件组"3 个选项卡，通过这 3 个选项卡设置新创建的数据库。

③ 选择"常规"选项卡，在"数据库名称"文本框中输入新建数据库的名字，如"jwgl"。在"所有者"文本框中输入新建数据库的所有者，如 sa，或单击其右侧的按钮，在弹出的对话框中选择其所有者，或使用默认值，本例使用默认值。根据具体情况，启用或禁用"使用全文索引"复选框。在"数据库文件"列表中，可以看到两行记录，一行是数据文件，另一行是日志文

100

件。通常单击其右侧的相应按钮可以添加、删除相应的数据文件。

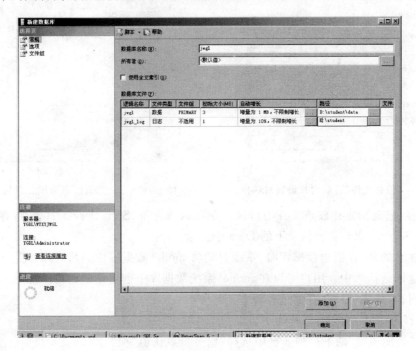

图 5-14 "新建数据库"窗口

"数据库文件"列表中各字段值的含义如下。

a. 逻辑名称：指定该文件的文件名，其中数据文件与 SQL Server 2000 不同，在默认情况下不再为用户输入的文件名添加下划线和 Data 字串，但相应的文件扩展名不变。

b. 文件类型：用于区别当前文件是数据文件还是日志文件。

c. 文件组：显示当前数据库文件所属的文件组。一个数据库文件只能存于一个文件组里。

d. 初始大小：设置该文件的初始容量，在 SQL Server 2005 中，数据文件的默认值为 3MB，日志文件的默认值为 1 MB。

e. 自动增长：设置在文件的容量不够时，文件根据何种增长方式自动增长。通过单击"自动增长"列中的省略号按钮，打开"更改自动增长设置"对话框进行设置。图 5-15 和图 5-16 所示分别为"数据文件"、"日志文件"的自动增长设置对话框。

文件增长方式有以下两种自动增长方式。

• 按百分比(P)：它是指定每次增加的百分比，如每次增加原数据量的 15%。

• 按 MB(M)：它是指定每次增长的兆字节数，如每次增加 5 MB。

在"最大文件大小"框中有两个单选项。

• "不限制文件增长"：若选择此项，其右侧微调框呈灰色状态，表示不可设置，数据文件的容量可以无限大增大。

• "限制文件增长(MB)"：若选择此项，其右侧微调框变为可设置状态，数据文件将被限制在指定的数量范围(微调框中的值)内。

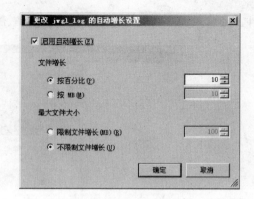

图 5-15　"数据文件"自动增长设置对话框　　　　图 5-16　"日志文件"自动增长设置对话框

f. 路径：它是指定存放该文件的目录。在默认情况下，SQL Server 2005 将存放路径设置为 SQL Server 2005 安装目录下的 Data 子目录。

值得注意的是，在创建数据库时，系统自动将 model 数据库中的所有用户定义的对象都复制到新建的数据库中。用户可以在 model 系统数据库中创建希望自动添加到所有新建数据库中的对象，如表、视图、存储过程等。

④ 选择"选项"选项卡，进行如下设置。

- 在"排序规则"的下拉列表框中选择"服务器默认值"项。
- 在"恢复模式"的下拉列表框中选择"完整"项。
- 在"兼容级别"的下拉框中选择"SQL Server 2005（90）"项。
- 根据需要设置"其他选项"内容。

设置结果如图 5-17 所示。

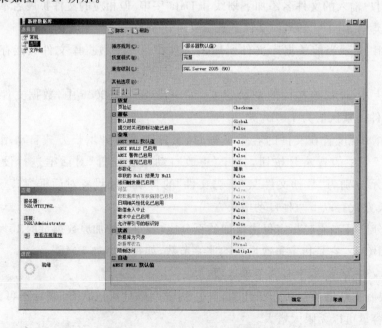

图 5-17　"选项"选项卡设置对话框

⑤ 选择"文件组"选项卡，出现如图 5-18 所示的对话框。用户可以通过单击"添加"或者

102

"删除"按钮来更改数据库文件所属的文件组。

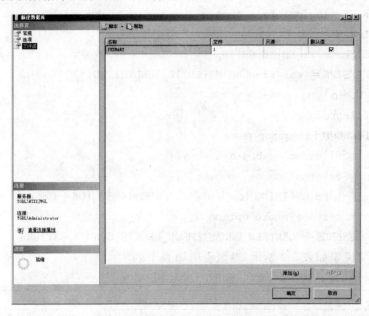

图 5-18 "文件组"选项卡对话框

⑥ 在图 5-18 所示的对话框中单击"确定"按钮,关闭"新建数据库"窗口。这时在"SQL Server Management Studio"窗口中的"对象资源管理器"窗格中可以看到新建的数据库"jwgl",如图 5-19 所示。

（2）使用 T-SQL 创建数据库

使用 T-SQL 创建数据库其实质是在 SQL Server Management Studio 的查询窗口利用 CREATE DATABASE 语句生成数据库。

CREATE DATABASE 语句的语法格式如下:

图 5-19 添加数据库"jwgl"后的结果

```
CREATE DATABASE database_name
[ON [PRIMARY]
[<filespec>[1,…n] ]
[,<filegroup>[1,…n] ]
]
[
[ [LOG ON {<filespec>[1,…n] } ]
[COLLATE collation_name]
[FOR{ATTACH[WITH<service_broke_option>]|ATTACH_REBUILD_LOG}]
[WITH <external_access_option>]
][;]
        <filespec>::=
```

```
[PRIMARY]
([NAME = logical_file_name,]
FILENAME = ´os_file_name´
[,SIZE = size[KB|MB|GB|TB] ]
[,MAXSIZE = {max_size[KB|MB|GB|TB]|UNLIMITED}]
) [1,…n]
<filegroup>::=
FILEGROUP filegroup_name
    <filespec> [1,…n]
    <external_access_option>::=
        DB_CHAINING {on | off} | TRUSTWORTHY {ON | OFF}
    <service_broke_option>::=
    ENABLE_BROKE|NEW_BROKE|ERROR_BROKER_CONVERSTATIONS
```

关键字意义说明如表 5-2 所示,参数说明如表 5-3 所示。

表 5-2　关键字说明

关　键　字	说　　　明
CREATE DATABASE	设置数据库名称,在同一数据库中,数据库名称必须唯一,并符合标识符命名标准
ON	指定显示定义用来存储数据库数据部分的磁盘文件(数据文件)
LOG ON	指定显示定义用来存储数据库事物日志的磁盘文件(日志文件)。若没有指定,将自动创建一个日志文件,大小为所有数据文件总大小的 25%
FOR LOAD	提供与早期 SQL Server 的兼容性,表示计划将备份直接装入新建的数据库。从 SQL Server 7.0 开始已不需要此语句
FOR ATTACH	指定从现有的一组操作系统文件中附加数据库。必须指定该数据库的主文件。只有必须指定 16 个以上的<filespec>项时,才需要使用 CREATE DATABASE FOR ATTACH
PRIMARY	指定其后定义的第一个文件是主数据文件。一个数据库只能有一个主文件。如果没有指定 PRIMARY,那么 CREATE DATABASE 语句中列出的第一个文件将成为主文件
NAME	定义操作系统文件的逻辑文件名,是全局磁盘文件的代号,在数据库中应该保持唯一
FILENAME	定义操作系统文件在操作系统中的存放路径以及实际文件名
SIZE	定义操作系统文件的初始容量,默认值为 1 MB
MAXSIZE	设置操作系统能达到的最大长度,默认为 UNLIMITED,即文件可以无限制增大
FILEGROWTH	定义操作系统文件长度不够时每次增长的长度

表 5-3　参数说明

参　　数	说　　　明
database_name	数据库名称。在服务器中必须唯一,最多可包含 128 个字符
filespec	指定文件格式
filegroup	指定文件组格式
logical_file_name	逻辑文件名
os_file_name	指定操作系统下的文件名和路径。不能指定压缩文件系统中的目录
size	文件初始容量
max_size	文件最大容量
growth_increment	递增值。Size、Max_size 和 growth_increment 可以有 KB、MB、GB 等单位,但不能用分数
filegroup_name	文件组名

【例 5-5】 在数据库实例"WTXYJWGL"中创建一个名为"hqmana"数据库，逻辑名为"HQMANA_DAT"，物理名为"HQMANA.MDF"，存放在 D:\xy 目录下，初始大小为 5 MB，最大容量为 100 MB，增长速度为 10％；日志文件逻辑名为"HQMANA_LOG"，物理名为"hqmana.log"，存放在 D:\xy 目录下，初始大小为 5 MB，最大容量为 50 MB，增长速度为 5 MB。

解 SQL 语句清单如下：

```
Create Database hqmana
On
(NAME = HQMANA_DAT,
FILENAME = ´D:\XY\HQMANA.MDF´,
SIZE = 5MB,
MAXSIZE = 100MB,
FILEGROWTH = 10％)
LOG ON
(NAME = HQMANA_LOG,
FILENAME = ´D:\XY\HQMANA.LOG´,
SIZE = 5MB,
MAXSIZE = 50MB,
FILEGROWTH = 5MB)
GO
```

单击 执行(X) 按钮，执行结果如图 5-20 所示。

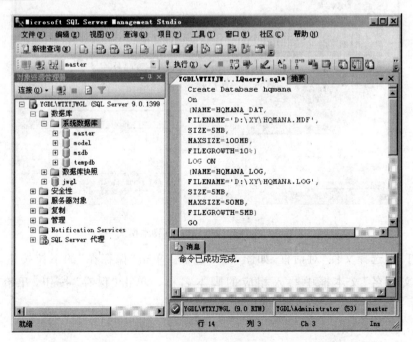

图 5-20 T-SQL 创建数据库的实例

值得注意的是,使用 T-SQL 创建数据库后,在"对象资源管理器"下面的窗格中看不到所创建的数据库名,刷新此窗格就可以看到。

5.1.4　数据库 SQL 脚本的生成

【例 5-6】　生成数据库"jwgl"的 SQL 脚本。

【实例分析】　脚本是存储在文件中的一系列 SQL 语句,是可再用的模块化代码。数据库在生成脚本文件后,可以在不同的计算机之间传送。用户可以通过 SQL Server Management Studio 生成数据库 SQL 脚本。

【实现步骤】

(1) 启动 SQL Server Management Studio,并连接到 SQL Server 2005 中数据库实例"YGDL\WTYXJWGL"。在"对象资源管理器"中展开"数据库"节点。

(2) 右击指定的数据库"jwgl",在弹出的快捷菜单中选择"编写数据库脚本"→"Create 到"→"文件命令",如图 5-21 所示。

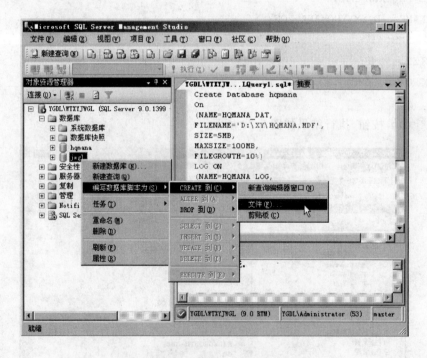

图 5-21　创建数据库 SQL 脚本模式

(3) 打开"选择文件"对话框,如图 5-22 所示。单击"保存在"的下拉按钮,选择保存位置,在"文件名"文本框中写入相应的脚本名称。单击"保存"按钮,开始编写 SQL 脚本。

图 5-22 "选择文件"对话框

5.2　管理数据库

随着数据库的增长或变化,用户需要用手动或自动方式对数据库进行管理。管理的内容主要包括以下几项:

- 扩充或收缩数据库;
- 添加和删除文件(数据文件和事务日志文件);
- 创建文件组;
- 创建默认文件组;
- 更改数据库所有者;
- 更改数据库名称;
- 分离或附加数据库;
- 设置数据库选项。

5.2.1　管理数据库实例

1. 数据库重命名

在 SQL Server 2005 中,用户可以根据需要更改数据库的名称。其名称可以包含任何符合标识符规则的字符。

下面以将数据库"jwgl"重命名为"stu"为例,介绍其具体的操作步骤。

【例 5-7】　将数据库"jwgl"重命名为"stu"。

【实现步骤】

(1) 启动 SQL Server Management Studio,并连接 SQL Server 2005 中数据库实例"YGDL\WTYXJWGL"。展开"对象资源管理器"窗格中"数据库"节点。

(2) 右击要重命名的数据库"jwgl"选项,在弹出的快捷菜单中选择"重命名"命令,如图 5-23 所示。此时数据库名称即处于可修改状态,直接输入修改后的数据库名称"stu",然后按 Enter 键进行确认即可。

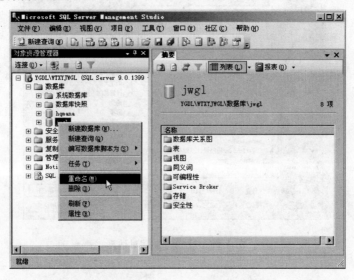

图 5-23　重命名数据库图

值得注意的是,在重命名数据库之前,应确保没有人使用该数据库,而且该数据库设置为单用户模式。

5.2.2　设置数据库选项

在打开的"Microsoft SQL Server Management Studio"窗口中展开"对象资源管理器"窗格中的"数据库"节点,右击需要修改的数据库,在弹出的快捷菜单中选择"属性"命令,打开"数据库属性"窗口,然后选择"选项",打开如图 5-24 所示的"选项"页面。"选项"页面中各选项意义如下。

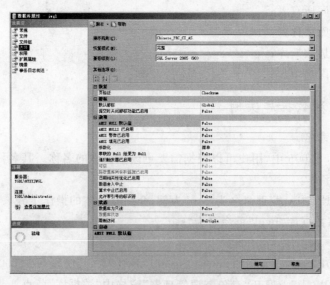

图 5-24　"选项"页面

（1）排序规则。此选项用来指定如何对字符串进行比较和排序,以及对非 Unicode 数据使用何种字符集。

（2）恢复模式。此选项是一个数据库属性，它用于控制数据库备份和还原操作基本行为。数据库的恢复模式控制如何记录事务，事务日志是否需要备份，以及可以使用哪些还原操作。新的数据库可继承 model 数据库的恢复模式。恢复模式有 3 种，即简单恢复模式、完整恢复模式和大容量日志恢复模式，如表 5-4 所示。

表 5-4 3 种恢复模式

恢复模式	说明	工作丢失风险	能否恢复到时点
简单	无日志备份。自动回收日志空间以减少空间需求，实际上不再需要管理事务日志空间	最新备份之后的更改不受保护。在发生灾难时，这些更改需要重做	只能恢复到备份的结尾
完整	需要日志备份。数据文件丢失或损坏不会导致丢失工作。可以恢复到任意时点（例如应用程序或用户错误之前）	正常情况下没有。如果日志尾部损坏，则必须重做自最新日志备份之后所做的修改	如果备份在接近特定点的时点完成，则可恢复到该时点
大容量日志	需要日志备份。是完整恢复模式的附加模式，允许执行高性能的大容量复制操作。通过大容量日志记录大多数大容量操作，减少日志空间使用量	如果在最新日志备份后发生日志损坏或执行大容量日志记录操作，则必须重做自该上次备份之后所做的更改。否则不会丢失任何工作	可以恢复到任何备份的结尾。不支持时点恢复

（3）兼容级别。此选项用来强制数据库运行情况。有 3 种选择，即 SQL Server 7.0(70)、SQL Server 2000(80) 和 SQL Server 2005(90)，其中每个设置强制数据库兼容于 SQL Server 的一个具体版本。

（4）页验证。当硬件或电源出现故障时，SQL Server 无法完成将数据写到磁盘上的任务，这称为磁盘 I/O 错误，并且会导致数据库错误。而验证选项提供了 3 个用来控制 SQL Server 如何从此问题中恢复的设置。

（5）提交时关闭游标功能已启用。此选项用于定义游标的作用范围。当设置为 Global（默认值）时，同一条连接所使用的其他任何选项都可以使用已建成的游标；当设置为 Local 时，已建成的任何一个游标对调用它的过程来说都是局部的。

（6）ANSI NULL 默认值。在 SQL Server 中创建表时，可以指定表中的列是否可为空值。如果用户的大多数列不应该含有空值，则应当将此选项保留为 FALSE，这也是默认值。

（7）ANSI NULLS 已启用。当选项值设置为 TRUE 时，与空值的任何一个比较均得出空值；若选项值设置为 FALSE 时，非 Unicode 数据与空值比较值为 FALSE，空值与空值的比较值为 TRUE。此选项默认值为 FALSE。

（8）ANSI 警告已启用。当选项值设为 FALSE 时，在数学公式中用 0 除或使用空值，结果为空值，而且看不到错误消息；当选项值设为 TRUE 时，会收得警告消息。此选项默认值为 FALSE。

（9）ANSI 填充已启用。此选项用于设置控制列保存短于列定义宽度的值应该采取的方式。若此选项值为 FALSE，那么 char(n) NOT NULL 和 char(n) NULL 类型的列填充到列的宽度；而 varchar(n) NULL、varchar(n)、binary(n) NULL 和 varbinary(n) 类型的列不填充，并且尾部数据被裁掉；若此选项设置为 TRUE 时，那么 char(n) NULL、char(n) NOT NULL 和 binary(n) NULL 类型的列填充到列宽度，varchar(n) 和 varbinary(n) 类型的列不填充，并且尾部数据不被裁掉。此选项的默认值为 FALSE。

（10）参数化。此选项用于指定当前是使用简单参数化，还是使用强制参数化。

① 若执行不带参数的 SQL 语句，SQL Server 2005 将在内部对该语句进行参数化，以增加将其与现有执行计划相匹配的可能性。在简单参数化的默认行为下，SQL Server 只相对较少的一些查询进行参数化。但是，可以通过将 ALTER DATABASE 命令的 Parameterization 选项设置为 Forced，指定对数据库中的所有查询进行参数化（但受到某些限制）。对于存在大量并发查询的数据库，这样做可以减少查询编译的频率，从而提高数据库的性能。

② 通过指定将数据库中的所有 Select、Insert、Update 和 Delete 语句参数化，可以覆盖 SQL Server 的默认简单参数化行为，当然这可能会受到某些限制。在 ALTER DATABASE 语句中将 Parameterization 选项设置为 Forced，，可启用强制参数化。强制参数化通过降低查询编译和重新编译的频率，可以提高某些数据库的性能。

（11）串联的 NULL 结果为 NULL。字符串连接使用（＋）操作符将多个字符串合并为一个字符串。若该选项设置为 TRUE 时，一个字符串与 NULL 值连接运算得到空值（NULL）；若该选项设置为 FALSE 时，一个字符串与 NULL 值连接运算得到该字符串。此选项的默认值为 FALSE。

（12）递归触发器已启用。触发器是一种特殊类型的存储过程，当使用插入、添加或删除等数据修改操作在指定表中对数据进行修改时，触发器就会生效。触发器可以查询其他表，而且可以包含复杂的 SQL 语句。它们主要用于强制复杂的业务规则或要求。触发器还有助于强制引用完整性，以便在添加、更新或删除表中的行时保留表之间已定义的关系。

（13）数值舍入中止。此选项用于指定数据库怎样处理舍入错误。若此选项设置为 TRUE 时，如果表达式中有精度损失时，就产生一个错误；若此选项设置为 FALSE，则不产生错误，而且值舍入到包含结果的列或变量的精度。

（14）算术中止已启用。此选项通知 SQL Server 在万一发生溢出或用 0 除算术错误时应该如何去做。如果此选项设置为 TRUE，则整个查询或事务被退回；若此选项设置为 FALSE，则整个查询或事务继续执行，并出现一条警告消息。

（15）允许带引号的标识符。如果打算在表名中使用空格或者使用保留字，那么通常需要将其放在方括号（[]）内。如果此选项设置为 TRUE，还可以使用双引号（""）。

（16）数据库为只读。若选项设置为 TRUE 时，不能发生任何写入操作；若选项设置为 False 时，可对数据库实行任何写入操作。默认值为 FALSE。

（17）限制访问。此选项用于控制哪些用户能够访问数据库。Single 选项只允许一次一个用户连接到数据库；Multiple 选项允许所有拥有适当权限的用户访问数据库；Restricted 选项设置每个数据库中都有一个名为 db_owner 的特殊组，其成员对相应的数据库拥有管理控制权。默认值为 Multiple。

（18）自动创建统计信息。此选项用于指定 SQL Server 是否自动为参与索引的任何列创建统计信息。

（19）自动更新统计信息。当此选项值为 TRUE 时，SQL Server 会不时地自动更新统计信息；当此选项值为 FALSE 时，则必须手工更新统计信息。

（20）自动关闭。若此选项值为 TRUE 时，数据库不用则立即关闭；若此选项值为 FALSE 时，占用资源不能立即释放，否则会造成系统变慢。

（21）自动收缩。SQL Server 定期扫描数据库，以检查它们是否包含 25% 以上的自由空间。如果是的话，SQL Server 则可以自动减小数据库的大小，使其只包含 25% 的自由空间。

若此选项设置为 TRUE,自动收缩则会发生;若此选项设置为 FALSE,自动收缩则不会发生。默认值为 FALSE。

（22）自动异步更新统计信息。此选项提供了统计信息异步更新功能。当选项值设为 TRUE 时,查询不等待统计信息更新,即可进行编译。而过期的统计信息置于队列中,由后台进程中的工作线程更新。

5.2.3　数据库选项的应用

【例 5-8】　假设对于数据库"jwgl",其属性作如下修改。

排序规则:Chinese_PRC_CI_AS。

恢复模式:简单。

数据库状态:允许用户写入,每次只允许一个用户写入。

数据库收缩:自动。

这里只介绍在"数据库属性"窗口中修改数据库属性的方法。

【实现步骤】

（1）启动 SQL Server Management Studio,并连接到 SQL Server 2005 中包含数据库 jwgl 的数据库实例,展开"对象资源管理器"窗格中的"数据库"节点。

（2）右击数据库"jwgl"选项,在弹出的快捷菜单中选择"属性"命令,打开"数据库属性-jwgl"对话框。

（3）在"选项页"窗格中选择"选项"选项卡,在"排序规则"下拉列表框中选择"Chinese_PRC_CI_AS",在"恢复模式"下拉列表框中选择"简单"。在"其他选项"窗格中选择"限制访问",在其右侧的下拉列表框中选择"Single"选项;选择"自动收缩"选项,在其右侧的下拉列表框中选择"True",如图 5-25 所示。

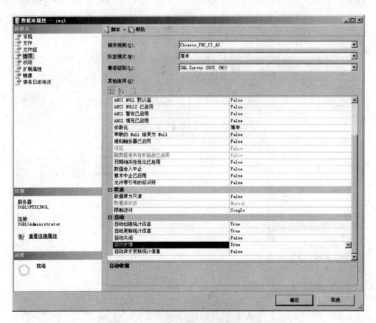

图 5-25　修改"数据库选项"对话框

（4）单击"确定"按钮,修改成功后自动关闭"数据库属性"窗口。

5.3 修改数据库结构与删除数据库

在实际的数据库开发过程中,生成数据库之后还要管理和修改数据库,例如要改变数据库大小、删除文件、修改日志文件及大小等。

5.3.1 修改数据库实例

1. 在"数据库属性"窗口中修改数据库属性

SQL Server Management Studio 提供了"数据库属性"窗口来修改所选数据库的各个属性。"数据库属性"窗口的布局和内容与图 5-14、图 5-17 和图 5-18 所示的"新建数据库"窗口很相似,而且修改属性、创建文件的操作方法也相同。

【例 5-9】 对于数据库"jwgl",按图 5-26 的要求增加数据文件和事务日志文件。

文件类型	文件组	逻辑名称	操作系统文件名	初始尺寸	最大尺寸	增长尺寸
数据文件	Primary	Pri_jwgl1	D:\student\data\Pri_jwgl1.mdf	3 MB	66 MB	3 MB
数据文件	SndFleGrp	Pri_jwgl2	D:\student\data\Pri_jwgl2.mdf	3 MB	66 MB	3 MB
事务日志文件		Lb_jwgl	E:\student\ Lb_jwgl. ldf	2 MB	44 MB	2 MB

图 5-26 向数据库"jwgl"中增加数据文件和日志文件

【实现步骤】

(1) 在"SQL Server Management Studio"窗口的"对象资源管理器"窗格中展开"数据库"节点,右击"jwgl"节点,在弹出的快捷菜单中选择"属性"命令,打开"数据库属性"窗口。

(2) 选择"数据库属性"窗口的"选项页"中的"文件"选项,按照图 5-26 所示的要求添加"数据文件和日志文件",如图 5-27 所示。

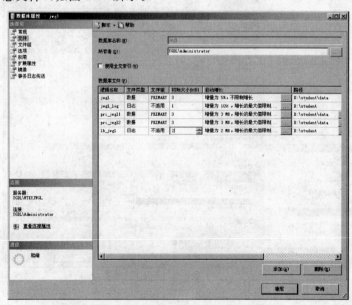

图 5-27 添加"数据文件和日志文件"窗口

（3）单击"确定"按钮。修改成功后自动关闭"数据库属性"窗口。

2. 使用 ALTER DATABASE 命令修改数据库属性

【例 5-10】 在 hqmana 数据库中添加新文件 Pri_hqmana,初始大小为 3 MB,最大长度为 66 MB,增量为 3 MB。

解 SQL 语句清单如下:

```
ALTER DATABASE hqmana
ADD FILE
(Name = Pri_hqmana1,
FiLENAME = ´D:\xy\Pri_hqmana.mdf´,
SIZE = 3MB,
MAXSIZE = 66MB,
FILEGROWTH = 3MB)
GO
```

5.3.2 修改数据库的结构

修改数据库的结构,既可以在"数据库属性"窗口中进行,也可以使用 ALTER DATABASE 语句进行修改。使用 ALTER DATABASE 语句一次只能修改一个属性,修改不同属性的语法规则也各不相同。其语法格式如下:

```
ALTER DATABASE database_name
{ADD FILE <filespec>[,…n][TO FILEGROUP filegroup_name]
|ADD LOG FILE <filespec>[,…n]
|REMOVE FILE logical_file_name
|ADD FILEGROUP filegroup_name
|MODIFY FILE <filespec>
|MODIFY NAME = new_dbname
|MODIFY FILEGROUP filegroup_name
{filegroup_property|name = new_filegroup_name}
|SET <optionspec>[,…n][WITH<termination>]
|COLLATE<collation_name>
}
<filespec>::=
(NAME = logical_file_name
[,NEWNAME = new_logical_name]
[,FILENAME = ´Os_file_name´]
[,SIZE = size[KB|MB|GB|TB]]
[,MAXSIZE = {max_size[KB|MB|GB|TB]|UNLIMITED}]
```

```
[,FILEGROWTH = growth_increment])
```

使用"数据库属性"对话框修改数据库的结构很方便,但不灵活;而使用 ALTER DATABASE 语句修改数据库的结构则非常灵活。前面已经讲了许多,在此不重复介绍。

5.3.3 删除数据库

为了节省磁盘空间,可以将不需要的数据库删除,在 SQL Server 中只有系统管理员和数据库拥有者才有权删除数据库。删除数据库也有两种方法:一是使用 SQL Server Management Studio;二是使用 DROP DATABASE 命令。删除之后,相应的数据库文件及其数据都会被删除,并且不可恢复。

当然删除数据库也有一定的限制。

(1)正在被恢复的数据库不能被删除。

(2)任何用户正在使用的数据库不能被删除。

(3)作为 SQL Server 复制任何表的一部分的数据库不能被删除。

下面以删除数据库"hqmana"为例介绍上述两种删除数据库的方法。

1. 使用 SQL Server Management Studio 删除数据库

(1)启动 SQL Server Management Studio,并连接到 SQL Server 2005 中包含数据库"hqmana"的数据库实例(这里假设是 WTXYJWGL 实例)。在"对象资源管理器"中展开"数据库"节点。

(2)右击要删除的数据库"hqmana"选项,在弹出的快捷菜单中选择"删除"命令,如图 5-28 所示。

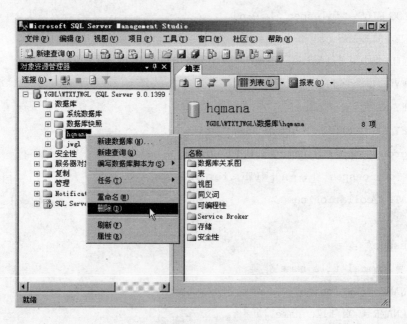

图 5-28　删除数据库

（3）在弹出的"删除对象"对话框中，单击"确定"按钮即可删除数据库，如图 5-29 所示。

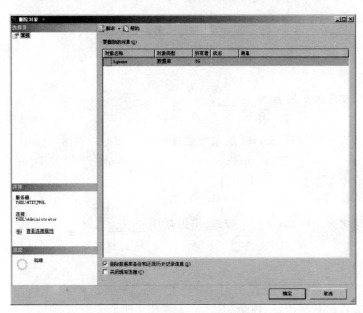

图 5-29 "删除对象"对话框

需要注意的是，①勾选"删除数据库备份和还原历史记录信息"复选框表示同时删除数据库备份。②系统数据库（msdb、model、master、tepdb）无法删除。删除数据库后应立即备份 master 数据库，因为删除数据库将更新 master 数据库中的信息。

2. 使用 DROP DATABASE 命令删除数据库

在 SQL Server Management Studio 查询窗口中可以用 DROP DATABASE 语句实现删除数据库，删除时不会出现任何提示框，而且数据库一经删除就不能再恢复，所以使用这个语句要特别小心，不要轻易使用。

DROP DASTABASE 语法格式如下：

DROP DATABASE database_name[,…n]

其中，参数 database_name 为要删除的数据库名称。

【例 5-11】 删除数据库 hqmana。

解 SQL 语句清单如下：

DROP DATABASE hqmana

GO

本 章 小 结

本章首先介绍了数据库实例的相关知识，并介绍了数据库的存储结构，然后介绍了为数据库实例创建数据库、管理数据库和修改数据库属性和删除数据库的操作方法。每一种操作都介绍了两种方式。读者应努力掌握本章内容。

习　题

一、选择题

1. 主数据库文件的扩展名为_____。

   A. txt
   B. db
   C. mdf
   D. ldf

2. 以下_____不是 SQL Server 的系统数据库。

   A. master
   B. tempdb
   C. student
   D. msdb

3. 一个数据库至少有_____个文件。

   A. 2
   B. 3
   C. 4
   D. 6

4. 若要使用多个文件,为了便于管理,可以使用_____。

   A. 文件夹
   B. 文件组
   C. 复制数据库
   D. 以上都可以

二、填空题

1. 数据库的文件有_____、_____和_____。

2. 数据库文件组有两种,一种是_____,另一种是_____。

3. _____是 SQL server 中所有系统级信息的仓库。

4. SQL Server 2005 支持两种登录认证模式,一种是_____,另一种是_____。

5. SQL Server 2005 有两种使用方式,一种是_____,另一种是_____。

三、简答题

1. 数据库的存储结构分为哪两种? 其含义是什么?

2. 事务日志的作用是什么?

3. 文件组的含义和作用是什么?

四、操作题

创建一个数据库,要求如下:

(1) 数据库名"Student"。

(2) 数据库中包含一个数据文件和逻辑文件。数据文件的逻辑名为 xy_data,磁盘文件名为 xy_data.mdf,文件初始大小为 5 MB,最大容量为 300 MB,增长 10 MB;日志文件的逻辑名为 xy_data_l,磁盘文件名为 xy_data_ldf,文件初始大小为 5 MB,最大容量为 100 MB,按 10% 递增。

第6章 管理数据表

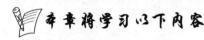

本章将学习以下内容

- 表及数据类型；
- 创建、修改、删除数据表的方法；
- 添加、修改、删除数据表中数据；
- 数据完整性及约束。

一个数据库主要是由相应的数据表组成的，因此，对数据表的管理是使用数据库的关键。用户所关心的数据都存储在各表中，对数据的访问、验证、关联性连接、完整性维护都是通过对表的操作实现的。本章首先介绍 SQL Server 2005 中表的概念及数据类型，然后介绍创建和修改数据表结构及数据表中的数据录入、修改和删除，最后介绍数据完整性及约束。

6.1 表及数据类型

图 6-1 是关系模型数据结构——院系表。用 SQL Server 2005 可以解决下面的问题。

(1) 创建院系表结构；

(2) 在院系表结构中添加性别属性；

(3) 在院系表中删除某一列；

(4) 在院系表中添加、修改及删除数据。

院系代码	院系名称	负责人	电话
01	轨道交通学院	苏云	010-608×××07
02	机电工程系	邱会仁	010-608×××17
03	经济与管理工程系	谢苏	010-608×××29
04	电子信息工程系	王冤	010-608×××31
05	公共管理系	余平	010-608×××41
06	护理学院	王毅	010-608×××23
07	计算机系	程宽	010-608×××14

图 6-1 关系模型数据结构——院系表

表是 SQL Server 2005 数据库系统的基本信息存储结构，不包含表的数据库是一个空库，是没有意义的。因此，当数据库建立好后，在投入使用前应建立相应的表，以及视图或存储过程等。

6.1.1 表的基本概念

1. 表的概念

表(Table)是关系数据库的基本结构,用于容纳所有数据的对象,其数据具有已定义的属性。数据以表的形式存放。

在表中,数据成二维行列格式,每一行(Row)代表一条记录,每一列(Column)代表一个域。每一列都有一个列名,且列名不重复。表中不仅没有相同的行存在,而且也没有相同的列。

在 SQL Server 数据库中,表定义为列的集合,数据在表中是按行和列的格式组织排列的。每行代表唯一的一条记录,而每列代表记录中的一个域。

2. SQL Server 表与关系模型的对应关系

SQL Server 数据库中表的有关术语与关系模型中基本术语之间的对应关系如表 6-1 所示。

表 6-1　SQL Server 表与关系模型术语之间的对应关系

SQL Server 表	关系模型	SQL Server 表	关系模型
表名	关系名	列值或字段值	值
表	关系	表的行或记录	元组
表的定义	关系模式	主键	码
表的列或字段	属性	SQL Server 的约束	关系完整性
字段名或列名	属性名		

3. 设计数据表

在创建数据库之前,应该规划好数据,以便创建数据库后就可以创建表。规划数据库要做的工作主要是决定需要创建哪些数据表,表中存储什么类型的数据,表中数据的约束,表与表之间的关系,数据库的安全性设置等。

在创建表和对象前,应尽量做好以下工作:

(1) 确定使用的表中每个列的名称、数据类型及长度。

(2) 确定表中的列是否允许空值。

(3) 确定哪列为主键。

(4) 确定是否使用外键,外键用在哪一列上。

(5) 确定需要使用约束、默认设置及规则的地方。

(6) 确定是否使用索引,使用什么样的索引,在何处使用。

SQL Server 表中数据的完整性是通过使用列的数据类型、约束、默认设置和规则等实现的,SQL Server 提供多种强制列中数据完整性的机制,如主键约束、外键约束、唯一约束、检查约束、DEFAULT 定义、为空等。

创建一个表最有效的方法是将表中所需的信息一次定义完成,包括数据约束和附加成分。另外,也可以先创建一个基本表,根据需要添加各种约束、索引、默认、规则等。

在 SQL Server 中创建表有如下限制:

(1) 每个数据库里最多有 20 亿个表;

(2) 每个表上最多可以创建 1 个聚集索引和 249 个非聚集索引;

（3）每个表最多1 024个字段；

（4）每条记录最多可以占8 092 B,对于类型为varchar、nvarchar、varbinary或sql_variant列的表,此限制将放宽,其中每列的长度限制在8 000 B内,但是它们的总宽度可以超过表的8 092 B的限制。

4. 列名

列名是用来访问表中具体域的标识符,列名必须遵守以下规则。

（1）列名是以字母、"_"或"♯"开头的后续字母、数字、"_"或"♯",其长度最长为128个字符,最少为1个字符。中文版的SQL Server 2005可以使用汉字作为列名。

（2）列名不能与关键字同名,否则容易引起混淆。

（3）应使列名与该列容纳的数据类型有关。

（4）列名应该反映数据的属性。

6.1.2　SQL Server 2005中的数据类型

数据类型决定使用的对象（常量、变量、表达式或函数等）值代表何种形式的数据。在SQL Server 2005的表中每定义一个列时,都必须指明其数据类型,以此限制列中可以输入的数据类型和长度,从而保证基本数据的完整性。SQL Server 2005系统提供了两种数据类型,即基本数据类型和用户自定义数据类型。

基本数据类型:SQL Server 2005支持的基本数据类型有25种,按数据的表现方式和存储方式可分为整数数据类型、数值数据类型、字符数据类型、日期时间数据类型、二进制数据类型等。

用户自定义数据类型:在系统数据库类型的基础上根据系统数据库类型建立的自定义数据类型和基于Microsoft .NET Framework公共语言运行时（CLR）中使用编程方法创建的CLR数据类型。

1. 字符数据类型

字符数据类型用于存储固定长度或可变长度的字符数据,字符可以是SQL Server中使用的字符集中任何一个有效字符。SQL Server 2005系统提供了char、varchar、text、nchar、nvarchar、ntext 6种字符数据类型。前3种数据类型为非Unicode字符数据,后3种为Unicode字符数据。

（1）char

char数据类型使用固定长度来存储字符,每个字符使用1 B的存储空间,最长可以容纳8 000个字符。其定义形式为:

char[(*n*)]

其中,*n*表示所有字符占有的存储空间,以字节（B）为单位。*n*的取值范围为1~8 000。若不指定*n*值,则系统默认为1。

【说明】

① 在向表中插入数据或为变量赋值时,如果字符串的实际长度小于定义的最大长度,不足部分将自动用空格补齐;如果数据中的字符实际长度超过给定的最大长度,则超过的字符将会被截断。

② 在使用字符型常量为字符数据类型赋值时,必须使用双引号或单引号将字符型常量括起来。如"武汉"、"china"。

（2）varchar

SQL Server 利用 varchar 数据类型来存储最长可以达到 8 000 个字符的变长字符型数据。与 char 数据类型不同，varchar 数据类型的存储空间，随存储在表列中每一个数据的字符数的不同而不同。varchar 数据类型的定义形式为：

varchar[(*n*)]

其中，*n* 表示所有字符占有的存储空间，以字节（B）为单位，*n* 的取值范围为 1~8 000。若输入的数据过长，SQL 将会截掉其超出部分。

【说明】 当存储在列中数据值的长度经常变化时，使用 varchar 数据类型可以有效地节省空间。

（3）text

text 数据类型用于存储 8 000 B 以上的文本数据，其容量理论上为 2 GB，在实际应用时需要视硬盘的存储空间而定。

【说明】

① 使用 Insert 语句向类型为 text 的列中插入数据时，数据长度不能超过 1 200 B。

② 在声明列的类型为 text 的同时，应使列的属性允许为 NULL。

③ 对于 text 类型列的任何更新，SQL Server 都需要进行初始化列的操作，即使是设置为空值的操作也不例外。系统需要分配至少 2 KB 的临时存储空间，既占用内存空间，也占用系统时间，因此，对 text 类型的列的操作需要慎重。

（4）nchar

nchar 用来定义固定长度的 Unicode 数据，最大长度为 4 000 个字符。与 char 类型相似，nchar 数据类型的定义形式为：

nchar{[*n*]}

其中，*n* 表示所有字符占有的存储空间，以字节（B）为单位。*n* 的取值范围为 1~4 000。

（5）nvarchar

nvarchar 用来定义可变长的 Unicode 数据。*n* 的取值范围为 1~4 000。

（6）ntext

ntext 数据类型与 text 类型相似，不同的是，ntext 类型采用 Unicode 标准字符集，因此，其理论容量为 1 GB。

2. 日期时间数据类型

日期时间数据类型可以用来存储日期和时间的组合数据。以日期时间数据类型存储日期时间数据比使用字符型数据存储日期时间数据更简单。SQL Server 2005 提供了两种日期时间型数据，其定义形式如表 6-2 所示。

表 6-2　日期时间类型

语法格式	取值范围	占用存储空间/B
datetime	从 1753 年 1 月 1 日至 9999 年 12 月 31 日期间的某一天的日期和时间	8
smalldatetime	从 1900 年 1 月 1 日至 9999 年 12 月 31 日期间的某一天的日期和时间	4

3. 数值数据类型

数值数据类型是指能用于参加各种算术运算的数据的类型。SQL Server 2005 提供了多种不同精度、不同取值范围的数值型数据。

(1) 整数类型

以整数数据类型存储的数总是占用相同比例的存储空间,并提供精确数字值。SQL Server 2005 系统提供了 4 种不同取值范围的整数类型,如表 6-3 所示。

表 6-3　整数类型

语法格式	取值范围	占用存储空间/B
bigint	$-2^{63} \sim 2^{63}-1$	8
int	$-2^{31} \sim 2^{31}-1$	4
smallint	$-32\,768 \sim 32\,767$	2
tinyint	$0 \sim 255$	1

实际使用过程中,int 数据类型是最常用的数据类型,只有当 int 数据类型表示的数据长度不足时,才考虑使用 bigint 数据类型。

(2) 精确数值类型

SQL Server 2005 系统提供了 decimal 和 numeric 两类数据类型来表示精确数值类型,它们具有固定精度和小数位数,精度范围与存储空间如表 6-4 所示。事实上,numeric 数据类型是 decimal 数据类型的同义词,可以说是等价的,只是不同名称而已。decimal 和 numeric 定义格式如下:

decimal(p,s)/numeric(p,s)

其中,p 表示数字的精度,s 表示数字的小数位数。精度 p 的取值范围为 $1 \sim 38$,默认值是 18。小数位数 s 的取值范围必须是 $0 \sim p$ 之间的数值(包括 0 和 p)。decimal 或 numeric 数据类型的取值范围是 $-10^{38}+1 \sim 10^{38}-1$。

不同精度的精确数值类型所占用的存储空间不同,如表 6-4 所示。

表 6-4　精度范围与存储空间

精度范围	占用存储空间/B	精度范围	占用存储空间/B
$1 \sim 9$	5	$20 \sim 28$	13
$10 \sim 19$	9	$29 \sim 38$	17

【说明】

① 用 decimal(p,s)或 numeric(p,s)声明的变量可以相互赋值。

② decimal(p,s)可简写为 dec(p,s)。

③ 当小数位数为 0 时,一个表中声明列为 numberic($p,0$)的列可以带有"Identity"约束。

(3) 近似值类型

当对数据的精度不作要求或需表示更大数而采用科学记数法表示时可使用近似值类

型。SQL Server 2005 系统提供了两种取值不同、精度不同的近似值类型,如表 6-5 所示。

表 6-5　近似值类型

语法格式	取值范围	尾数精度	占用存储空间/B
real	$-3.4 \times 10^{38} \sim 3.4 \times 10^{38}$	7	4
float(n)	$-1.79 \times 10^{308} \sim 1.79 \times 10^{308}$	15	8

【说明】

① float(n)中 n 的取值范围为 0~53,当 n 小于或等于 24 时,系统会自动将类型转换为 real 类型,以节省存储空间。

② 向近似值类型的列插入数据或给近似值类型变量赋值时,可以直接使用带小数点的数值,也可以是科学记数法的数值。

（4）货币数据类型

货币数据类型用于存储货币值,在使用货币数据类型时,应在数据前加上货币符号,系统才能辨识其为哪国的货币,如果不加货币符号,则系统默认为"＄"。SQL Server 提供了两种专门用于表示货币值的数据类型。

① money

money 数据类型使用 8 B 存储,其数据值范围为-922 337 203 685 477.580 8 ~922 337 203 685 477.580 7。数据精度为万分之一货币单位。

② smallmoney

smallmoney 数据类型使用 4 B 存储,其数据值范围为-214 748.364 8~214 748.364 7。

【说明】

① 向货币类型的列插入数据或为货币类型的变量赋值时,数值前面可以加"＄"字符,也可以不加,但数值中不出现",",它只是一种表示数的方法。

② 使用 decimal(p,4)或 numeric(p,4)同样可以表示与货币相关的数据。

4. 二进制数据类型

所谓二进制数据是一些用十六进制来表示的数据。例如,十进制数据 227 表示成十六进制数据应为 E3。在 SQL Server 系统中,分别用 binary、varbinary 和 image 3 种数据类型来存储二进制数据。

（1）binary

binary 数据类型用于存储固定长度的二进制数据。其定义形式为:

binary(n)

n 表示数据的长度,取值为 1~8 000。

【说明】

① 使用 binary 数据类型时必须指定 binary 类型数据的大小,至少 1 B。

② binary 类型数据占用 $n+4$ 个字节的存储空间。

③ 输入 binary 数据时必须在数据前加上"0x"作为二进制数据类型标识。若输入的数据过长,系统会自动截掉其超出部分;若输入的数据位数据为奇数,则系统会在起始符号"0x"后添加一个 0。

（2）varbinary

varbinary 数据类型用于存储具有变动长度的数据。varbinary 数据类型的存储长度等于实际数值长度加上 4 B。其定义格式如下：

varbinary(n)

其中，n 表示数据的长度，取值为 $1\sim8\,000$。若输入的数据过长，系统误差将会截掉超出部分。

(3) image

在 SQL Server 2005 中，image 数据类型用于存储可变长度的二进制数据类型，最大长度为 $2^{31}-1$ 个字符。通常使用 image 数据类型来存储图形等对象连接或嵌入 OLE(Object Linking Embedding)对象。与 binary 数据类型一样，输入 image 类型数据时，必须在数据前加上字符"0x"作为二进制标识。

5. 逻辑数据类型

SQL Server 2005 中用 bit 表示逻辑数据类型。占用的存储空间为 1 B，其值为真值 0 或假值 1。如果输入 0 或 1 之外的值，将被视为 1。bit 类型不能存储 NULL 值的内容。

6. 特定数据类型

SQL Server 2005 系统中包含了一些用于数据存储的特殊数据类型。

(1) xml

xml 数据类型是 SQL Server 2005 系统中新增的数据类型，用于存储整个 xml 文档。用户可以像使用 int 数据类型一样的方式使用 xml 数据类型。在一列中这种类型的项最大存储长度为 2 GB。

(2) timestamp

timestamp 亦称时间戳数据类型，是一种自动记录时间的数据类型，主要用于在数据表中记录其数据的修改时间。一个表只能有一个 timestamp 列。每次插入或更新包含 timestamp 列的行时，timestamp 列中的值均会更新。若定义了一个表列为 timestamp 类型，则 SQL Server 会将一个均匀增加的计数值隐式地添加到该列中。

(3) uniqueidentifer

用于存储一个 16 B 的二进制数据类型，它是 SQL Server 根据计算机网络适配地址和 CPU 时钟产生的全局唯一标识符代码（Globally Unique Identifier, GUID），常和 ROWGUIDCOL 属性与 NEWID()函数一起使用。

(4) sql_variant

sql_variant 数据类型是 SQL Server 2005 中新增的数据库类型，用于存储除文本、图形数据和 timestamp 类型数据外的其他任何合法的 SQL Server 数据。此数据类型的引入极大地方便了数据库的开发工作。SQL Server 2005 提供了用来获取 sql_variant 数据属性信息的函数 SQL_VARIANT_PROPERTY()。在将一个 sql_variant 对象赋予具有其他数据类型的对象时，SQL Server 不支持任何隐性转换。

(5) table

用于存储对表或者视图处理后的结果集。这种新的数据类型可使变量可以存储为一个表，从而使函数或过程返回查询结构更加方便、快捷。

(6) cursor

cursor 数据类型是变量或存储过程 OUTPUT 参数的一种数据类型，这些参数包含对游标的引用。使用 cursor 数据类型创建的变量可以为空。对于 CREATE TABLE 语句中的列，不能使用 cursor 数据类型。一般而言应当避免使用 cursor。

7. 用户自定义数据类型

为了拓展 T-SQL 的编程能力，SQL Server 2005 提供了创建自定义数据类型的方法，特别是当多个表列中要存储相同的数据类型时，使用自定义数据类型非常方便。

创建自定义数据类型时必须提供 3 个参数，即新数据类型名称、新数据类型所依据的系统数据类型（基本数据类型）及为空性。如果为空性未明确定义，系统将依据数据库或连接的 ANSI NULL 默认设置进行指派。

创建用户自定义数据类型有 2 种方法，一种是使用 SQL Server Management Studio 管理器创建，另一种是使用 T-SQL 语句创建。下面分别介绍这两种方法。

（1）使用 SQL Server Management Studio 管理器创建用户定义数据类型

【例 6-1】 在"jwgl"数据库中创建用户定义数据类型。

【实现步骤】

① 启动 SQL Server Management Studio，并连接到 SQL Server 2005 中包含"jwgl"数据库的数据库实例 YGDL\WTXYJWGL。

② 在"对象资源管理器"窗格中，依次展开"数据库"→"jwgl"→"可编程性"→"类型"节点选项，右击"用户定义数据类型"命令，在弹出的快捷菜单中选择"新建用户定义数据类型"选项，打开如图 6-2 所示的创建"用户定义数据类型"对话框。

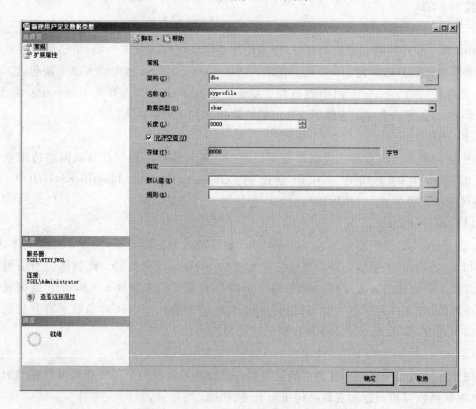

图 6-2　创建"用户定义数据类型"对话框

③ 在图 6-2 所示的对话框中设置用户定义数据类型的名字(如 xyprofile)、依据的系统数据类型(如 char)、长度以及是否允许 NULL 等。当然用户还可以将已创建的规则和默认值绑定到该用户定义的数据类型上。

④ 单击"确定"按钮完成创建工作。

⑤ 在"对象资源管理器"窗格中,"用户定义数据类型"下出现了前面定义的用户定义数据类型,如图 6-3所示。

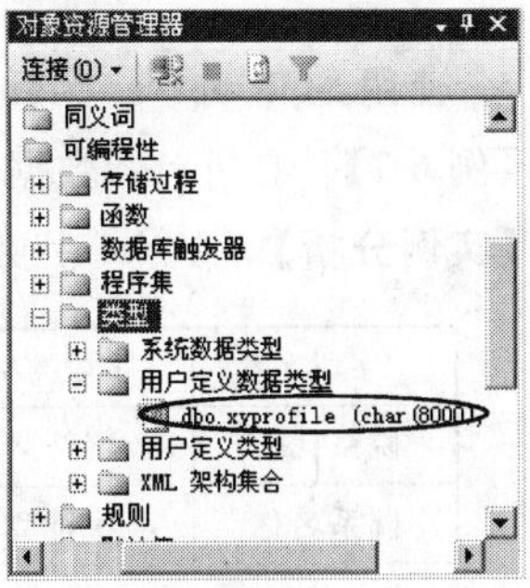

图 6-3 用户定义数据类型

(2) 使用 T-SQL 语句创建用户定义数据类型

在 SQL Server 2005 中,用户可使用系统存储过程 sp_addtype 创建用户定义数据类型。语法格式如下:

sp_addtype [@typename =]type,

[@phystype =]′system_data_type′

[,[@nulltype =]′null_type′]

[,[@owner =]′owner_name′]

【语法说明】

- [@typename＝]type:指定待创建的用户定义数据类型的名称。用户定义数据类型名称必须遵循标识符的命名规则,而且在每个数据库中唯一。
- [@phystype＝]′system_data_type′:指定用户定义数据类型所依赖的系统数据类型。
- [@nulltype＝]′null_type′:指定用户定义数据类型的可空属性,即用户定义数据类型处理空值的方式。取值为′null′、′not null′、′nonull′。

当用户定义数据类型创建好后,用户可以像使用系统提供的数据类型那样使用用户定义数据类型。根据需要用户还可以修改、删除用户数据类型。SQL Server 提供系统存储过程 sp_droptype 语句删除用户定义数据类型,其语法格式如下:

sp_droptype <用户定义数据类型名>

【语法说明】

用户定义数据类型名:已经定义好的用户数据类型名称。

另外,用户定义数据类型也可在 SQL Server Management Studio 管理平台中进行删除。

6.2 数据表结构的操作

表作为数据库的基本组成部分,它是关系数据库中对关系的一种抽象化描述,数据库中的数据实际上是存储在表中。SQL Server 2005 中数据表结构的操作包括创建、修改和删除3 个方面的内容,它们既可以在 SQL Server Management Studio 管理器中完成,也可以利用 T-SQL 语言来实现。下面分别介绍其实现方法。

6.2.1 创建数据表

1. 使用 SQL Server Management Studio 管理平台创建表

【例 6-2】 在"jwgl"数据库中创建"院系"表。

【实例分析】 在"jwgl"数据库中包括许多表,如"院系"表,其表结构一般如图 6-4 所示。

字段名	字段类型	宽度	小数位数	键别	是否空值	备注
院系代码	字符型	2		主键	否	
院系名称	字符型	16			否	
负责人	字符型	8			否	
电话	字符型	16			是	

图 6-4 "院系"表的结构

【实现步骤】

使用 SQL Server Management Studio 创建"院系"表的具体步骤如下:

(1)启动 SQL Server Management Studio,并连接到数据库实例"WTYXJWGL"。

(2)在"对象资源管理器"窗格中依次展开"数据库"→"jwgl"节点。

(3)右击"表"选项,在弹出的快捷菜单中选择"新建表"命令,打开"表设计器"对话框。

(4)在"表设计器"对话框中,单击"列名"文本框,输入列名"院系代码",在"数据类型"下拉列表框中选择 char(10)选项,并将"10"改为"2",取消"允许空"选项。如图 6-5 所示。

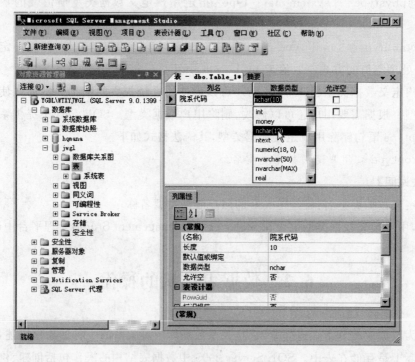

图 6-5 "表设计器"对话框

(5)依此类推,设计其他字段,结果如图 6-6 所示。关于图中对列定义的各种属性的说

126

明如下。

- 默认值或绑定：当不为该列输入任何值时使用此处给定的默认值。
- 允许空：设置该列在输入时是否可以不输入。选中（用"√"表示）表示允许。若将该列设置为表的主键，则必不允许空。
- 公式（计算所得的列规范）：显示用于计算的公式。
- 排序规则：当列的值用来排序查询结果时，显示将根据默认值应用到列的排序顺序中。
- 说明：显示选定列的文字描述。

（6）右击"院系代码"字段，在弹出的快捷菜单中选择"设置主键"命令，将"院系代码"设置为"院系"表的主键，如图 6-7 所示。

图 6-6　设计数据表

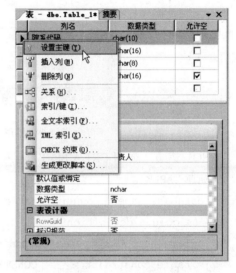

图 6-7　设置表的主键

（7）设置完成后，选择"文件"菜单下的"保存"命令，或单击工具栏中的保存按钮，弹出如图 6-8 所示的"选择名称"对话框，在"输入表名称"文本框中输入新建数据表的名称"院系"，再单击"确定"按钮，完成学生表"院系"的创建。

2. 通过 T-SQL 代码创建表

【例 6-3】　使用 T-SQL 代码创建"院系"表。

【实现步骤】

图 6-8　"选择名称"对话框

（1）在 SQL Server Management Studio 管理平台窗口中单击工具栏上的"新建查询"命令，在其右边的"查询命令"窗格中输入以下命令：

```
USE jwgl
CREATE TABLE 院系
(院系代码 CHAR(2)NOT NULL PRIMARY KEY,
院系名称 NCHAR(16) NOT NULL,
负责人 NCHAR(8) NOT NULL,
电话 NCHAR(16)
)
```

(2) 在"Microsoft SQL Server Management Studio"窗口中单击 执行(X) 按钮,结果如图 6-9 所示。

图 6-9　使用 T-SQL 语句创建表

T SQL 语言中使用 CREATE TABLE 语句创建数据表的语法格式如下:

CREATE TABLE
　　[database_name.] [owner.] table_name
　　({<column_definition>
　　|column_name AS computed_column_expression
　　|<table_constraint>∷= [CONSTRAINT constraint_name] }
　　|[{PRIMARY KEY |UNIQUE} [,…n]
　　)
　　　　[ON {filegroup |DEFAULT}][TEXTIMAGE_ON {filegroup |DEFAULT}]
其中<column_definition>的语法如下:
<Column_definition>∷= {column_name data_type}
　　[NULL |NOT NULL]
　　[[DEFAULT constant_expression]
　　| [IDENTITY [(seed,increment) [NOT FOR REPLICATION]]]]
　　[ROWGUIDCOL] [COLLATE <collation_name>]
　　[<column_constraint>] […n]

【语法说明】

- database_name 用于指定新建表所属数据库名,默认为当前数据库。
- owner 用于指定数据库所有者的名称,它必须是 database_name 所指定的数据库中现有的用户 ID。
- table_name 用于指定新建表的名称,在数据库中必须唯一。
- column_definition 用于指定列的名称,在表内必须唯一。
- ON {filegroup |DEFAULT}用于指定存储新建表的数据库文件组名称。如果使用

了 DEFAULT 或省略了 ON 子句,则新建的表会存储在数据库的默认文件组中。

- TEXTIMAGE_ON 用于指定 TEXT、NTEXT 和 IMAGE 列的数据存储的数据库文件组。若省略该子句,这些类型的数据就和表一起存储在相同的文件组中。如果表中没有 TEXT、NTEXT 和 IMAGE 列,则可以省略 TEXTIMAGE_ON 子句。
- data_type 用于指定列的数据类型,可以是系统数据类型或者用户自定义数据类型。
- NULL | NOT NULL 用于说明列值是否可以为 NULL。
- DEFAULT 用于当不给定列值时列值为其指定值。
- IDENTITY 用于指定列为一个标识列,一个表中只能有一个 IDENTITY 标识列。当用户向数据表中插入新数据行时,系统将为该列赋予唯一的、递增的值。IDEN-TITY 列通常与主键约束一起使用,该列值不能由用户更新,不能为空值,也不能绑定默认值和默认约束。
- seed 用于指定 IDENTITY 列的初始值。默认值为 1。
- increment 用于指定 IDENTITY 列的列值增量,默认值为 1。
- NOT FOR REPLICATION 用于指定列的 IDENTITY 属性,在把从其他表中复制的数据插入到表中时不发生作用。
- ROWGUIDCOL 用于指定列为全局唯一标识符列(Row Global Unique Identifier Column)。此列的数据类型必须为 uniqueidentifier 类型,一个表中数据类型为 uniqueidentifier 的列中只能有一个列被定义为 ROWGUIDCOL 列。ROWGUIDCOL 属性不会使列值具有唯一性,也不会自动生成一个新的数值给插入的行。
- COLLTAE 用于指定表的校验方式。
- Column_constraint 用于指定列约束。

3. 使用 T-SQL 语句创建表示例

【例 6-4】 创建"专业"表(表结构见附录 D 中表 D-3)。

解 SQL 语句清单如下:

```
USE JWGL
CREATE TABLE 专业
(专业代码 CHAR(4) NOT NULL PRIMARY KEY,
 专业名称 NCHAR(16) NOT NULL,
 院系代码 CHAR(2) NOT NULL
)
```

【例 6-5】 创建"班级"表(表结构见附录 D 中表 D-6)。

解 SQL 语句清单如下:

```
USE JWGL
CREATE TABLE 班级
(班级代码 CHAR(6) NOT NULL PRIMARY KEY,
 班级名 NCHAR(16) NOT NULL,
 专业代码 CHAR(4) NOT NULL,
 班主任 CHAR(8) NOT NULL
)
```

6.2.2 修改数据表

在设计表时,不可能把所有的条件都考虑进去。随着环境的改变,数据表的结构需作一些修改,如表的列加宽,添加一个属性列等,这时就需要对表的结构进行调整,包括添加新列、增加新约束条件、修改原有的列定义和删除已有的列和约束条件。对表结构的调整既可以使用 SQL Server Management Studio 管理平台,也可以使用 T-SQL 语句完成。

1. 使用 Microsoft SQL Server Management Studio 管理平台修改表结构

使用 SQL Server Management Studio 管理平台修改表结构的具体步骤如下。

(1) 启动 SQL Server Management Studio,并连接到数据库实例"WTYXJWGL"。

(2) 在"对象资源管理器"窗格中展开"数据库"节点,选择相应的数据库,展开表对象。

(3) 右击要修改的表,在弹出的快捷菜单中选择"设计表"命令,打开表设计器。

(4) 在表设计器中修改各字段的定义,如字段名、字段类型、字段长度、是否为空等。

(5) 添加、删除字段。如果要增加一个字段,将光标移动到最后一个字段的下边,输入新字段名并定义属性即可;如果要在某一字段前插入一个字段,右击该字段,在弹出的快捷菜单中选择"插入列"命令,输入字段名及定义信息;如果要删除某列,右击该列,在弹出的快捷菜单中选择"删除列"命令。

2. 使用 T-SQL 语句修改表结构

【例 6-6】 修改前面创建的"院系"表,向表中添加"性别"属性列,然后再删除该列。

解 SQL 语句的程序清单如下:

```
USE jwgl
ALTER TABLE 院系
ADD 性别 CHAR(2) NULL
USE jwgl
ALTER TABLE 院系
DROP COLUMN 性别
```

使用 ALTER TABLE 语句可以对表的结构和约束进行修改。ALTER TABLE 语句的语法格式如下:

```
ALTER TABLE table_name
{[ALTER COLUMN column_name
{new_data_type>[(precision[,scale])][collate <collation_name>]
 [NULL|NOT NULL]|{ADD|DROP}ROWGUIDCOL]}
}
|ADD {[<column_definition>]
|column_name AS computed_column_expression}[,…n]
|[WITH CHECK|WITH NOCHECK]ADD
{<table_constraint>}[,…n]
|DROP
```

130

```
{[CONSTRAINT]constraint_name|COLUMN column_name}[,…n]
|[CHECK|NOCHECK]CONSTRAINT {ALL|constraint_name[,…n]}
|{ENABLE|DISABLE}TRIGGER{ALL|trigger_name[,…n]}
}
```

【语法说明】

- table_name 用于指定要更改的表的名称。若表不在当前数据库或表不属于当前用户，还必须指定其列所属的数据库名称及所有者名称。
- ALTER COLUMN 用于指定要更改的列。
- new_data_type 用于指定新的数据类型名称。
- precision 用于指定新数据类型的精度。
- scale 用于指定新数据类型的小数位数。
- WITH CHECK | WITH NOCHECK 用于指定向表中添加新的或者打开原有的 FOREIGN KEY 约束或 CHECK 约束的时候，是否对表中已有的数据进行约束验证。对于新添加的约束，系统默认为 WITH CHECK，WITH NOCHECK 作为启用旧约束的默认选项。该参数对于主关键字约束和唯一性约束无效。
- {ADD | DROP} ROWGUIDCOL 用于添加或删除列的 ROWGUIDCOL 属性。ROWGUIDCOL 属性只能指定给一个 uniquedentifier 列。
- ADD 用于添加一个或多个列，计算列或表约束的定义。
- computed_column_expression 用于计算列的计算表达式。
- DROP{[CONSTRAINT]constraint_name|COLUMN column_name}用于指定要删除的约束或列的名称。
- [CHECK|NOCHECK]CONSTRAINT 用于启用或禁用某约束，若设置为 ALL 则启动或禁用所有约束。但该参数只适用于 CHECK 和 FOREIGN KEY 约束。
- {ENABLE|DISABLE}TRIGGER 用于启用或禁用触发器。当一个触发器被禁用后，在表上执行 INSERT、UPDATE 或 DELETE 语句时，触发器将不起作用，但是它对表的定义依然存在。ALL 选项启用或禁用所有的触发器。trigger_name 为指定触发器名称。

6.2.3 删除数据表

由于应用的原因，有些表可能不需要了。对于不需要的表，可以将其删除。一旦表被删除，表的结构、表中的数据、约束、索引等都将被永久地删除，而在此基础上建立的视图将仍然保留，但不能引用。删除表的操作既可以使用 Microsoft SQL Server Management Studio 管理平台完成，也可以通过 DROP TABLE 语句完成。

1. 使用 Microsoft SQL Server Management Studio 管理平台删除表

【例 6-7】 删除"jwgl"数据库中"学生"表。

【实现步骤】

(1) 右击"学生"表节点，从弹出的快捷菜单中选择"删除"命令，则出现如图 6-10 所示的

"删除对象"对话框。单击"确定"按钮即可删除"学生"表。

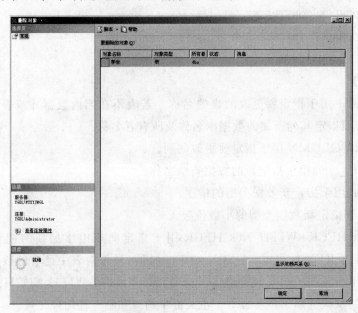

图 6-10 "删除对象"对话框

（2）单击"显示依赖关系"按钮，则会出现如图 6-11 所示的对话框。单击"依赖于'学生'的对象"按钮，则显示被哪些对象依赖；单击""学生"依赖的对象"按钮，则显示"学生"表所依赖的对象。当有对象依赖该表时就不能删除表。

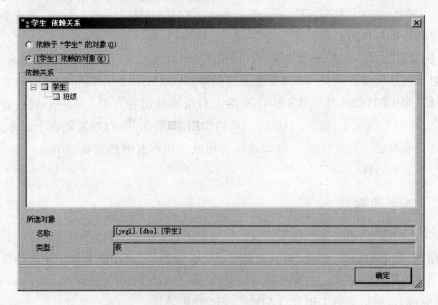

图 6-11 与表相互依赖关系

2. 使用 DROP TABLE 语句删除表

使用 DROP TABLE 语句删除表的基本语句格式如下：

```
DROP TABLE table_name
```

【语法说明】

table_name 用于指定要删除的表名。要删除的表如果不在当前数据库中,则应该在 table_name 中指明其所属数据库和用户名。删除一个表之前要先删除与此表相关联的表中的外关键字约束。当删除表后,绑定的规则或默认值就会自动松绑。

需要注意的是,DROP TABLE 语句不能删除系统表。

【例 6-8】 删除"jwgl"数据库中的成绩表。

解 SQL 语句清单如下:

USE jwgl

DROP TABLE 成绩

6.3 表属性和更名

1. 查看表属性

查看表属性既可以使用 SQL Server Management Studio 管理平台,也可以使用 T-SQL 语言中的 sp_help 查看表的定义信息。

(1) 使用 Microsoft SQL Server Management Studio 管理平台查看表属性

【例 6-9】 查看"班级"表定义信息。

【实现步骤】

① 启动 SQL Server Management Studio,并连接到数据库实例"WTYXJWGL"。

② 在"对象资源管理器"窗格中展开"数据库"节点,选择"jwgl"数据库,展开表对象。

③ 右击"班级"节点,在弹出的快捷菜单中选择"属性"命令,打开如图 6-12 所示的"表属性-班级"对话框。单击"常规"选项卡,可查看其属性定义;单击"权限"选项卡,可以查看、添加或删除所属权;单击"扩展属性"选项卡,可以查看、添加或删除扩展属性。

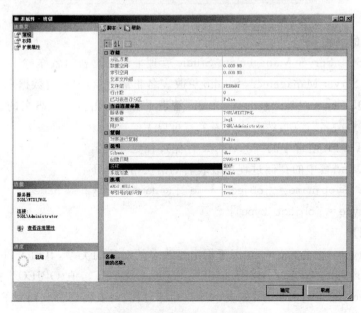

图 6-12 "表属性-班级"对话框

（2）使用 T-SQL 语言中的 sp_help 查看表的定义信息

sp_help 语句的语法格式如下：

sp_help [@objname =]name

【语法说明】

• name 为要查看表的名称。

使用 sp_help 查看表的定义信息时，它返回的内容包括表的结构定义、所有者、创建时间、各种属性、约束和索引等信息。

【例 6-10】 查看学生表的信息。

解 SQL 语句清单如下：

USE jwgl

GO

sp_help 学生

执行结果如图 6-13 所示。

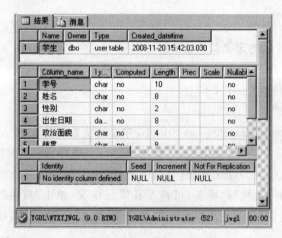

图 6-13 查看学生表的信息

2. 更改表的名称

（1）使用 SQL Server Management Studio 管理平台更改表的名称

使用 SQL Server Management Studio 更改表名非常简单，与更改数据库名的方法相同。其方法是在 SQL Server Management Studio 管理平台中右击需更改表名的表，从弹出的快捷菜单中选择"重命名"选项，然后输入表名就可以了。

（2）使用 T-SQL 语言中的 sp_rename 存储过程更改表名

使用 T-SQL 语言中的存储过程更改表名的语法格式如下：

sp_rename [@objname =]´object_name´,[@newname =]´new_name´

[,[@objtype =]´object_type´]

【语法说明】

• [@objtype＝]´object_type´用于指定要改名的对象的类型，其值可以为 COLUMN、DATABASE、INDEX、USERDATATYPE、OBJECT。值 OBJECT 指代了系统表 sysobjects 中的所有对象，如表、视图、存储过程、触发器、规则、约束等。OBJECT 值为默认值。

【例 6-11】 将院系表的名称改为"depart"。

解 SQL 语句的程序清单如下：

USE jwgl

go

sp_rename ´院系´,´depart´

执行结果如图 6-14 所示。

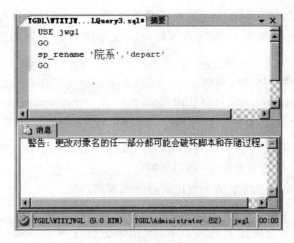

图 6-14 例 6-11 的执行结果

6.4 数据表中数据的管理

创建表后的首要任务是在表中进行数据管理。数据表中数据的管理主要包括数据的插入、修改和删除。

【实例】 将图 6-15 中的数据添加到"院系"表中。由于学院进行院系调整，将"公共管理系"改为"公共课部"。另外，由于计算机系生源萎缩，学院撤销"计算机系"，将"计算机系"与"电子信息工程系"合并，合并后"电子信息工程系"名称不变。

院系代码	院系名称	负责人	电话
01	轨道交通学院	苏云	010-608×××07
02	机电工程系	邱会仁	010-608×××17
03	经济与管理工程系	谢苏	010-608×××29
04	电子信息工程系	王冤	010-608×××31
05	公共管理系	余平	010-608×××41
06	护理学院	王毅	010-608×××23
07	计算机系	程宽	010-608×××14

图 6-15 "院系"表中的数据

在 SQL Server 2005 中对数据表中数据的管理既可使用 SQL Server Management Studio 管理器来完成，也可使用 T-SQL 命令，本节主要介绍使用 T-SQL 命令来实现。

6.4.1 添加数据

【例 6-12】 使用 INSERT 语句向"院系"表中插入两条记录。

解 SQL 语句的程序清单如下：

```
USE JWGL
INSERT INTO 院系 VALUES(´01´,´轨道交通学院´,´苏云´,´010-608×××07´)
INSERT INTO 院系 VALUES(´02´,´机电工程系´,´邱会仁´,´010-608×××17´)
```

T-SQL 语言中主要使用 INSERT 语句向表或视图中插入新的数据行。其语法格式如下：

```
INSERT [INTO] {table_or_view}
{ [(column_list)]VALUES({DEFAULT|constraint_expression}[,…n])
| DEFAULT VALUES|select_statement|execute_statement}
```

【语法说明】

- INTO 是一个可选的关键字，可以省略。
- table_or_view 用于指定插入新记录的表或视图。
- column_list 为可选项，用于指定待添加数据的列。
- VALUES 用于为新插入行中 column_list 所指定列提供数据（可以是常量、表达式等）。
- DEFAULT VALUES 用于说明向表中所有列插入的是其默认值。
- select_statement 为标准的数据库查询语句，INSERT 语句可以将 select_statement 子句返回的结果集数据插入到指定表中。
- execute_statement 为执行系统存储过程，其数据来自于过程执行后所产生的结果集。

在进行数据插入操作时须注意以下几点：

（1）必须用逗号将各个数据分开，字符型数据要用单引号´´括起来。

（2）INTO 子句中没有指定列名，则表示插入新记录时每个属性列上均有值，且 VALUES 子句中值的排列顺序要和表中各属性列的排列顺序一致。

（3）若在 INTO 子句中指定列名时，VALUES 子句中值的顺序必须和指定的列名排列顺序一致，个数相等，数据类型一一对应。

（4）对于 INTO 子句中没有出现的列，则插入的记录在这些列上将取空值。

6.4.2 修改数据

【例 6-13】 将"院系"表中"院系名称"列中值为"公共管理系"的数据项改为"公共课部"。

解 SQL 语句清单如下：

```
USE jwgl
UPDATE 院系 SET 院系名称 = ´公共课部´
WHERE 院系名称 = ´公共管理系´
```

T-SQL 语言中使用 UPDATE 语句对表或视图中的数据行进行修改,该语句可以修改表或视图中的一行或多行数据。其语法格式如下:

```
UPDATE {table_or_view} SET
{column_name = {expression|DEFAULT}|@variable = expression}[,…n]
[FROM {<table_or_view>|(select_statement) [AS] table_alias
[(column_alias[,…n])]}[,…n]
]
[WHERE <search_conditions>
|CURRENT OF {{[GLOBAL]curror_name}|curror_variable_name}}
]
```

【语法说明】

- table_or_view 用于指定待修改记录的表或视图名称。
- SET 指出表中被修改的列或变量及其所赋的值。column_name 为被修改的列名,@variable 为一个已经声明的局部变量名称,它们修改后的值由 expression 表达式提供,或使用 DEFAULT 关键字将默认值赋给指定列。expression 可以是变量、表达式或者返回单个值的 SELECT 语句。
- FROM 子句引出另一个表,它为 UPDATE 语句的数据修改操作提供条件。
- WHERE 用于指定需要修改的行。省略该子句时,说明对指定的表或视图中的所有行进行修改。
- serach_conditions 说明 UPDATE 语句的修改条件,它指出表或视图的哪些行需要修改。
- CURRENT OF 说明在游标的当前位置执行修改操作,游标由 curror_name 或游标变量 curror_variable_name 指定。UPDATE 语句不能修改具有 IDENTITY 属性列的列值。

【例 6-14】 将"院系"表中的"电话"列清空。

解 SQL 语句清单如下:

```
USE jwgl
UPDATE 院系 SET 电话 = ´´
```

6.4.3 删除数据

【例 6-15】 将"院系"表中的"院系名称"为"计算机系"的数据行删除。

解 SQL 语句清单如下:

```
USE jwgl
DELETE FROM 院系 WHERE 院系名称 = ´计算机系´
```

T-SQL 语言中使用 DELETE 和 TRUNCATE TABLE 语句均可以删除表中的数据。

(1) DELETE 语句的语法格式如下。

```
DELETE {table_name|view_name}
 [FROM {<table_or_view>|(select_statement) [AS] table_alias
```

```
        [(column_alias[,…n])]}[,…n]
    ]
    [WHERE <search_conditions>
     |CURRENT OF {{[GLOBAL]curror_name}|curror_variable_name}}
    ]
```

【语法说明】

- table_or_view 用于指定待删除记录的表或视图名称。
- FROM 子句引出另一个表,它为 DELETE 语句的数据删除操作提供条件。
- WHERE 用于指定限制删除行数的条件。如果没有提供 WHERE 子句,则 DELETE 删除表中的所有行。
- <search_conditions>用于指定删除行的限制条件。对搜索条件中可以包含的谓词数据没有限制。
- CURRENT OF 说明在游标的当前位置执行删除操作,游标由 curror_name 或游标变量 curror_variable_name 指定。

(2) TRUNCATE TABLE 语句的语法格式:

```
TRUNCATE TABLE table_name
```

其中,TRUNCATE TABLE 为关键字;table_name 为要删除所有记录的表名。

【例 6-16】 删除"jwgl"数据库中的成绩表中所有记录。

解 方法一:

```
USE jwgl
DELETE FROM 成绩
```

方法二:

```
USE jwgl
TRUNCATE TABLE 成绩
```

两者有明显的区别,DELETE TABLE 删除操作被当作是系统事务,删除操作可以被取消;而 TRUNCATE TABLE 则不是,删除操作不能被撤销。

本 章 小 结

本章主要介绍了管理数据表的相关知识,主要包括以下内容。

(1) 基本知识

包括表的概念;SQL Server 2005 中基本数据类型和自定义数据类型的创建、使用和删除。

(2) 表结构的操作

表是 SQL Server 中一个重要的数据库对象,数据库中的数据都是存储在表中的,因此,创建数据库后首先要创建表。创建表时一定要认真分析表的结构,为表结构中的属性选择适当的数据类型,以保证表中有效的数据存储;同时在表中适当增加限制以维护数据的完整性。表结构的操作包括创建、修改和删除表,表的创建、修改和删除既可以使用 Microsoft SQL Server Management Studio 管理平台完成,也可以使用 T-SQL 语句来完成。

（3）表属性和更名

如果用户想了解表的结构,可查看表的属性;由于时间的仓促,觉得表名称取得不理想,可以更改表名称。这些既可以在 SQL Server Management Studio 管理平台上完成,也可以使用 T-SQL 语言中的语句完成。

（4）管理数据表

数据表中没有数据而是一个空表,是没有多大意义的;而数据表中的数据如果没有用,则会浪费存储空间;由于环境变化,或输入错误,需对表中的数据进行修改。管理数据表的目的就是对数据表中的数据进行添加、删除或修改操作,这些操作既可使用 SQL Server Management Studio 管理平台完成,也可以使用 T-SQL 语言中的语句完成。本章主要介绍了使用 T-SQL 语言中的语句来完成。

习　题

一、选择题

1. 用来表示可变长度的非 Unicode 数据的类型是_____。

    A. char   B. nvarchar   C. varchar   D. nchar

2. 对一个已创建的表,_____操作是不可以的。

    A. 更改表名

    B. 修改已有的属性

    C. 增加或删除列

    D. 将已有 text 数据类型修改为 image 数据类型

3. int 变量存储为_____位的数值形式。

    A. 16   B. 2   C. 4   D. 8

4. 以下_____不是字段的必要组成。

    A. 名称   B. 数据类型   C. 码   D. 宽度

5. 下面_____数据类型是用来存储二进制数据。

    A. datetime   B. smallmoney   C. binary   D. int

6. 下面_____语句用于创建数据表。

    A. CREATE DATABASE   B. CREATE TABLE

    C. ALTER DATABASE   D. ALTER TABLE

7. 更新表中记录,使用_____命令动词。

    A. DELETE   B. UPDATE   C. INSERT   D. SELECT

二、填空题

1. 在 SQL Server 中每个数据库最多可以创建_____个表，一个表允许_____列，每项行最大长度为_____。

2. 整数数据类型包括_____、_____、_____和_____。

3. 在 SQL Server 2005 中，创建数据表的方法有_____和_____。

4. 基本表是本身独立存在的表，在 SQL 中一个关系对应一个_____，一个或多个基本表对应一个_____。

5. DELETE 语句的功能是从指定表中删除满足_____子句条件的所有元组。如果省略该子句，表示删除表中全部元组，但表的定义仍在_____中。也就是说，DELETE 语句删除的是_____，而不是关于表的定义。

三、上机操作题

在"student"数据库中创建学生表和院系表，按照附录 D 中所给定的数据将其添加到数据表中。

第7章 数据查询

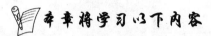

本章将学习以下内容

- 查询语句的基本结构；
- 简单查询方法；
- 分类汇总方法；
- 多表联接查询方法；
- 嵌套查询方法。

SQL 是一种功能强大的结构化查询语言，具有功能丰富、使用灵活、语句简洁的特点。本章首先介绍了 SELECT 语句的语法格式及执行方式，然后接着介绍了使用 SELECT 语句对数据库中数据进行查询的方法，包括简单查询、连接查询、子查询和联合查询。

本章查询所用到的表及数据如附录 D 所示。

7.1 SELECT 语句详解

【例 7-1】 在"jwgl"数据库中创建"stu"数据表，其中存放的是计通 061 班男生相关信息，要求有"学号"、"姓名"、"性别"、"出生日期"字段，并按学号排列。

【实例分析】 在教务管理信息系统中，用户根据程序设计的需要需显示某些信息时，如学生学号、姓名、性别、所在班级及系等信息，这些信息分别存储在不同的表中，即使是同一个表中的字段和数据，并不是都需要显示。因此，人们可以使用 SQL Server 2005 提供的 SELECT 语句根据不同的需要进行有选择地显示信息，并且可将结果插入到指定的表中。

解 SQL 语句清单如下：

```
USE jwgl
SELECT 学号,姓名,性别,出生日期
INTO stu
FROM 学生,班级
WHERE 班级名 = ´计通 061´ AND 班级.班级代码 = 学生.班级代码
GROUP BY 学号,姓名,性别,出生日期
HAVING 性别 = ´男´
ORDER BY 学号 DESC
```

执行结果如图 7-1 所示。

在这个例子中,首先从班级表中找出班级名为"计通 061"班的班级代码,在学生表中找出班级代码与"计通 061"班的班级代码相同的那些记录,再按性别分组,然后选出性别为"男"的组,输出时按学号降序排列,最后创建新表"stu",并把结果集插入到新表中。

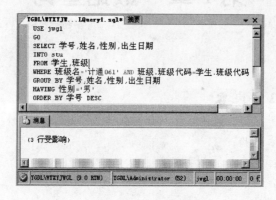

图 7-1 例 7-1 的执行结果

7.1.1 SELECT 语句的语法格式

完整的 SELECT 语句的语法结构比较复杂,这里介绍 SELECT 语句的主要语法结构。SELECT 语句的语法结构如下:

SELECT [ALL|DISTINCT]字段列表

[INTO 新表]

FROM 数据源

[WHERE 条件表达式]

[GROUP BY 分组表达式]

[HAVING 搜索表达式]

[ORDER BY 排序表达式 [ASC|DESC]]

[COMPUTE 子句][FOR 子句][OPTION 子句]

SELECT 各子句执行的顺序及功能简介如下:

- SELECT 子句用于输出查询结果集中的列及其属性,也可求值输出。
- INTO 子句用于创建新表并将查询结果集插入到新表中。
- FROM 子句用于指定 SELECT 语句中使用的表和视图以及各表之间的逻辑关系。
- WHERE 子句用于给出查询条件,指定选取记录子集的条件。
- GROUP BY 子句用于指定对检索到的记录进行分组的条件。
- HAVING 子句用于在分组的基础上指定选取某些组的条件。必须与 GROUP BY 同用。
- ORDER BY 子句用于对检索的结果集进行排序;ASC 关键字指定行按升序排序,DESC 关键字指定行按降序排序,默认值为 ASC,即升序。
- COMPUTE 子句用于生成合计作为附加的汇总行附加在结果集的最后。当与 BY 一起使用时,COMPUTE 子句在结果集内生成控制中断、明细和分类汇总。可在同一查询内指定 COMPUTE BY 和 COMPUTE。

- FOR 子句用于指定数据的返回形式。
- OPTION 子句用于指定应在整个查询中使用所指定的查询提示。

7.1.2 使用 SELECT 语句的执行方式

可借助于 SQL Server 2005 中的 Microsoft SQL Server Management Studio 管理器辅助生成和执行 SELECT 语句。

1. 通过 Microsoft SQL Server Management Studio 管理器辅助生成并执行 SELECT 语句

【例 7-2】 通过 Microsoft SQL Server Management Studio 管理器生成显示"计通 061"班男生的学号、姓名、性别、政治面貌信息。

【实现步骤】

（1）启动 SQL Server Management Studio,并连接到 SQL Server 2005 中包含"jwgl"数据库的数据库实例 YGDL\WTXYJWGL,展开"对象资源管理器"窗格中服务器节点。

（2）在"对象资源管理器"窗格中,依次展开"数据库"→"jwgl"→"表"节点选项。

（3）右击"表"节点中的"学生"表选项,在弹出的快捷菜单中选择"打开表"命令,右窗格中以网格形式显示学生表中的数据,同时在工具栏下方增加了一排"查询"用工具条。单击右窗格中"表-dbo.学生"选项卡,这时可以看到快捷工具栏上的按钮状态发生了变化。

（4）依次单击 SQL Server Management Studio 管理器窗口中的"显示/隐藏关系图窗口"按钮、"显示/隐藏条件"按钮、"显示/隐藏 SQL 窗格"按钮和"显示/隐藏结果窗格"按钮,用户可以看到如图 7-2 所示的"SQL Server Management Studio"窗口。

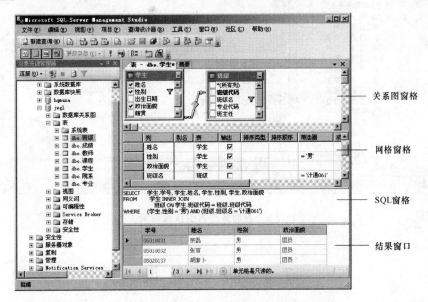

图 7-2 例 7-2 的执行结果

（5）单击工具栏上的"添加表"按钮,在弹出的"添加表"对话框中选择"班级",并单击"添加"按钮,然后单击"关闭"按钮,关闭"添加表"对话框。

（6）在"关系图窗格"中的"学生"表中依次选中学号、姓名、性别、出生日期字段,选中班级表的"班级名"字段,这时被选中的字段出现在"网格窗格"中,勾选学号、姓名、性别和出生日期"输出"复选框。

(7) 在"筛选列"的"性别"行处输入筛选条件:"='男'","班级名"行处输入筛选条件:"='计通061'",按工具栏上的运行按钮 ⚡,结果如图 7-2 所示。

2. 通过 Microsoft SQL Server Management Studio 管理器执行 SELECT 语句

(1) 在 Microsoft SQL Server Management Studio 管理器窗口中单击工具栏上的"新建查询"按钮,打开其右窗格的"查询分析"窗格。

(2) 在查询分析窗格中输入以下程序代码:

```
USE jwgl
SELECT 学号,姓名,性别,出生日期
FROM 学生
WHERE 性别='男' AND 班级代码='060730'
```

(3) 单击工具栏中的执行按钮 ⚡ 执行(x),结果如图 7-3 所示。

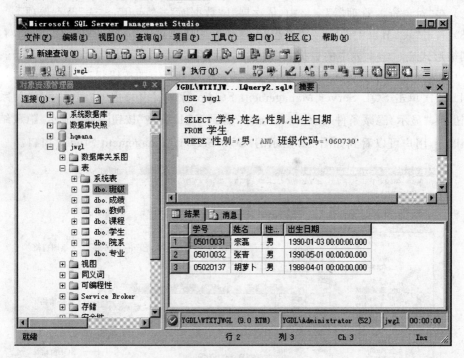

图 7-3 查询分析器的执行结果

7.2 简单查询

7.2.1 简单查询实例

【实例】 查询语句是 SQL Server 中最重要、最基本的语句之一,是用来显示查询结果,为一结果集。虽然 SELECT 语句的完整语法比较复杂,但其基本格式由 SELECT 子句、

FROM 子句、WHERE 子句和 ORDER BY 子句组成 SQL 查询语句。查询语句并不会改变数据库中的数据，它只是检索数据。基本格式如下：

SELECT ＜列名表＞

FROM ＜表或视图名＞

WHERE ＜查询限定条件＞

ORDER BY ＜排序表达式＞［ASC｜DESC］

SELECT 用于指定要查看到的列（字段），对应于关系数据库术语中的选择；FROM 用于指定这些数据的来源（表或视图），对应于关系数据库术语中的连接；WHERE 则指定了要查询哪些记录，对应于关系数据库术语中的投影；ORDER BY 则指定得到的结果按何要求排序。

【例 7-3】 显示院系代码为"07"的所有专业。

解 SQL 语句清单如下：

USE JWGL

SELECT 专业名称 FROM 专业 WHERE 院系代码 = ´07´

GO

执行结果如图 7-4 所示。

【例 7-4】 显示"教师"相关信息。

解 SQL 语句清单如下：

USE jwgl

SELECT ＊ FROM 教师

GO

执行结果如图 7-5 所示。

图 7-4 例 7-3 的执行结果

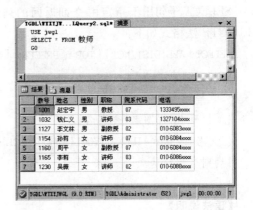

图 7-5 例 7-4 的执行结果

7.2.2 FROM 子句

FROM 子句指定 SELECT 语句查询以及与查询相关的表或视图，该列表中的数据表名和视图名之间用逗号隔开。在 FROM 子句中最多可以指定 256 个数据表或视图，如果所查询的字段不在当前表，或所查询的表不在当前数据库，可用"数据库. 所有者名称. 对象名称"格式指出表或视图对象。另外，使用 FROM 子句可以：

- 列出所选列和 WHERE 子句中所引用列所在的表和视图,可用 AS 子句为表和视图的名称指定别名;
- 联接类型,这些类型由 ON 子句中指定的联接条件限定。

FROM 子句的使用方法如下。

(1) 1 个表或视图

SELECT * FROM 院系

(2) 若干个表或视图

SELECT 专业名称,院系名称

FROM 专业 JOIN 院系

ON 专业.院系代码 = 院系.院系代码

(3) 使用 AS 子句为表和视图的名称指定别名,或为列指定别名

SELECT 专业名称,院系名称 AS 院或系名称

FROM 专业 AS A JOIN 院系 AS B

ON A.院系代码 = B.院系代码

(4) 没有 FROM 子句的 SELECT 语句

不含 FROM 子句的 SELECT 语句是那些不从数据库内的任何表中选择数据的 SELECT 语句。这些 SELECT 语句只从局部变量或不对列进行操作的 T-SQL 函数中选择数据。例如:

SELECT 1 + 2

SELECT getdate()

7.2.3　SELECT 子句

SELECT 子句用于指定由查询返回的列。舍弃所有可选子句,最简单的访问数据库的 SELECT 语法格式如下:

SELECT [ALL|DISTINCT] [TOP n[PRECENT][WITH TIES]]

<选择列表>

<选择列表>::=

{ *|{表名|视图名|表别名}.*

|{列名|表达式|IDENTITYCOL|ROWGUIDCOL}[[AS]列别名]

|列别名 = 表达式

} [,…n]

【语法说明】

- ALL 用于指定在结果集中可以显示重复的行,为默认值。
- DISTINCT 用于指定在结果集中去掉重复的行,重复的行只显示一行。
- TOP n[PERCENT]用于指定只从查询结果集中输出前 n 行。n 介于 0~4 294 967 259 之间的整数。如果还指定了 PERCENT,则只从结果集中输出前百分之 n 行。当指定时带 PERCENT 时,n 必须是介于 0~100 之间的整数。如果查询还包含 ORDER BY 子句,将输出由 ORDER BY 子句排序的前 n 行(或前百分之 n 行)。如果查询没有 ORDER BY 子句,则行的顺序任意。

- WITH TIES 用于指定从基本结果集中返回附加的行,这些行包含与出现在 TOP n(PERCENT)行最后的 ORDER BY 列中的值相同的值。如果指定了 ORDER BY 子句,则只能指定 TOP…WITH TIES。
- 选择列表是一个逗号分隔的表达式列表,每个表达式定义结果集中的一列。表达式通常是对 FROM 子句中指定的数据源(表或视图)的列的引用,但也可能是其他表达式,如常量或 T-SQL 函数。
- * 用于指定返回由 FROM 子句的数据源的所有列。
- 〈表名|视图名|列别名〉. * 是指将 * 的作用域限制为指定的表或视图。
- IDENTITYCOL 为返回标识列。如果 FROM 子句中的多个表内有包含 IDENTTY 属性的列,则必须用特定的表名限制 IDENTITYCOL。
- ROWGUIDCOL 为返回行全局唯一标识列。如果在 FROM 子句中有多个表具有 ROWGUIDCOL 属性,则必须用特定的表名限定 ROWGUIDCOL。
- 列别名是查询结果集内替换列名的可选名。

1. 查询所有列

将表中的所有字段都在结果集中列出来,可以有两种方法:一种是将所有的字段名在 SELECT 关键字后列出来,另一种是在 SELECT 语句后使用一个"*"。

【例 7-5】 查询"院系"表中所有记录。

解 SQL 语句清单如下:

USE jwgl

SELECT * FROM 院系

GO

执行结果如图 7-6 所示。

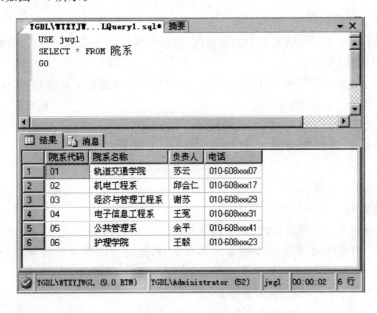

图 7-6 查询所有列

2. 查询指定列

在很多情况下,用户只希望显示表中的部分属性列,这时可在 SELECT 语句后指定需要显示的列名,而过滤掉表中不需要的列。所选列之间用逗号分开,查询结果集中数据的排列顺序与选择列表中所指定的列名排列顺序相同。

【例 7-6】 查询院系负责人及其电话。

解 SQL 语句清单如下:

USE jwgl

SELECT 负责人,电话 FROM 院系

GO

执行结果如图 7-7 所示。

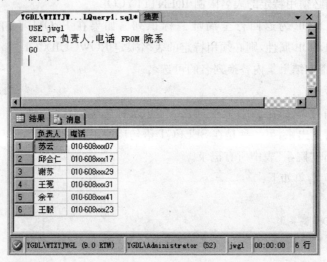

图 7-7 查询指定列

3. 查询经过计算的列

SELECT 子句后不仅可以是表中的属性列,而且可以是表达式,即可以是查询出来的属性列经过一定的计算后的结果。

【例 7-7】 显示"课程"表中的信息,课时数在原有的基础上每学分增加一个课时。

解 SQL 语句清单如下:

USE jwgl

SELECT 课程号,课程名,学分,课时数＋学分＊1,开课学期,教号 FROM 课程

GO

执行结果如图 7-8 所示。

4. 设置列别名

在显示选择查询的结果时,可以为字段名指定一个更易理解的名字。特别是查询结果集中的列不是表中现成的列,而是一个或多个计算的列,这时就需要对计算列指定一个列别名。格式如下:

SELECT 表达式 AS 列别名 FROM 数据源

SELECT 表达式 列别名 FROM 数据源

SELECT 列别名 ＝ 表达式 FROM 数据源

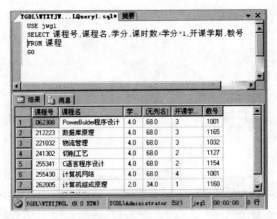

图 7-8　查询计算列

【例 7-8】　查询学生姓名、性别及年龄信息。

解　SQL 语句清单如下：

USE jwgl

SELECT 姓名,性别,Year(getdate())-year(出生日期)AS 年龄

FROM 学生

GO

执行结果如图 7-9 所示。

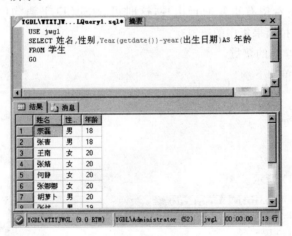

图 7-9　设置别名

5. 限制返回行数

若用户只是想看一下表中记录的样式和内容,而表中的记录较多,这时就没有必要显示全部的记录。此时,人们可以在 SELECT 语句中加入关键字,限制返回的行数。格式如下：

　　　SELECT TOP n［PERCENT］＜表达式＞ FROM 数据源

其中,TOP n 表示查询结果只显示表中前面 n 条记录,TOP n PERCENT 表示查询结果只显示表中前面 n% 条记录。

【例 7-9】　显示学生表中前 5 行数据。

解　SQL 语句清单如下：

USE jwgl

SELECT TOP 5 *

FROM 学生

GO

执行结果如图 7-10 所示。

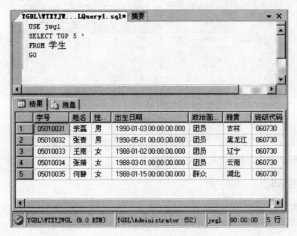

图 7-10　返回限定的行

6. 消除重复的行

在实际的应用中查询指定列时,两个本来并不相同的记录,通过对指定列的投影,结果变成相同的行,而人们不希望有重复的行出现,这时可在 SELECT 语句中的字段列表前加上 DISTINCT 关键字,去掉结果集中的重复行。

【例 7-10】　查询学生的籍贯。

解　SQL 语句清单如下:

USE jwgl

SELECT DISTINCT 籍贯

FROM 学生

GO

执行结果如图 7-11 所示。

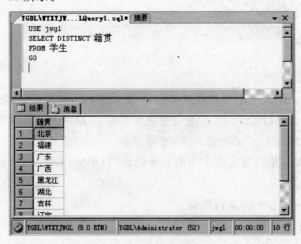

图 7-11　清除重复的行

7.2.4 WHERE 子句

通常情况下,一个数据库中可能有很多数据,但并不是所有的记录都能用到,如人们只想查看院系代码为"07"的老师相关记录,那么不是院系代码为"07"的老师相关记录就没必要显示,这时人们可以在 WHERE 子句后指定一系列的搜索条件,对记录进行过滤,控制结果集的构成,只有满足搜索条件的行才能构成结果集。WHERE 子句中的搜索条件如表 7-1 所示。

表 7-1　WHERE 子句常用的搜索条件

搜索条件	条件运算符
比较	=、>、<、>=、<=、<>、! >、! <
确定范围	BETWEEN AND、NOT BETWEEN AND
模式匹配	LIKE、NOT LIKE
确定集合	IN、NOT IN
空值	IS NULL、IS NOT NULL
多重条件	AND、OR、NOT

1. 比较运算符

比较运算符用于比较两个表达式的大小。使用的各运算符含义为:=(等于)、>(大于)、<(小于)、>=(大于或等于)、<=(小于或等于)、<>(不等于)、! =(不等于)、! <(不小于)、! >(不大于)。其语法格式如下:

<表达式 1> 比较运算符 <表达式 2>

需要注意,text、ntext 和 image 数据类型不可组成比较搜索条件。

【**例 7-11**】 显示"成绩"表中成绩及格的学生信息。

解　SQL 语句清单如下:

USE jwgl

SELECT * FROM 成绩

WHERE 成绩 >= 60

执行结果如图 7-12 所示。

2. 确定范围

范围运算符 BETWEEN … AND…和 NOT BETWEEN…AND…用于查找属性值在(或不在)指定范围内的记录,其效果类似于使用了 >= 和 <=(或 > 和 <)逻辑表达式来代替。其中 BETWEEN 后是范围的下限,AND 后是范围的上限。语法格式如下:

列表达式[NOT]BETWEEN 起始值 AND 终止值

【**例 7-12**】 显示出生日期在 1989 年至 1991 年之间的学生姓名、性别、出生日期和籍贯。

解　SQL 语句清单如下:

USE jwgl

SELECT 姓名,性别,出生日期,籍贯 FROM 学生

WHERE 出生日期 BETWEEN ´1989-01-01´ AND ´1991-12-31´

执行结果如图 7-13 所示。

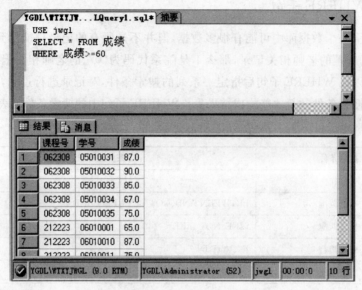

图 7-12　比较执行结果

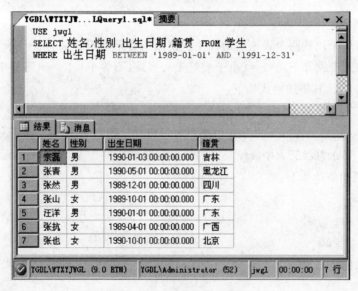

图 7-13　确定范围执行结果

3. 确定集合

IN 和 NOT IN 用来确定指定的属性值是否与子查询或列表中的值相匹配。其语法格式为：

列表达式[NOT] IN(子查询|表达式 1[,…n])

【例 7-13】　显示院系代码为 01 和 04 的院系名称、负责人和电话。

解　SQL 语句清单如下：

USE jwgl

SELECT 院系名称,负责人,电话 FROM 院系

WHERE 院系代码 IN('01','04')

执行结果如图 7-14 所示。

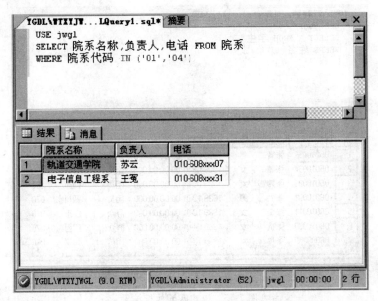

图 7-14　确定集合的执行结果

4. 模式匹配

SQL 中可以使用 LIKE 和 NOT LIKE 来实现不完全匹配查询。使用 LIKE 或 NOT LIKE 的一般格式为：

＜列名＞[NOT]LIKE ＜字符串常数＞ [ESCAPE ´＜换码字符＞´]

其含义是查找指定的属性列值与＜字符串常数＞相匹配的记录。＜字符串常数＞可以是一个完整的字符串，也可以含有通配符，通配符如表 7-2 所示。

表 7-2　与 LIKE 一起使用的通配符

通配符	含　义	示　例
_(下划线)	表示可以和任何单个字符匹配	例 a_b 表示以 a 开头，以 b 结尾的长度为 3 的任意字符串，如 acb、abb 等
%(百分号)	表示可以和任意个字符匹配	例 a%b 表示以 a 开头，以 b 结尾的任意长度的字符串，如 accb、ab 等
[]	匹配指定范围内的任何单个字符	例 a[bcde]表示第一个字符是 a，第二个字符是 b、c、d、e 中任意一个，也可以是字符范围，如 a[b—e]同 a[bcde]的含义相同
[^]	匹配不在指定范围内的任何单个字符	例[a^f]表示从 a 到 f 范围以外的任何单个字符

当用户要查询的字符串本身就含有％或_时，要使用 ESCAPE ´＜换码字符＞´短语对通配符进行转义。

【例 7-14】 显示"学生"表中"张"姓同学的信息。

解　SQL 语句清单如下：

USE jwgl

SELECT ＊ FROM 学生

WHERE 姓名 LIKE ´张％´

执行结果如图 7-15 所示。

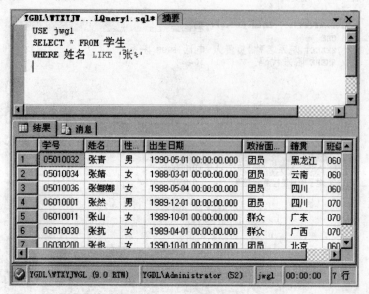

图 7-15　模式匹配执行结果

5. 空值

一般情况下,表的每一列都有其存在的意义,但有时某些列可能暂时没有确定的值,这时可以不输入该列的值,那么该列的值为 NULL。空值运算符 IS NULL 用来判断指定的列值是否为空。其语法格式如下:

［NOT］列表达式 IS NULL

【例 7-15】　某些学生选修某门课程后没有参加考试,所以有选课记录,但没有考试成绩,需要了解缺考学生的学号和课程号。

解　SQL 语句清单如下:

USE jwgl

SELECT 课程号,学号 FROM 成绩

WHERE 成绩 IS NULL

在样例数据库中,由于不存在这样的记录,因此没有查询到满足条件的记录。

需要注意的是,这里的"IS"不是等号("＝")的意义,不能代替。IS NULL 表示空,IS NOT NULL 表示非空。

6. 多重条件查询

用户可以使用逻辑运算符 AND、OR、NOT 连接多个查询条件,实现多重条件查询。逻辑运算符使用格式如下:

［NOT］逻辑表达式 AND｜OR ［NOT］逻辑表达式

【例 7-16】　查询"学生"表中出生日期在 1989—1990 年之间的女学生信息。

解　SQL 语句清单如下:

USE jwgl

SELECT * FROM 学生

WHERE 出生日期 BETWEEN ´1989-01-01´ AND ´1990-12-31´ AND 性别 = ´女´

GO

154

执行结果如图 7-16 所示。

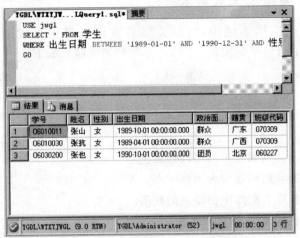

图 7-16　多重条件查询执行结果

7.2.5　ORDER BY 子句

ORDER BY 子句用于根据查询结果按照一个或多个属性列的升序(ASC)或降序(DESC)对查询结果进行排列,默认为升序,用作排序依据的属性列总长度可达 8 060。如果不使用 ORDER BY 子句,则结果集按照记录在表中的顺序排列。ORDER BY 子句的语法格式如下:

```
ORDER BY {列名 [ASC|DESC] [,…n]}
```

【例 7-17】　对"教师"表中的行进行排序,先按院系代码降序排列,然后在院系代码范围内按教号升序排列。

解　程序清单如下:

```
USE jwgl
SELECT * FROM 教师
ORDER BY 院系代码 DESC,教号
```

执行结果如图 7-17 所示。

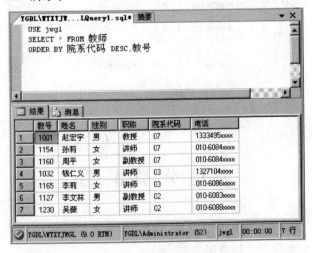

图 7-17　排序执行结果

155

7.2.6 用查询结果生成新表

在实际的数据库应用系统中,有时需要将查询结果保存成一个表。这可以通过 SELECT 语句中的 INTO 子句实现。INTO 子句的语法格式如下:

INTO <新表名>

【语法说明】

- 新表名是被创建的新表,符合标识符的定义。查询的结果集中的记录将被添加到此表中。
- 新表中的字段由结果集中的字段列表决定。
- 如果表名前加♯则创建的表为临时表。
- 用户必须拥有在数据库中创建表的权限。
- INTO 子句不能与 COMPUTE 子句一起使用。

【例 7-18】 创建并显示"院系"表的一个副本。

解 SQL 语句清单如下:

USE jwgl

SELECT * INTO 院系副本 FROM 院系

GO

SELECT * FROM 院系副本

GO

执行结果如图 7-18 所示。

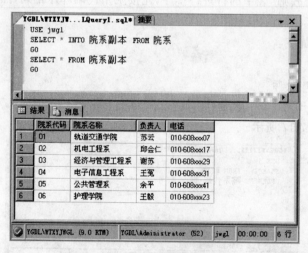

图 7-18 生成新表

7.3 分 类 汇 总

在 SELECT 语句中可以使用统计函数、GROUP BY 子句和 COMPUTE 子句对查询结果进行分类汇总。下面分别进行介绍。

7.3.1 分类汇总实例

【例7-19】 统计每门功课的平均成绩。

在教务管理信息系统中,经常要统计每门功课的平均成绩。对于"成绩"表的数据,首先用 ORDER BY 子句按课程名将修同一门课程的同学成绩排在一起,然后使用 COMPUTE BY 子句进行求平均值,且在 COMPUTE BY 子句中使用统计函数 avg()求平均值。

解 SQL 语句清单如下:

```
USE jwgl
GO
SELECT * FROM 成绩
ORDER BY 课程号
COMPUTE avg(成绩) BY 课程号
GO
```

执行结果如图 7-19 所示。

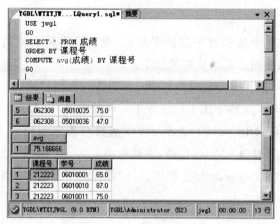

图 7-19 分类汇总实例结果

7.3.2 常用统计函数

为了方便用户,增强检索功能,有效地对数据集进行处理,如分类汇总、求平均值等统计,SQL Server 2005 提供了一系列统计函数(也称聚合函数或集合函数),如 SUM、AVG 等,通过它们可在查询结果集中生成汇总值。常用统计函数如表 7-3 所示。统计函数的使用方法几乎相同,通过 SELECT 语句来运行。

表 7-3 SQL Server 2005 的常用统计函数

函 数 名	函 数 功 能
SUM	计算某一数值列的和
AVG	计算某一数值列的平均值
MIN	求某一数值列的最小值
MAX	求某一数值列的最大值
COUNT COUNT(*)	统计满足 SELECT 语句中指定条件的记录数统计符合查询限制条件的总行数

1. SUM 函数

SUM 函数用于统计数值型字段的和，或包含字段名称的数值型表达式，它只能用于数值型字段。其语法格式如下：

SUM([ALL|DISTINCT]表达式)

其中，ALL 和 DISTINCT 关键字用于指定求和范围。ALL 表示 SUM 函数对指定字段的所有记录求和，DISTINCT 表示 SUM 函数对指定字段的不重复记录求和。默认值为 ALL。如计算时遇有 NULL 值，则被忽略。

【例 7-20】 求第 3 学期所开课程的总学分。

解 SQL 语句清单如下：

USE jwgl

SELECT SUM(学分) FROM 课程

WHERE 开课学期 = 3

执行结果如图 7-20 所示。

2. AVG 函数

AVG 函数用于求一个数值型字段的平均值，或包含字段名称的数值型表达式的平均值，它只对数值型字段适用。其语法格式如下：

AVG([ALL|DISTINCT]表达式)

其中，ALL 和 DISTINCT 关键字用于指定求平均值的范围。ALL 表示 AVG 函数对指定字段的所有记录求平均值，DISTINCT 表示 AVG 函数对指定字段的不重复记录求平均值。默认值为 ALL。如计算时遇有 NULL 值，则被忽略。

【例 7-21】 求选修"PowerBuilder 程序设计"课程的所有同学的平均成绩。

解 SQL 语句清单如下：

USE jwgl

SELECT AVG(成绩) FROM 课程,成绩

WHERE 课程名 = ´PowerBuilder 程序设计´

AND 课程.课程号 = 成绩.课程号

执行结果如图 7-21 所示。

图 7-20 求和　　　　　　　　　　图 7-21 求平均值

158

3. MAX 和 MIN 函数

MAX 和 MIN 函数用于返回数值表达式中的最大值和最小值,在计算过程中如遇到 NULL 值,则忽略。MAX 和 MIN 函数的语法格式如下:

MAX|MIN([ALL|DISTINCT]表达式)

【例 7-22】 求选修"PowerBuilder 程序设计"课程的最高成绩和最低成绩。

解 SQL 语句清单如下:

USE jwgl

SELECT MAX(成绩)AS 最高,MIN(成绩)AS 最低 FROM 课程,成绩

WHERE 课程名 =´PowerBuilder 程序设计´

AND 课程.课程号 = 成绩.课程号

执行结果如图 7-22 所示。

4. COUNT 函数

COUNT 函数用于统计字段中选取的项目数或查询输出的记录行数,其语法格式如下:

COUNT(〈[[ALL|DISTINCT]表达式]| * 〉)

其中,ALL 和 DISTINCT 关键字用于指定统计范围,ALL 表示 COUNT 函数对所有字段进行统计,DISTINCT 说明 COUNT 函数仅对唯一的值进行统计,默认值为 ALL。

【例 7-23】 求选修"数据库原理"课程的人数。

解 SQL 语句清单如下:

USE jwgl

SELECT COUNT(成绩) FROM 课程,成绩

WHERE 课程名 =´数据库原理´

AND 课程.课程号 = 成绩.课程号

执行结果如图 7-23 所示。

图 7-22 求最大值和最小值

图 7-23 统计记录总数

COUNT 和 COUNT(*)函数的区别:

(1) COUNT 函数忽略对象中的空值,而 COUNT(*)函数将所有符合条件的结果都计算在内;

(2) COUNT 函数可以使用 DISTINCT 关键字来去掉重复值,COUNT(*)函数则不行;

(3) COUNT 函数不能计算定义为 text 和 image 数据类型的字段的个数,但可以使用

COUNT(*)函数来计算。

7.3.3 使用 GROUP BY 分组

GROUP BY 子句的作用是将数据记录依据设置的条件分成多个组,而且只有使用了 GROUP BY 子句,SELECT 子句中使用的统计函数才能起作用。GROUP BY 子句将结果集合中的记录分为若干个组输出,每个组中的记录在指定的字段中具有相同的值。

1. 基本语句的使用

GROUP BY 子句的语法格式:

GROUP BY [ALL] 分组表达式 [,…n]

【例 7-24】 按班级、学号、姓名、性别对学生信息进行分组。

解 SQL 语句清单如下:

USE jwgl

SELECT 学号,姓名,性别,班级代码 FROM 学生

GROUP BY 班级代码,学号,姓名,性别

执行结果如图 7-24 所示。

图 7-24 使用 GROUP BY 子句分组

使用 GROUP BY 子句需要注意下面两点。

(1) 分组表达式是进行分组时执行的一个表达式,这个列表决定查询结果集分组的依据和顺序,在字段列表中指定的字段别名不能作为分组表达式来使用。

(2) 可在 GROUP BY 关键字后面使用多个字段作为分组表达式,系统将根据这些字段的先后顺序,对结果进行更加详细的分组。

2. 使用 HAVING

在使用 GROUP BY 子句时,还可以使用 HAVING 子句为分组统计进一步设置统计条件,对结果再次进行筛选。HAVING 子句用于指定一组或一个集合的搜索条件,若含有多

个条件可通过逻辑运算符连接起来。HAVING 子句必须与 GROUP BY 子句连用。

HAVING 子句的语法格式如下：

HAVING <搜索条件>

其中，<搜索条件>是一个表达式，用于指定组或集合所满足的搜索条件。

【例 7-25】 按班级、学号、姓名、性别对女生信息进行分组。

解 SQL 语句清单如下：

USE jwgl

SELECT 学号,姓名,性别,班级代码 FROM 学生

GROUP BY 班级代码,学号,姓名,性别

HAVING 性别 = '女'

执行结果如图 7-25 所示。

图 7-25 使用 Having 子句分组

7.3.4 使用 COMPUTE BY 汇总

COMPUTE 子句的功能是进行汇总计算，并显示所有参加汇总记录的详细信息。其语法格式如下：

COMPUTE {{AVG|COUNT|MAX|MIN|SUM}(表达式)}[,…][BY 表达式[,…]]

其中，"BY 表达式"按指定"表达式"字段进行分组计算，并显示统计记录的详细信息。

【例 7-26】 查询"学生"表，按籍贯进行汇总。

解 SQL 语句清单如下：

USE jwgl

SELECT * FROM 学生

ORDER BY 籍贯

COMPUTE COUNT(籍贯) BY 籍贯

执行结果如图 7-26 所示。

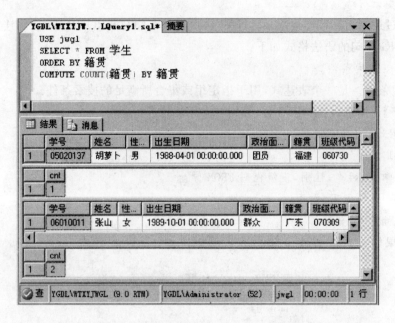

图 7-26　使用 COMPUTE BY 子句汇总

7.4　连　接　查　询

连接查询是涉及多个表的查询,它是关系数据库中最重要的查询。连接查询包括交叉连接查询、内连接查询、外连接查询、自连接查询和多表连接查询等。

7.4.1　交叉连接查询

交叉连接也称笛卡儿乘积,返回两个表的乘积。在检索结果集中,包含了所连接的两个表中所有行的全部组合。例如,院系表中有 7 行数据,专业表中有 10 行数据,则院系表与专业表进行交叉连接时,其结果集中将有 70 行数据。

交叉连接使用 CROSS JOIN 关键字来创建。实际上,交叉连接的使用比较少,但是交叉连接是理解外连接和内连接的基础。

【例 7-27】　交叉连接查询"院系"和"专业"表。

解　SQL 语句清单如下:

USE jwgl

GO

SELECT * FROM 院系

CROSS JOIN 专业

GO

执行结果如图 7-27 所示。

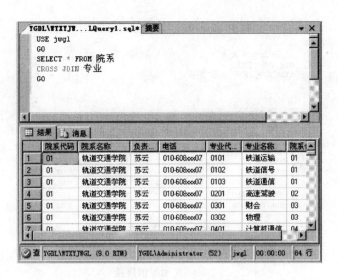

图 7-27　交叉查询的执行结果

7.4.2　内连接查询

内连接是使用比较运算符进行表间某(些)列数据的比较操作,它把两个表中的数据连接生成第 3 个表,在这个表中,仅包含那些满足连接条件的数据行。在内连接中,使用 INNER JOIN 连接运算符和 ON 关键字指定连接条件。内连接是一种常用的连接方式,如果在 JOIN 关键字前面没有明确指定连接类型,那么默认为内连接。

根据所使用的比较方式不同,内连接又分为等值连接、不等连接和自然连接 3 种。

- 等值连接:等值连接在连接条件中使用等于运算符比较被连接的列。
- 不等连接:不等连接在连接条件中使用除等于运算符外的其他比较运算符比较被连接的列。
- 自然连接:自然连接是等值连接的一种特殊情况,用来把目标中重复的属性列去掉。

(1) 等值连接

等值连接是指在连接条件中使用等于(=)运算符比较被连接列的列值,其查询结果中列出被连接表中的所有列,包括重复列。连接条件中的各连接类型必须是可比的,但不必是相同的。

【例 7-28】　在 SQL Server 2005 的"jwgl"数据库的学生与成绩表中使用等值连接查询每个学生及其选修课程的情况。

解　SQL 语句清单如下:

USE jwgl

GO

SELECT 学生.* ,成绩.*

FROM 学生,成绩

WHERE 学生.学号 = 成绩.学号

GO

执行结果如图 7-28 所示。

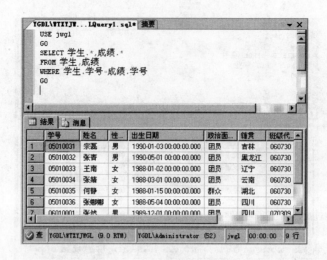

图 7-28　使用等值连接

需要注意,如果不指定列名,则其查询的结果中返回被连接数据表的所有列,包括重复列。

（2）不等连接

不等连接是指在连接条件中使用除等于运算符以外的其他比较运算符比较被连接列的列值,这些运算符包括>、>=、<=、<、!＞、!＜和<>。

【例 7-29】　在 SQL Server 2005 的"jwgl"数据库的学生与成绩表中使用不等连接查询每个学生及其选修课程的情况。

　解　SQL 语句清单如下:

USE jwgl

GO

SELECT 学生.*,成绩.*

FROM 学生,成绩

WHERE 学生.学号>成绩.学号

GO

执行结果如图 7-29 所示。

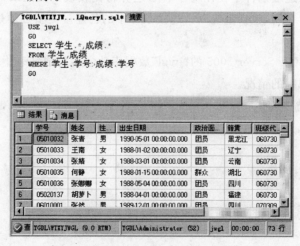

图 7-29　使用不等连接

（3）自然连接

自然连接是一种特殊的等值连接，它是对于两个表中的相同属性进行等值连接后的结果集中去掉了重复的列，而保留了所有不重复的列。自然连接只有在两个表有相同名称的列，且列的含义相似时才能使用。

【例 7-30】 在 SQL Server 2005 的"jwgl"数据库的学生与成绩表中使用自然连接查询每个学生及其选修课程的情况。

解 SQL 语句清单如下：

USE jwgl

GO

SELECT A.学号,A.姓名,A.性别,A.出生日期,A.政治面貌,A.籍贯,A.班级代码,B.课程号,B.成绩

FROM 学生 AS A INNER JOIN 成绩 AS B

ON A.学号 = B.学号

执行结果如图 7-30 所示。

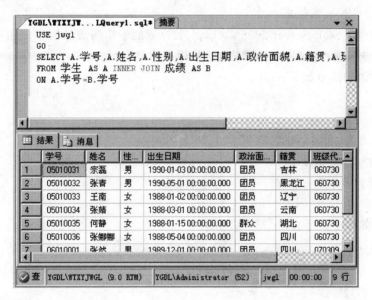

图 7-30　使用自然连接

需要注意的是，只有包含相同名称的列，且该列的含义相关的表之间才能进行自然连接，对其他不符合条件的表使用自然连接是错误的。

7.4.3　外连接查询

在内连接中，只有两个表中同时匹配的行才能在结果集中出现；而在外连接查询中，参与连接的表有主从之分，以主表的每行数据去匹配从表的数据行，如果主表的行在从表中没有与连接条件相匹配的行，则主表的行不会被放弃，而是也返回到查询结果集中，只是在从表的相应列中填上 NULL 值。

1. 外连接的分类

外连接又分为左外连接（LEFT OUTER JOIN 或 LEFT JOIN）、右外连接（RIGHT

OUTER JOIN 或 RIGHT JOIN)和全连接(FULL OUTER JOIN 或 FULL JOIN)3 种。与内连接不同的是,外连接返回到查询结果中的不仅包含符合连接条件的行,而且包括左表(左连接时)、右表(右连接时)或两个边接表(全连接)中的所有不符合连接条件的数据行。在连接语句中,JOIN 关键字左边的表称为左表,右边的表称为右表。

- 左外连接表示在结果中包括了左表中不满足条件的数据。
- 右外连接表示在结果中包括了右表中不满足条件的数据。
- 全连接表示左表和右表中不满足条件的数据都出现在结果中。

2. 外连接的使用

(1) 左外连接

左外连接就是将左表的所有数据分别与右表的每条数据进行连接组合,返回的结果除内连接的数据外,还有左表中不符合条件的数据,并在右表的相应列中填上 NULL 值。左外连接的语法格式如下:

SELECT 列名列表

FROM 表名 1 LEFT [OUTER] JOIN 表名 2

ON 表名 1.列名 = 表名 2.列名

【例 7-31】 在 SQL Server 2005 的"jwgl"数据库的学生与成绩表中使用左外连接查询每个学生及其选修课程的情况,包括没有选修课程的学生。

解 SQL 语句清单如下:

USE jwgl

GO

SELECT A.学号,姓名,成绩 FROM 学生 AS A

LEFT OUTER JOIN 成绩 AS B

ON A.学号 = B.学号

GO

执行结果如图 7-31 所示。

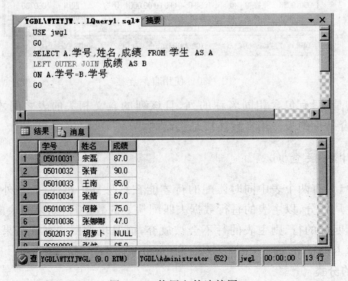

图 7-31 使用左外连接图

166

（2）右外连接

右外连接就是将右表作为主表，主表中所有记录分别与左表的每一条记录进行连接，结果集中除了满足连接条件的记录外，还有主表中不满足连接条件的记录，在左表的相应列上自动填充 NULL 值。右外连接的语法格式如下：

SELECT 列名列表

FROM 表名 1 RIGHT [OUTER] JOIN 表名 2

ON 表名 1. 列名 = 表名 2. 列名

【例 7-32】 在 SQL Server 2005 的"jwgl"数据库的学生与成绩表中使用右外连接查询每个学生及其选修课程的情况，包括选修课程的所有学生。

解 SQL 语句清单如下：

USE jwgl

GO

SELECT A. 学号, 姓名, 成绩 FROM 学生 AS A

RIGHT OUTER JOIN 成绩 AS B

ON A. 学号 = B. 学号

GO

执行结果如图 7-32 所示。

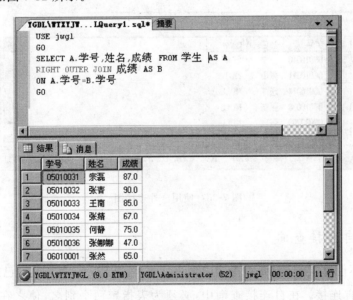

图 7-32　使用右外连接图

（3）全外连接

全外连接就是将左表所有记录分别与右表的每一条记录进行连接，结果集中除了满足连接条件的记录外，还有左、右表中不满足连接条件的记录，在左、右表的相应列上填充 NULL 值。全外连接的语法格式如下：

SELECT 列名列表

FROM 表名 1 FULL [OUTER] JOIN 表名 2

ON 表名 1. 列名 = 表名 2. 列名

167

【**例 7-33**】 在 SQL Server 2005 的"jwgl"数据库的学生与成绩表中使用全外连接查询每个学生及其选修课程的情况,以及两个表中不满足条件的所有数据。

解 SQL 语句清单如下:

USE jwgl

GO

SELECT A.学号,姓名,成绩 FROM 学生 AS A

FULL OUTER JOIN 成绩 AS B

ON A.学号 = B.学号

GO

执行结果如图 7-33 所示。

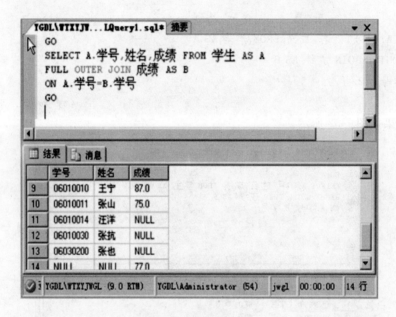

图 7-33 使用全外连接图

7.4.4 自连接查询

连接操作不仅可以在不同的两个表之间进行,也可以是一个表与其自己进行连接,这种连接称为表的自连接。在自连接查询中,必须为表指定两个别名,使之在逻辑上成为两张表。

【**例 7-34**】 查询"jwgl"数据库的学生表中年龄相同的学生姓名。

解 SQL 语句清单如下:

USE jwgl

GO

SELECT C1.姓名,C2.姓名,Year(getdate())-Year(C1.出生日期) AS 年龄

FROM 学生 AS C1 JOIN 学生 AS C2

ON YEAR(C1.出生日期)=YEAR(C2.出生日期)

WHERE C1.出生日期<>C2.出生日期

GO

执行结果如图7-34所示。

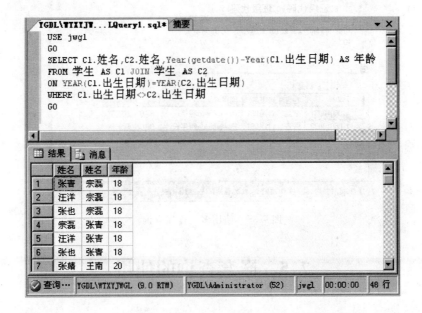

图7-34　使用自连接查询

需要说明的是,WHERE 子句主要是为了避免交叉连接而出现无意义的行。

7.4.5　多表连接查询

在前面讲述的各个连接查询中,连接操作除了可以是两个表的连接,或一个表与其自身的连接外,还可以是两个以上的表进行连接,称为多表连接或复合连接。

【例7-35】　查询成绩在75分以上的学生的学号、姓名、班级、选修的课程名、成绩及任课教师。

解　SQL 语句清单如下:

USE jwgl

SELECT A.学号,B.姓名,C.班级名,D.课程名,成绩,E.姓名

FROM 成绩 AS A JOIN 学生 AS B

ON A.学号=B.学号 AND 成绩>75

JOIN 班级 AS C

ON B.班级代码=C.班级代码

JOIN 课程 AS D ON A.课程号=D.课程号

JOIN 教师 AS E ON E.教号=D.教号

GO

执行结果如图 7-35 所示。

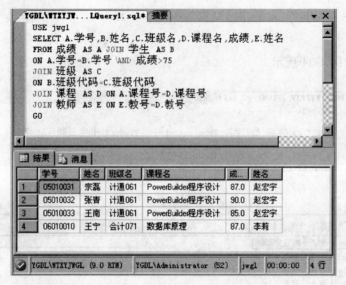

图 7-35　使用多表连接查询

7.5　嵌套查询的使用

　　嵌套查询是指一个外层查询中包含另一个内层查询,外层查询为主查询,内层查询为子查询。子查询是嵌套在 SELECT、INSERT、UPDATE 或 DELETE 语句的 WHERE 子句或HAVING 子句中的 SELECT 查询语句,它也可以嵌套在另一个子查询中。使用子查询方式完成查询操作的技术称为子查询技术。当一个查询依赖于另一个查询结果时,则可以使用子查询。作为查询的语句可以包含下列部件:

　　(1) 选择列表;

　　(2) FROM 子句;

　　(3) WHERE、GROUP BY、HAVING 子句,但这些子句在不需要时可以省略。

　　关于子查询要注意下面几点:

　　(1) 作为子查询的 SELECT 必须用圆括号括起来;

　　(2) 子查询的 SELECT 不能使用 COMPUTE 子句;

　　(3) 子查询中不能包含 ORDER BY 子句,除非使用了 TOP 子句;

　　(4) 若某个数据表只出现在子查询,而没有出现在主查询中,那么在数据列表中不能包含该数据表的字段;

　　(5) 只有使用了关键字 EXISTS,才能在子查询的列项中使用星号(*)代替所有的列名。

7.5.1　带有比较运算符的子查询

　　主查询与子查询之间通过比较运算符连接,便形成了带比较运算符的子查询。其处理过程是:主查询通过诸如 ＝、＞、＞＝、＜、＜＝、＜＞、! ＞、! ＜、! ＝一类的比较运算符将

170

主查询中的一个表达式与子查询返回的结果(单值)进行比较,如果表达式的值与子查询结果相比为真,那么,主查询中的条件表达式返回真(TRUE),否则返回假(FALSE)。

【例 7-36】 在"jwgl"数据库中使用"学生"表,查询与"宗磊"同在一个班的学生信息。

解 SQL 语句清单如下:

USE jwgl

GO

SELECT * FROM 学生

WHERE 班级代码 = (SELECT 班级代码 FROM 学生 WHERE 姓名 = ´宗磊´)

执行结果如图 7-36 所示。

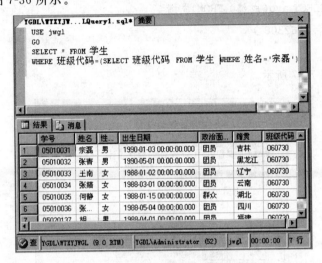

图 7-36 带有比较运算符的子查询结果

7.5.2 带有 ANY 或 ALL 运算符的子查询

带有比较运算符的子查询就是主查询与子查询之间用比较运算符进行连接。在比较子查询中,如果没有使用 ALL 或 ANY 修饰,则必须保证子查询所返回的结果集中只有单行数据,否则将引起查询错误;如果比较操作与 ALL 或 ANY 修饰一起使用,这时则允许子查询返回多个数据行。

表 7-4 介绍了比较运算符与 ALL、ANY 连用时的取值情况。

表 7-4 比较运算语义

比较运算	语义	比较运算	语义
>ANY	大于子查询中的某个值	>=ANY	大于或等于子查询中的某个值
>ALL	大于子查询中的所有值	>=ALL	大于或等于子查询中的所有值
<ANY	小于子查询中的某个值	<=ANY	小于或等于子查询中的某个值
<ALL	小于子查询中的所有值	<=ALL	小于或等于子查询中的所有值
=ANY	等于子查询中的某个值	!=ANY	不等于子查询中的某个值
=ALL	等于子查询中的所有值	!=ALL	不等于子查询中的所有值

【例 7-37】 查询成绩高于选修了"PowerBuilder 程序设计"课程平均成绩的学生的学号和姓名。

解 SQL 语句清单如下：

USE jwgl

SELECT A.学号,B.姓名 FROM 成绩 AS A

JOIN 学生 AS B ON A.学号 = B.学号

JOIN 课程 AS C ON A.课程号 = C.课程号

WHERE C.课程名 = ´PowerBuilder 程序设计´ AND

成绩＞ANY(SELECT avg(成绩) FROM 成绩

WHERE 课程号 = ´062308´)

GO

执行结果如图 7-37 所示。

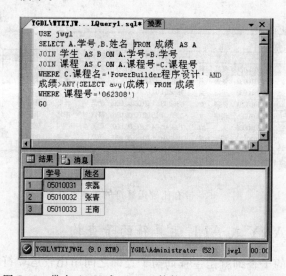

图 7-37 带有 ANY 或 ALL 运算符的子查询的执行结果

7.5.3 ［NOT］EXISTS 与［NOT］IN 子查询

1. ［NOT］EXISTS 子查询

使用 EXISTS 用于测试子查询的结果是否为空。若子查询的结果不为空,则 EXISTS 返回 TRUE,否则返回 FALSE。由于其子查询结果不产生其他实际值,因此,子查询的选择列表常用"SELECT ＊"格式,其外层的 WHERE 子句中也不需要指定列名。EXISTS 还可与 NOT 结合使用,即 NOT EXISTS,其返回值与 EXISTS 刚好相反。格式为：

［NOT］EXISTS(子查询)

【例 7-38】 用 EXISTS 运算符改写例 7-36。

解 SQL 语句清单如下：

USE jwgl

GO

SELECT * FROM 学生 AS A

WHERE EXISTS (SELECT * FROM 学生 AS B

WHERE A.班级代码 = B.班级代码 AND B.姓名 = ´宗磊´)

GO

执行结果如图 7-38 所示。

图 7-38　带有 EXISTS 运算符的执行结果

2. [NOT]IN 子查询

在查找特定条件的数据时,如果条件较多,就需要用到多个 OR 运算符,以查找满足其中任一条件的记录。但是使用多个 OR 运算符,将使得 WHERE 子句变得过于冗长。因此,在 SQL 中提供了 IN 子句来取代多个 OR 运算符。通过 IN 子句可以将一个值与其他几个值进行比较。

IN 子句的格式如下:

表达式 [NOT] IN ＜子查询＞

当表达式与子查询的结果表中的某个值相等时,IN 子句返回 TRUE,否则返回 FALSE,若使用了 NOT,则返回的值刚好相反。

【例 7-39】　查找选修了课程号为"062308"的课程的学生情况。

解　SQL 语句清单如下:

USE jwgl

　SELECT *

　　FROM 学生

　　　WHERE 学号 IN

　(SELECT 学号 FROM 成绩

WHERE 课程号 = ´062308´)

执行结果如图 7-39 所示。

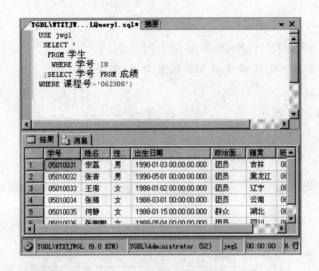

图 7-39　IN 子句查询显示结果

7.5.4　联合查询

联合查询是将两个表的行合并到一个表中,且不需要对这些行作任何更改。对于所有合并到一个表中的行来讲,两个表的行必须有相同的结构,也就是说,它们的列的数量必须相同,且相应列的数据类型也必须一致。

1. 使用 UNION

UNION 运算符可以将两个或两个以上 DELECT 语句的查询结果集合并成一个结果集显示。UNION 运算符的语法格式为:

SELECT_statement

UNION [ALL] SELECT_statement

[UNION [ALL] SELECT_statement][,…n]

其中,SELECT_statement 为需要联合的 SELECT 语句,ALL 选项说明将所有的行合并到结果集中,如果不指定该选项,则在被联合查询结果集中的重复行将只被保留一行。

【例 7-40】 显示班级代码为“060730”以及“070309”的学生学号、姓名和性别。

解　SQL 语句清单如下:

USE jwgl

GO

SELECT 学号,姓名,性别 FROM 学生

WHERE 班级代码 =´060730´

UNION

SELECT 学号,姓名,性别 FROM 学生

WHERE 班级代码 =´070309´

GO

2. 使用 UNION ALL

UNION ALL 是另一种合并表的方法,它与 UNION 非常相似。唯一的区别是它不删

除重复行也不对行进行自动排序。在 UNION 中,删除重复行是对行进行排序过程中的一部分。UNION ALL 比 UNION 需要的计算资源少,在处理大型表的时候应该尽可能使用 UNION ALL。

【例 7-41】 对例 7-40 使用 UNION ALL 子句改写。

解 SQL 语句清单如下:

```
USE jwgl
GO
SELECT 学号,姓名,性别 FROM 学生
WHERE 班级代码 = ´060730´
UNION ALL
SELECT 学号,姓名,性别 FROM 学生
WHERE 班级代码 = ´070309´
GO
```

本 章 小 结

这一章是本书的重点,也是学习的难点。

SELECT 语句是 SQL Server 中最基本最重要的语句之一,其基本功能是从数据库中检索出满足条件的记录。SELECT 语句中包含各种子句,各子句的用途也不相同,总的来说,SELECT 语句具以下特点。

(1) SELECT 语句可以查询一个表或多个表。

(2) SELECT 语句可以对查询列进行筛选、计算。

(3) SELECT 语句可以对查询行进行分组、过滤、排序。

(4) SELECT 语句中可以嵌套另外一个 SELECT 语句。

(5) SELECT 语句可以将结果保存到一个新表中。

习 题

一、选择题

1. 在 SQL Server 中若要针对字符型的数据使用通配符,应搭配下列哪一个运算符? _____

    A. LIKE   B. =   C. IN   D. BETWEEN

2. 使用 SELECT 语句时,若要取出所有字段,应使用下列哪一个符号? _____

    A. %   B. *   C. ?   D. -

3. 使用 SELECT 语句添加记录至数据表,应使用哪一个子句? _____

    A. INTO   B. INSERT TO   C. UPDATE   D. WHERE

4. 若要取出前 10 名交易额中最大的记录,应使用下列哪一个子句? _____
   A. GROUP 及 WHERE   B. TOP 及 ORDER
   C. COMPETE   D. ORDER 及 WHERE
5. 在 SELECT 语句中,如果想要返回的结果集中不包含相同的行,应用关键字_____。
   A. TOP   B. AS   C. DISTINCT   D. JOIN
6. 在 SELECT 语句中,下列哪个子句用于对分组统计进一步设置条件? _____
   A. HAVING   B. GROUP BY   C. ORDER BY   D. WHERE

二、使用 SQL 的查询语句完成下列问题(本题使用的数据库及表见附录 D)

1. 根据班级表显示院系代码。
2. 查询选修了课程的学生人数。
3. 查询考试成绩有不及格的学生学号、姓名、课程号和成绩。
4. 查询出两门或两门以上功课不及格的学生的学号、姓名和班级号。
5. 求选修了"PowerBuilder 程序设计"课程的学生的平均年龄。

第 8 章　索　引

✍ 本章将学习以下内容

- 索引的概念及其结构与类型；
- 使用 SQL Server Management Studio 管理平台和 T-SQL 语句创建、查看和删除索引。

　　索引是数据库中一种重要而又特殊的数据库对象，它是对表中一列或几列组合的值进行排序的结构，但不改变数据表中原有记录位置，是加快数据查询的一种有效方式。在数据库中，索引允许数据库应用程序迅速找到表中特定的数据，而不必扫描整个数据库中的数据。为数据表增加索引，可以大大提高 Microsoft SQL Server 中数据的检索效率。本章将详细介绍索引的基本概念、索引的类型以及使用 SQL Server Management Studio 和 T-SQL 语句创建和操作索引。

8.1　索引及其结构与类型

　　索引是数据库中对数据查询的一种优化方式，通过创建索引可以使用户在对数据库中数据查询的时候更加有效。如果对一个未建立索引的表实施查询操作，SQL Server 将逐行扫描表数据页面中的数据行，并从中挑选出符合条件的数据行。如果表中的行较多，使用此种方式对表实行查询将是一个很费时的事。为了提高数据的检索能力，数据库中引入了索引机制。

8.1.1　索引的结构与类型

1. 索引的结构

　　索引是一个单独的、物理的数据库结构。它是以表列为基础建立的一种数据库对象，保存着表中排序的索引列，并且记录了索引列在数据表中的物理存储位置。索引能够对表中的一个或者多个字段建立一种排序关系，以加快在表中查询数据的速度，但不改变表中记录的物理顺序。

　　索引是依赖于表建立的，它提供了数据库中编排表中数据的内部方法。一个表的存储是由两部分组成的，一部分用来存放表的数据页面，另一部分存放索引页面。索引就存放在索引页面上。相对于数据页面来说，索引页面要小很多。当进行检索数据时，系统先搜索索引页面,从中找到所需数据的指针,再直接通过指针从数据页面中读取数据。

索引键可以是单个字段,也可以是包含多个字段的组合字段。

尽管索引可以大大提高查询速度,同时还可以保证数据的唯一性,但是没有必要为每个字段都建立索引,因为索引要增加磁盘上的存储空间,也需要进行维护;另外在插入、更新与删除操作时要改变数据的列,这时在表中进行的每一个改变都要在索引中进行相应的改变,反而会适得其反。所以一般只在经常需检索的字段上建立索引。

2. 索引的类型

Microsoft SQL Server 2005 中索引包括聚集索引、非聚集索引和其他类型(包括唯一索引、包含索引、索引视图、全文索引和 XML 索引)3 种类型。

(1) 聚集索引

聚集索引也叫簇索引或簇集索引。在聚集索引中,行的物理存储顺序和索引顺序完全相同,每个表只允许建立一个索引。但是聚集索引可以包含多个列,此时称为复合索引。由于建立聚集索引时要改变表中数据行的物理顺序,所以应在其他非聚集索引建立之前建立聚集索引,以免引起 SQL Server 重新构造非聚集索引。使用聚集索引还必须考虑磁盘空间,创建一个聚集索引所需的磁盘空间至少是表实际数据量的 120%,而且这个空间还必须在同一个数据库内·而不是整个磁盘空间。

使用聚集索引检索数据要比非聚集索引快,聚集索引的另一个优点是它适用于检索连续键值。因为使用聚集索引查找一个值时,其他连续值也就在该行附近。

在 SQL Server 中,如果表上尚未创建聚集索引,且在创建主键约束时未指定非聚集索引,主键约束会自动创建聚集索引。在 CREATE INDEX 中,使用 CLUSTERED 选项建立聚集索引。

(2) 非聚集索引

非聚集索引也叫非簇索引或非簇集索引。它不改变表中行的物理存储顺序,与表中的数据完全分离,即数据存储在一个地方,索引存储在另一个地方,索引带有指针指向数据的存储位置,索引中的项目按索引键值的顺序存储。表中的数据不一定有序,除非对表已实行聚集索引。

在检索数据的时候,先对表进行非聚集索引检索,找到数据在表中的位置,然后从该位置之间返回数据,所以非聚集索引特别适合对特定值进行搜索。

(3) 其他索引

① 唯一索引

在创建聚集索引或非聚集索引时,索引键既可以都不同,也可以包含重复值。如果希望索引键值都不同,必须创建唯一索引。唯一索引可以确保所有数据行中任意两行的被索引列不包括 NULL 在内的重复值。在多列唯一索引(称为复合索引)的情况下,该索引可以确保索引列中每个值组合都是唯一的。因为唯一索引中不能出现重复值,所以被索引的列中数据必须是唯一的。有以下两种方法建立唯一索引:

- 在 CREATE TABLE 或 ALTER TABLE 语句中设置主键约束或唯一约束时,SQL Server 自动为这些约束创建唯一索引;

- 在 CREATE INDEX 语句中使用 UNIQUE 选项创建唯一索引。

聚集索引和非聚集索引都可以是唯一的。因此,只要列中的数据是唯一的,就可以在同一个表上创建一个唯一的聚集索引和多个唯一的非聚集索引。当表创建唯一索引后,SQL Server 将禁止使用 INSERT 语句或 UPDATE 语句向表中添加重复的键值行。

② 包含索引

在 SQL Server 2005 中,包含索引是通过将非键列添加到非聚集索引的叶级别来扩展非聚集索引的功能。通过包含非键列,可以创建覆盖更多查询的非聚集索引,这是因为非键列具有下列优点:

- 它们可以是不允许作为索引键列的数据类型;
- 在计算索引键列数或索引键大小时,数据库引擎不考虑它们。

③ 索引视图

视图是一张虚表,其表中是没有数据的,它必须依赖于一张实在的物理表。若希望提高视图的查询效率,可以将视图的索引物理化,即将结果集永久储存在索引中。视图索引的存储方法与表索引的存储方法是相同的。视图索引适合于很少更新视图基表数据的情况。

④ 全文索引

全文索引是一种特殊类型的基于标记的索引,是通过 SQL Server 的全文引擎服务创建、使用和维护的,其目的是为用户提供在字符串数据中高效搜索复杂词语。这种索引的结构与数据库引擎使用的聚集索引或非聚集索引的 B-Tree 结构是不同的。SQL Server 全文引擎不是基于某一特定行中存储的值来构造 B-Tree 结构,而是基于要索引的文本中的各个标记来创建倒排、堆积且压缩的索引结构。

⑤ XML 索引

XML 索引分为主索引和二级索引。在对 XML 类型的字段创建主索引时,SQL Server 2005 并不是对 XML 数据本身进行索引,而是对 XML 数据元素名、值、属性和路径进行索引。

8.1.2　创建索引的列

使用索引虽然可以提高系统的性能,大大加快数据检索的速度,但是使用索引要付出代价,因为索引要增加磁盘上的存储空间,因此为数据表的每一列都建立索引是不明智的。在为表建立索引时,一定要根据实际情况,认真考虑哪些列应该建索引,哪些列不该建索引。一般的原则是:

(1) 主键列上一定要建立索引;

(2) 外键列可以建立索引;

(3) 在经常查询的字段上最好建立索引;

(4) 对于那些查询很少涉及的列、重复值比较多的列不要建索引;

（5）对于定义为 text、image 和 bit 数据类型的列上不要建索引；

（6）小表（很少记录的表）上不要建索引；

（7）过长的属性列上不要建索引，若属性的值太长，则在该属性上建立索引所占存储空间很大；

（8）频繁更新的属性列上不要建索引；

（9）属性值很少的属性列上不要建索引。

在下列情况下，有必要在相应属性上建立索引。

（1）一个（组）属性经常在操作条件中出现。

（2）一个（组）属性经常作为聚集函数的参数。

（3）一个（组）属性经常在连接操作的连接条件中出现。

（4）一个（组）属性经常作为投影属性使用。

应该建立聚集索引还是建立非聚集索引，可根据具体情况确定。若满足下列情况之一，可考虑建立聚集索引，否则应建立非聚集索引。

（1）检索数据时，常以某个（组）属性作为排序、分组条件。

（2）检索数据时，常以某个（组）属性作为检索限制条件，并返回大量数据。

（3）表格中某个（组）的值重复性较大。

8.2　操作索引

索引的操作包括索引的创建、修改和删除以及查询索引，既可以使用 T-SQL 语句来实现，也可以在 SQL Server Management Studio 中通过可视化的图形界面的方式实现。

8.2.1　创建索引

在 Microsoft SQL Server 2005 中创建索引的方法有两种：一种是在 SQL Server Management Studio 中使用现有命令和功能，通过方便的图形化工具创建；二是通过书写 T-SQL 语句创建。本节将对在这两个场所中创建索引的方法分别阐述。

1. 使用 SQL Server Management Studio 创建索引

【例 8-1】　对"jwgl"数据库中的"学生"表按学号建立主索引（主键约束），索引组织方式为非聚集索引。

【实现步骤】

（1）启动 SQL Server Management Studio，并连接到 SQL Server 2005 中需要创建索引的"jwgl"数据库，打开"Microsoft SQL Server Management Studio"对话框。

（2）在"对象资源管理器"窗格中依次展开服务器和"数据库"节点，双击"jwgl"数据库并将其展开到"表"节点。

（3）展开"学生"表，右击"索引"节点，从弹出的快捷菜单中选择"新建索引"命令，打开"新建索引"窗口。

（4）在"新建索引"窗口，输入新建索引名称（如 student_index）并选择索引类型，如图 8-1 所示。

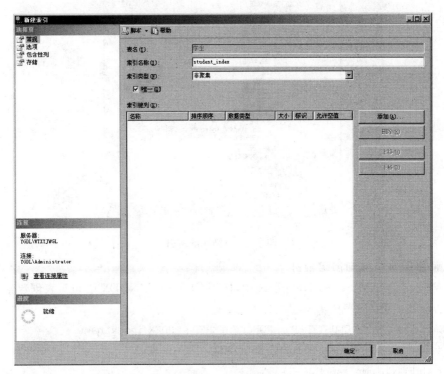

图 8-1　"新建索引"窗口

（5）单击"添加"按钮，打开选择列表窗口，如图 8-2 所示。

图 8-2　选择列

（6）选择索引键列，如"学号"列，单击"确定"按钮返回。

（7）在"新建索引"窗口，单击"确定"按钮，索引创建完成，如图 8-3 所示。

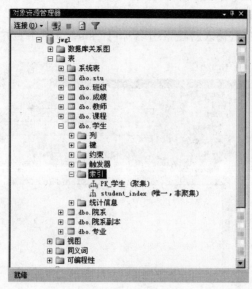

图 8-3　新创建的索引

2. 使用 T-SQL 语句创建索引

在 Microsoft SQL Server 2005 系统中，使用 CREATE INDEX 语句对表创建索引，其基本的语法形式如下：

```
CREATE [UNIQUE] [CLUSTERED] [NONCLUSTERED] INDEX index_name
ON table_or_view_name(column [ASC|DESC] [,…n])
[INCLUDE (Column_name[,…])
[WITH
(PAD_INDEX = {ON|OFF}
|FILLFACTOR = fillfactor
|SORT_IN_TEMPDB = {ON|OFF}
|IGNORE_DUP_KEY = {ON|OFF}
|STATISTICS_NORECOMPUTE = {ON|OFF}
|DROP_EXISTING = {ON|OFF}
|ONLINE = {ON|OFF}
|ALLOW_ROW_LOCKS = {ON|OFF}
|ALLOW_PAGE_LOCKS = {ON|OFF}
|MAXDOP = max_degree_of_parallelism)[,…n]]
ON{partition_schema_name(column_name)|filegroup_name|default}
```

【语法说明】

- UNIQUE 表示创建的是唯一性索引，即在索引列中不能有相同的两个列值存在。
- CLUSTERED 表示创建的是聚集索引。
- NONCLUSTERED 表示创建的是非聚集索引，为 CREATE INDEX 语句的默认值。
- 第一个 ON 关键字表示索引所属的表或视图。这里用于指定表或视图的名称和相应的列名称。列名称后面可以使用 ASC(升序)或 DESC(降序)关键字,默认值是 ASC,即升序。

- INCLUDE 用于指定索引的中间页级,也就是说为非叶级索引指定填充度。这时的填充度由 FILLFACTOR 选项指定。
- FILLFACTOR 用于指定叶级索引页的填充度。
- SORT_IN_TEMPDB 为 ON 时,用于指定创建索引时产生的中间结果,在 tempdb 数据库中进行排序;为 OFF 时,在当前数据库中排序。
- IGNORE_DUP_KEY 用于指定唯一性索引键冗余数据的系统行为。有效值为 ON 时,系统发出警告信息,违反唯一性的数据插入失败;有效值为 OFF 时,取消整个 INSERT 语句,并且发出错误信息。
- STATISTICS_NORECOMPUTE 用于指定是否重新计算分发统计信息。有效值为 ON 时,不自动计算过期的索引统计信息;有效值为 OFF 时,启动自动计算功能。
- DROP_EXISTING 用于是否可以删除指定的索引,并且重建该索引。有效值为 ON 时,可以删除并且重建已有的索引;有效值为 OFF 时,不能删除和重建。
- ONLINE 用于指定索引操作期间基本表和关联索引是否可用于查询。有效值为 ON 时,不持有表锁,允许用于查询;有效值为 OFF 时,持有表锁,索引操作期间不能执行查询。
- ALLOW_ROW_LOCKS 用于指定是否使用行锁。有效值为 ON 时,表示使用行锁;有效值为 OFF 时,不使用行锁。
- ALLOW_PAGE_LOCKS 用于指定是否使用页锁。有效值为 ON 时,表示使用页锁;有效值为 OFF 时,不使用页锁。
- MAXDOP 用于指定索引操作期间覆盖最大并行度的配置选项。主要目的是限制执行并行计划过程中使用的处理器数量。

下面通过 CREATE INDEX 语句来创建索引。

(1) 创建唯一性非聚集索引

【例 8-2】 对数据库"jwgl"中的"院系"表按电话创建唯一的非聚集索引,索引名为"ind_dept_num"。

解 SQL 语句清单如下:

```
use jwgl
Create unique nonclustered index ind_dept_num
On 院系(电话)
```

执行结果如图 8-4 所示。

(2) 创建包含性索引

【例 8-3】 对数据库"jwgl"中的"学生"表创建一个包含性索引。索引键列是"姓名",非键列是"班级代码"列,索引名为"ind_name_classname"。

解 SQL 语句清单如下:

```
use jwgl
Create unique nonclustered index ind_name_classname
On 学生(姓名)
Include(班级代码)
```

图 8-4　创建唯一性非聚集索引

执行结果如图 8-5 所示。

图 8-5　创建包含性索引

8.2.2　查看索引

索引信息包括索引统计信息和索引碎片信息,通过查询这些信息分析索引性能,可以更好地维护索引。

查看索引信息既可以在"Microsoft SQL Server Management Studio"窗口中使用目录视图和系统函数通过查询命令查看,也可以使用其可视化工具。目录视图和系统函数如表 8-1 所示。

表 8-1　查看索引信息的目录视图和系统函数

目录视图和系统函数	描　　述
Sys. indexes	用于查看有关索引类型、文件组、分区方案、索引选项等信息
Sys. index_columns	用于查看列 ID、索引内的位置、类型、排列等信息
Sys. stats	用于查看与索引关联的统计信息
Sys. stats_columns	用于查看与统计信息关联的列 ID
Sys. xml_indexes	用于查看 XML 索引信息，包括索引类型、说明等
Sys. dm_db_index_physical_stats	用于查看索引大小、碎片统计信息等
Sys. dm_db_index_operational_stats	用于查看当前索引和表 I/O 统计信息等
Sys. dm_db_index_usage_stats	用于查看按查询类型排列的索引使用情况统计信息
INDEXKEY_PROPERTY	用于查看索引的索引列的位置以及列的排列顺序
INDEXPERPERTY	用于查看无数据存储的索引类型、级别数量和索引选项的当前设置等信息
INDEX_COL	用于查看索引的键列名称

1. 查看索引信息

用户既可以查看数据库中某一表的索引信息，也可以查看整个数据库中所有表的索引信息。

【例 8-4】　查看数据库"jwgl"中的索引信息。

【实现步骤】

（1）单击"Microsoft SQL Server Management Studio"窗口中的"新建查询"按钮，在其右边的"查询命令"窗格中输入如下命令：

```
use jwgl
select *
from Sys.dm_db_index_operational_stats(null,null,null,null)
```

（2）在"Microsoft SQL Server Management Studio"窗口中单击 执行(X) 按钮，结果如图 8-6 所示。

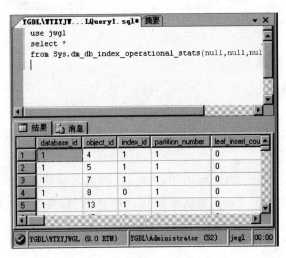

图 8-6　数据库中的索引信息

2. 查看索引碎片信息

【例 8-5】 查看数据库"jwgl"中"院系"表的"ind_dept_num"索引的"碎片"信息。

【实现步骤】

(1) 在"Microsoft SQL Server Management Studio"窗口中依次展开"数据库"→"表"→"院系"→"索引"节点。

(2) 右击索引名为"ind_dept_num"选项,从弹出的快捷菜单中选择"属性"命令,打开"索引属性- ind_dept_num"对话框,单击"选择页"窗格中的"碎片"选项,结果如图 8-7 所示。

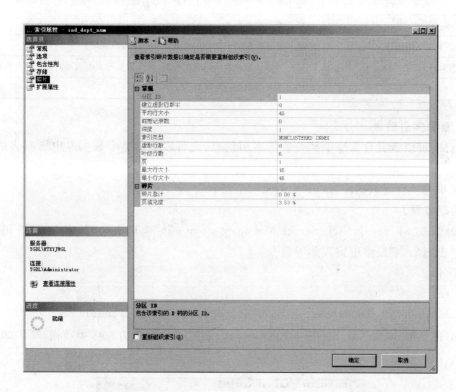

图 8-7 "碎片"信息

3. 查看索引统计信息

【例 8-6】 查看数据库"jwgl"中"院系"表的"ind_dept_num"索引统计信息。

【实现步骤】

(1) 在"Microsoft SQL Server Management Studio"窗口中依次展开"数据库"→"表"→"院系"→"统计信息"节点。

(2) 右击索引名为"ind_dept_num"的选项,从弹出的快捷菜单中选择"属性"命令,打开"统计信息属性-ind_dept_num"对话框,单击"选择页"窗格中的"详细信息"选项,结果如图 8-8 所示。

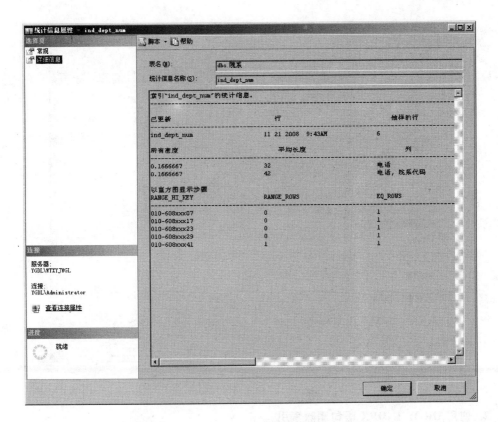

图 8-8 索引名为"ind_dept_num"索引统计信息

8.2.3 删除索引

当索引不再需要的时候,可以将其删除。删除索引有两种方法:一种方法是在 SQL Server Management Studio 中可视的情况下删除索引,另一种方法是使用 DROP INDEX 语句删除索引。下面分别介绍这种方法。

1. 使用 SQL Server Management Studio 删除索引

【例 8-7】 删除"jwgl"数据库"院系"表的索引"ind_dept_num"。

【实现步骤】

(1)启动 SQL Server Management Studio,并连接到 SQL Server 2005 中需要删除索引的数据库,打开"Microsoft SQL Server Management Studio"窗口。

(2)在"对象资源管理器"窗格中依次展开服务器和"数据库"节点,双击"jwgl"数据库并将其展开到"表"节点。

(3)展开"院系"表,再展"索引"节点。

(4)右击"ind_dept_num"索引,从弹出的快捷菜单中选择"删除"命令。

(5)打开"删除对象"窗口,如图 8-9 所示。

(6)在"删除对象"窗口中,单击"确定"按钮,完成删除操作。

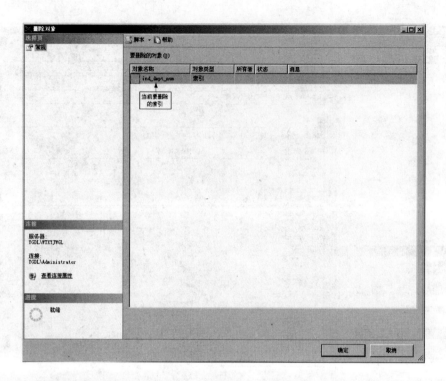

图 8-9 "删除对象"窗口

2. 使用 DROP INDEX 语句删除索引

在 SQL Server 2005 中,用户可以使用 DROP INDEX 语句删除不需要的索引。DROP INDEX 语句的格式如下:

```
DROP INDEX <table.index_name>[,…n]
```

【例 8-8】 删除"jwgl"数据库中"学生"表中的索引"ind_name _classname"。

解 SQL 语句清单如下:

```
use jwgl
Drop index 学生.ind_name_classname
```

程序执行结果如图 8-10 所示。

在删除索引时,要注意以下的一些情况。

① 当执行 DROP INDEX 语句时,SQL Server 释放被该索引所占的磁盘空间。

② 不能使用 DROP INDEX 语句删除由主键约束或唯一性约束创建的索引,要想删除这些索引,必须先删除这些约束。

③ 当删除表时,针对于该表所建的全部索引也被删除。

④ 当删除一个聚集索引时,该表的全部非聚集索引重新自动创建。

⑤ 不能在系统表上使用 DROP INDEX 语句。

值得注意的是,由于使用 DROP INDEX 语句删除索引时不会出现提示确认信息,所以用户使用此种方法删除索引时要小心谨慎。

图 8-10　删除"ind_name _classname"索引窗口

本 章 小 结

　　索引是数据库中一种重要而又类型特殊的数据库对象,它保存着数据表中一列或几列组合的排序结构。在数据库中,索引允许数据库应用程序迅速找到表中特定的数据,而不必扫描整个数据库中的数据。

　　SQL Server 2005 中的索引分为聚集索引、非聚集索引和其他索引(唯一索引、包含索引、索引视图、全文索引和 XML 索引),用户能够分别使用 Microsoft SQL Server Management Studio 和 T-SQL 语句创建索引、查看和删除索引。掌握索引的创建和使用有助于查询速度的提高以及数据库性能的优化。

习　　题

一、选择题

1. 在一个表中,最多可以定义＿＿＿＿个聚集索引。

  A. 1　　　　　　　　B. 2　　　　　　　　C. 3　　　　　　　　D. 多个

2. CREATE UNIQUE CLUSTERED INDEX xy ON xy(xy_id)语句创建了一个
＿＿＿＿索引。

  A. 唯一索引　　　B. 聚集索引　　　C. 主键索引　　　D. 唯一聚集索引

3. 下列几种情况中,不适合创建索引的是＿＿＿＿。

  A. 列的取值范围很少　　　　　　B.连接中频繁使用的列

  C. 用作查询条件的列　　　　　　D. 频繁搜索的列

4. 在_____索引中,表中各行的物理顺序和键值的逻辑顺序相同。

    A. 聚集索引　　　　B. 非聚集索引　　　　C. 唯一索引　　　　D. XML 索引

5. 下面_____数据类型不能作为索引的列。

    A. char　　　　　　B. int　　　　　　　C. datetime　　　　D. text

二、填空题

1. Microsoft SQL Server 2005 系统中的索引类型包括_____、_____、全文索引、_____、索引视图、_____等。

2. 索引既可以在_____时创建,也可以在以后的任何时候创建。

3. 每个表最多可以创建_____非聚集索引。

4. 索引一旦创建,将由_____自动管理和维护。

5. 使用_____语句删除索引。

三、简答题

1. 什么是索引? 使用索引有什么意义?

2. 聚集索引和非聚集索引有何区别?

3. 索引的作用是什么?

4. 简述建立索引的原则。

5. 什么样的列适合创建索引?

6. 在一个表中,索引是否越多越好? 为什么?

第9章 视 图

本章将学习以下内容

- 视图的定义及优缺点；
- 创建视图；
- 使用视图；
- 修改视图；
- 删除视图。

视图是由基于一个或多个表上的一个查询所生成的虚拟表，其表中不包含任何数据，只是保存着该查询定义。视图的使用方式和数据表的使用方式差不多，但是使用视图能使访问数据库具有更大的灵活性和安全性。

9.1 视图概述

视图也是一种常见的数据库对象，它提供了另外一种查看和存储数据的方法。尽管视图也是采用二维表的形式显示数据，但与表不同，视图是一种逻辑对象，是一种虚拟表，它是将 SELECT 语句的具体定义暂时存储起来。视图中不包含任何数据，视图所对应的数据并不实际地以视图结构存储在数据库中，而是存储在视图所引用的表中。对视图的操作与对表的操作一样，可以对其进行查询、修改（有一定的限制）和删除。对视图的数据进行操作时，系统根据视图的定义去操作与视图相关联的基本表。因此，与视图相应的基本表的数据也要发生变化。除非是索引视图，否则视图不占物理存储空间。

在视图中被查询的表称为视图的基表。视图可以由一个或多个基表（或视图）导出。视图的特点在于，它可以是连接多张表的虚表，也可以是使用 WHERE 子句限制返回行的数据查询的结果，所以视图可以是专用的，比表更面向用户。表是静态的，而视图是动态的。一般来说，在使用敏感数据的企业里，视图几乎是唯一可以用来面向普通用户的数据库对象。

1. 视图的优点和缺点

（1）视图的优点

- 视图提供了一个简单而有效的安全机制，能够对数据提供安全保护。有了视图就可以在设计数据库应用系统时,对于不同的用户需求定义不同的视图,使用户看到的是只该看到的数据,这样保护了用户的数据。

- 视图可以集中数据,满足不同用户对数据的不同要求。
- 视图可以简化复杂查询的结构,从而方便用户对数据的操作。视图可以使用户将注意力集中在其所关心的数据上。通过定义视图,使用户眼中的数据库结构简单、清晰,并可以简化用户的操作。
- 数据的完整性。在用户通过视图访问或者更新数据时,数据库管理系统的相关部分会自动地检查数据,确保预先设定的完整性约束。

（2）视图的缺点

- 性能不稳定。对视图的查询必须先将其转换为对底层基表的查询。若视图的定义是一个基于多表的较复杂的查询语句时,即使在视图上的一个简单查询,转换后都将是一个相当复杂的查询联合体。这样视图可能需要花费很长的时间来处理查询操作。
- 数据更新受限。由于视图是一个虚表,而不是一个实在的表,对视图的更新操作,实际上是对基表的更新操作。基表的完整性约束必将影响视图,这样视图中的数据更新将受到限制。
- 数值格式不同。在不同的数据库系统中,由于系统所使用的数据类型和系统显示数值的方式会有所差别,所以人们通过视图检索获得的结果中可能看到一些数值格式的不同。

2. 视图的处理

一般来说,视图处理过程可以分为以下几个步骤。

（1）SQL 查询处理器要在数据库中查找一个名为"stu"（假定视图名为 stu）的表,但数据库中没有这样的表,所以查不到该表。依据一定准则,SQL 查询处理器判定"stu"是一个视图。

（2）依据视图的定义,SQL 查询处理器会将该查询语句进行重新构造。重新构造成合适的查询语句。

（3）SQL 查询处理器按照重新构造的 SELECT 语句来执行查询任务,得到最后的结果。

3. 创建视图时需要注意的问题

（1）只能在当前数据库中创建视图,在视图中最多只能引用 1 024 列,视图中记录的数目限制只能由其基表中的记录数决定。

（2）不能将规则、默认值绑定在视图上。

（3）定义视图的查询语句通常不能包括 ORDER BY 子句、COMPUTE、COMPUTE BY 子句或是 INTO、DISTINCT 等关键字。

（4）视图的命名必须符合 SQL Server 中标识符的定义规则。每个用户所定义的视图名称必须唯一,而且不能与该用户的某个表同名。

（5）可以将视图建立在其他视图或者引用视图的过程之上。

（6）不能创建临时视图,而且也不能在临时表上创建视图。

（7）不能对视图进行全文查询。

9.2 创建视图

在定义视图的 SELECT 语句中,既可以简单地选择指定源表中的行和列,也可以使用下面的对象和这些对象的组合来创建视图:

- 单个表;
- 多个表;
- 另一个视图;
- 其他多个视图;
- 视图和表的组合。

9.2.1 创建视图实例

在教务管理信息系统中,当用户要查询学生信息时,如学生姓名、所在系及班级和班主任等,这些信息分别存储在不同的表中,即使在同一个表中,也不是所有的字段都被使用。但是使用 SELECT 语句操作的是一个结果集,当需操作某一记录时,用户除可将使用 SELECT 语句产生的结果集用游标处理外,还可使用视图来处理。例如在"jwgl"数据库中创建"计算机系学生视图",要求有"学号"、"姓名"、"性别"、"政治面貌"、"院系名称"、"班级名"、"班主任"字段。程序设计人员可以将这些内容设计到一个视图中,在查询和处理数据时直接操作视图,非常简单。

根据视图中要求出现的字段分析出要使用的基表有"学生"表、"院系"表、"班级"表和"专业"表。条件相当于查询中的 WHERE 条件。

9.2.2 使用 SQL Server Management Studio 管理器创建视图

【例 9-1】 在"jwgl"数据库中创建"计算机系学生"视图,要求有"学号"、"姓名"、"性别"、"政治面貌"、"专业名称"和"班级名"字段。

【实现步骤】

(1) 启动 SQL Server Management Studio,并连接到 SQL Server 2005 中包含"jwgl"数据库的数据库实例 YGDL\WTXYJWGL,打开"Microsoft SQL Server Management Studio"窗口。

(2) 在"对象资源管理器"窗格中依次展开服务器和"数据库"节点,双击"jwgl"节点将其展开。

(3) 右击"jwgl"节点中的"视图"选项,弹出快捷菜单,如图 9-1 所示。

(4) 在图 9-1 中选择"新建视图"命令,弹出添加表对话框如图 9-2 所示。该对话框包括 4 个选项卡,分别显示了当前数据库的用户"表"、用户"视图"、用户"函数"和"同义词"。选定表、视图、函数或者同义词后弹出"添加"按钮,可以添加创建视图的基表。重复执行此操作,可以添加多个基表。添加完毕后,单击"关闭"按钮。

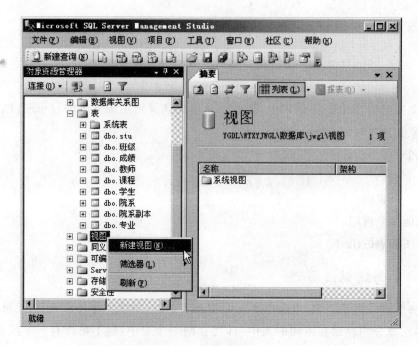

图 9-1 创建视图

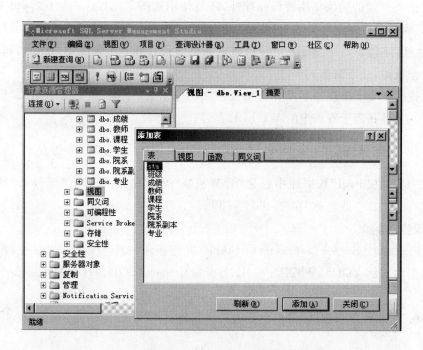

图 9-2 添加、视图、函数、同义词对话框

(5)添加完"学生"表、"院系"表、"专业"表、"班级"表 4 个基表后,可以在图 9-3 所示窗口的关系图窗格中看到新添加的基表,以及基表之间的外键引用关系。图 9-3 显示了添加"学生"表、"院系"表、"专业"表、"班级"表作为基表的情况。

(6)在图 9-3 中,每个基表的每一列左边都有一个复选框,选择该复选框可以指定该列在视图中被引用。例如,选择"学号"、"姓名"、"性别"、"政治面貌"、"专业名称"、"班级名"和"院系名称"字段,如图 9-4 所示。

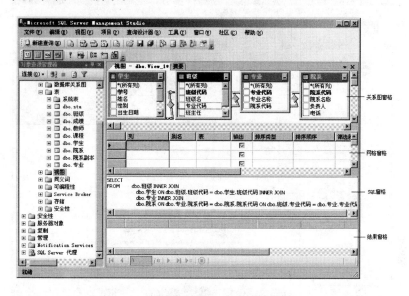

图 9-3　查看基表情况

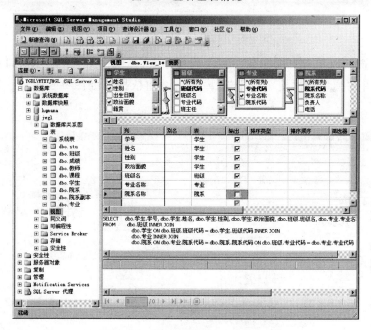

图 9-4　选择视图中出现的列

　　(7) 图 9-4 中的第二个窗格是网格窗格,在这个窗格中可以指定查询条件。网格窗格中显示了所有在关系图窗格中选中的,要在视图中引用的列。也可以通过对每一列选中或取消选中"输出"复选框,来控制该列是否在视图中出现。

　　(8) 图 9-4 所示窗口的网格窗格中有"筛选器"列,它用于输入对在视图中出现的列的限制条件,该条件相当于定义视图的查询语句中的 WHERE 子句。例如,在"院系名称"行的筛选器列中输入"＝计算机系",如图 9-5 所示。

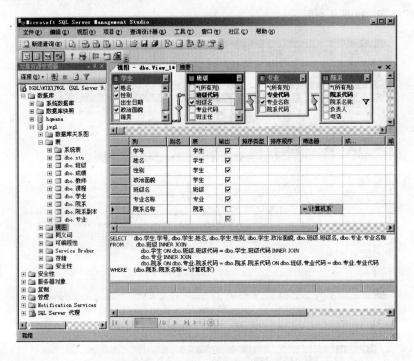

图 9-5　设置定义视图的查询条件

（9）要在视图的定义中依照某一字段进行分组,可以在图 9-4 所示窗口的网格窗格中右击该字段,并在弹出的快捷菜单中选择"添加分组依据",如图 9-6 所示。执行分组后如图 9-7 所示。

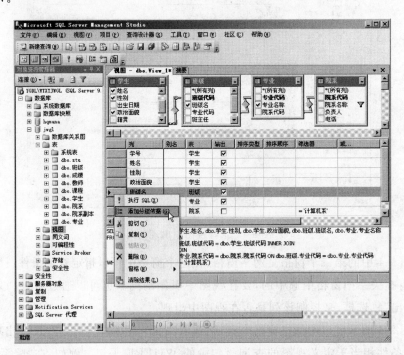

图 9-6　添加分组情况

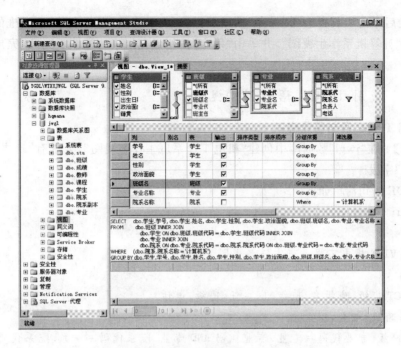

图 9-7　执行分组后的情况

（10）所有设置进行完毕后，可以在创建视图的窗口中的第三个窗格中查看视图查询条件的 T-SQL 语句，用户也可以自己修改该 T-SQL 语句。修改完成后可以单击工具栏上的"验证 SQL"按钮图标 ，检查该 T-SQL 语句的句法是否正确。

（11）要运行并输出该视图结果，可以单击工具栏上的"运行"按钮 ，也可以右击并在弹出的快捷菜单中选择 执行 SQL(X) 命令。在窗口最下面的输出窗格中将会显示按照中间的 T-SQL 语句生成的视图内容，如图 9-8 所示。

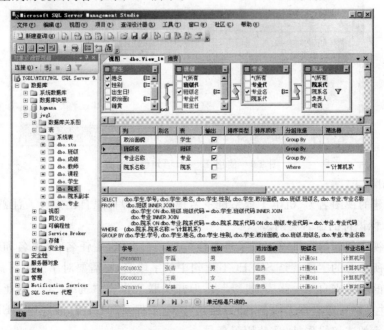

图 9-8　查看视图内容

（12）最后单击工具栏上的"保存"按钮图标 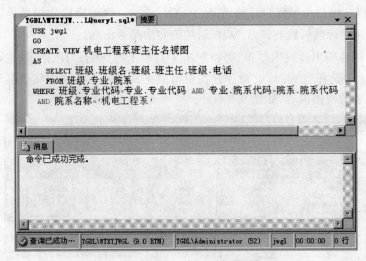，在弹出的"选择名称"对话框的文本框中输入视图名"计算机系学生视图"，并单击"确定"按钮保存创建的视图。至此，完成了一个视图的创建。

9.2.3 使用 T-SQL 语句创建视图

1. 使用 T-SQL 语句创建视图

【例 9-2】 在"jwgl"数据库中创建"机电工程系班主任名视图"，要求有"班主任"、"班级名"和"电话"字段。

解 SQL 语句清单如下：

```
USE jwgl
GO
CREATE VIEW 机电工程系班主任名视图
AS
    SELECT 班级.班级名,班级.班主任,班级.电话
    FROM 班级,专业,院系
WHERE 班级.专业代码＝专业.专业代码 AND 专业.院系代码＝院系.院系代码
 AND 院系名称＝´机电工程系´
```

执行结果如图 9-9 所示。

图 9-9 使用 T-SQL 语句创建视图

【语法说明】
- 所创建的视图名为"机电工程系班主名视图"，用户可以自己定义。注意其名要符合 SQL 标识符的命名规则。
- 这个视图创建的是机电工程系班主任信息，它包括班主任名、班级名和电话，其视图结构所包含的字段就是 SELECT 语句中的字段名，不需要对字段名再命名。尽管所选择的字段来自于一张表"班级"表，但却关联三张表："班级"表、"专业"表和"院系"表，并且对班级名作了限制，即只能是"机电工程系"的班级，故在 WHERE 子句中除用了表的连接操作外，还使用了条件。

2. 创建视图的 T-SQL 语句的语法格式

CREATE VIEW view_name[(colum_name[? …n])]

    [WITH ENCRYPTION]

    AS

    Select_statement

    [WITH CHECK OPTION]

【语法说明】

- view_name：为定义的视图名称，视图名称必须符合 SQL Server 标识符命名规则。用户可以在定义视图名的时候定义视图的所有者。

- colum_name 为定义视图中使用的列名，该参数可以省略，省略列名时，视图中的列名沿用基表中的列名，但是当遇到以下情况时，必须为视图提供列名：

① 视图中的某些列不是单纯的字段名，如表达式或函数等；

② 视图中两个或多个列在不同基表中具有相同的名称；

③ 视图中的列名来源不同的基表中的列名称；

④ 为了增加可读性，给某个字段指定一个不同于基表中的字段名。

- 视图的定义存储在 syscomments 系统表中。如果使用了 WITH ENCRYPTION 子句，那么 syscomments 中的视图定义被加密，从而保证视图的定义不被他人获得。

- Select_statement 为定义视图的 SELECT 语句。SELECT 语句中可以使用多个表及其他视图，也可以使用 UNION 关键词合并起来的多个 SELECT 语句。视图中各列的名字也可以在 SELECT 语句中重新定义。但有如下限制：

① 不能包括 ORDER BY、COMPUTE 和 COMPUTE BY 关键字；

② 不能包含 INTO 关键字；

③ 不可以在临时表上创建视图；

④ 定义视图的用户必须对所参照的表或视图具有查询权限。

- WITH CHECK OPTION 用于强制对视图进行 UPDATE、INSERT 和 DELETE 操作时，其数据满足视图中 Select_statement 语句指定的条件。

3. 示例

下面的两个例子是用 T-SQL 创建视图的示例。

【例 9-3】 在"jwgl"数据库中创建选修"数据库原理"视图，视图中包括学号、姓名、成绩字段。

    解 SQL 语句清单如下：

```
USE jwgl
GO
CREATE VIEW 数据库原理
AS
  SELECT 学生.学号,学生.姓名,成绩
  FROM 学生,课程,成绩
WHERE 课程.课程名=´数据库原理´ AND 课程.课程号=成绩.课程号
AND 成绩.学号=学生.学号
```

执行结果如图 9-10 所示。

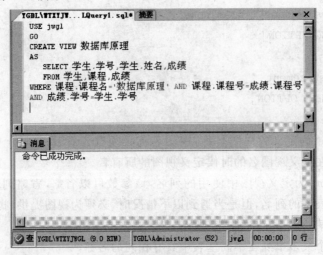

图 9-10 创建"宿舍空闲信息"视图

【语法说明】

- 由于创建的视图结构中包含了不是来自于基表的字段名,而是表达式,因此创建视图时指定视图结构。
- SELECT 语句中的表达式值指明存储的地方,使用 AS 子句指明关系。

【例 9-4】 创建学生基本信息(学号、姓名、性别、出生年月、政治面貌、专业名称、班级名)的视图。

【实例分析】 一般情况下,同一个班的学生在一起。因此,SELECT 语句中要使用到子句 GROUP BY,且子句为:GROUP BY 班级名,学号,姓名,性别,出生日期,政治面貌,专业名称。

解 SQL 语句清单如下:

USE jwgl

GO

CREATE VIEW 学生基本信息

AS

SELECT 学号,姓名,性别,出生日期,政治面貌,专业名称,班级名

FROM 学生,专业,班级

WHERE 学生.班级代码 = 班级.班级代码 AND 班级.专业代码 = 专业.专业代码

GROUP BY 班级名,学号,姓名,性别,出生日期,政治面貌,专业名称

执行结果如图 9-11 所示。

【例 9-5】 创建"专业"视图。

解 SQL 语句清单如下:

USE jwgl

GO

CREATE VIEW 专业视图

AS

SELECT 专业代码,专业名称,院系代码

FROM 专业

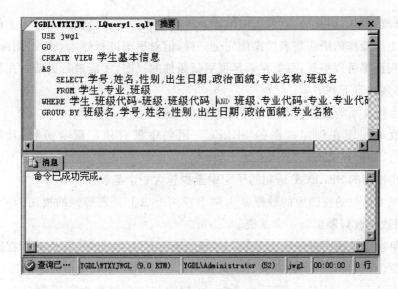

图 9-11　创建"学生基本信息"视图

执行结果如图 9-12 所示。

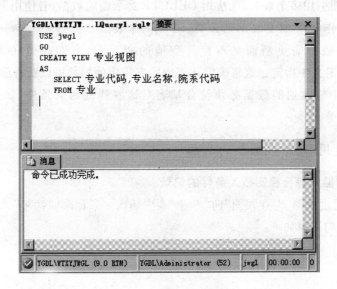

图 9-12　创建专业视图

需要说明的是,以上两例主要是学习创建视图。

9.3　使用视图

9.3.1　使用视图实例

用户对视图可以进行两种类别的操作。一种是查询操作:对视图的查询实际上仍是对基表进行查询,因为视图不是在物理上存储的数据;另一种是对视图中的数据进行更新(插入、删除和修改)操作,同样地,对视图中的记录进行更新操作也是作用在基表上的。对视图进行查询和更新操作的语法与表的操作完全一样,但对视图进行插入、修改、删除等操作时,不是所有的视图都可以更新,只能对满足可更新条件的视图,才能进行更新。在使用视图修改数据时,必须注意下列事项。

(1) 不能修改那些通过基表列计算得到结果的列。

(2) 修改的视图在创建视图的 SELECT 语句中没有使用聚合函数,且没有 TOP、GROUP BY、UNION 或 DISTINCT 等子句。

(3) 创建视图的 SELECT 语句的子句中至少包含一个基表。

(4) 如果要修改的视图中的数据是由两个或两个以上基表得到的视图,必须进行多次修改,因为每次修改只能影响一个基表。

(5) 如果在创建视图时使用了 WITH CHECK OPTION 选项,那么使用视图修改数据库信息时,必须保证修改后的数据满足定义视图的 SELECT 语句中所设定的条件。

(6) 执行 UPDATE、DELETE 命令时,所删除与更新的数据必须包含在视图的结果集中。

(7) 如果视图引用多个表时,无法用 DELETE 命令删除数据,若使用 UPDATE 命令则应与 INSERT 操作一样,被更新的列必须属于同一个表。

(8) 对于基表中需更新而又不允许空值的所有列,它们的值在 INSERT 语句或 DEFAULT 子句定义中指定。这将确保基表中所有需值的列都可以获得值。

(9) 在视图中修改列的数据必须符合基表对这些列的约束条件,如是否为空、约束、DEFAULT 定义等。

9.3.2 使用视图插入表的数据

1. 向视图中插入符合视图插入条件的记录

【例 9-6】 通过视图"专业视图"向"专业"表中插入一条记录("0030"、"光电子"、"04")。

解 SQL 语句清单如下:

```
USE jwgl
GO
INSERT INTO 专业视图
VALUES('0030','光电子','04')
```

执行以上语句可以向学生表中添加一条新的数据记录。

2. 向视图中插入不符合插入条件的记录

【例 9-7】 通过视图"专业视图"向"专业"表中插入一条记录("0032"、"应用电子"、"09")。

解 SQL 语句清单如下:

```
USE jwgl
GO
  INSERT INTO 专业视图
  VALUES('0032','应用电子','09')
```

执行以上语句结果如图 9-13 所示。请思考例 9-7 出错的原因。

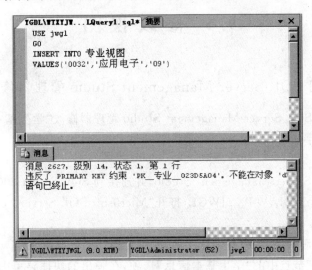

图 9-13　例 9-7 的执行结果

9.3.3　使用视图修改表的数据

使用视图可以修改数据记录,但应该注意的是,修改的只是数据库中的基表。

【例 9-8】　更新视图"机电工程系班主任名视图",通过该视图将"班级"表中"高驾驶 061"的班主任更名为"吴婷"。

解　SQL 语句清单如下:

USE jwgl

GO

UPDATE 机电工程系班主任名视图

SET 班主任 =´吴婷´

WHERE 班级名 =´高驾驶 061´

需要说明的是,在查询分析器中执行上述语句,可以看到视图中和表中关于此数据行被修改了。

9.3.4　使用视图删除表的数据

【例 9-9】　利用视图"专业视图"删除"专业"表中专业名称为"光电子"的记录。

解　SQL 语句清单如下:

USE jwgl

GO

DELETE FROM 专业视图

WHERE 专业名称 =´光电子´

需要说明的是,使用视图删除记录,可以删除任何基表中的记录,直接利用 DELETE 语句删除记录即可。但应该注意,必须指定在视图中定义过的字段来删除记录。

请思考如果视图是基于两个以上的基表,能否通过视图来删除表中的数据?

9.4 修改视图

9.4.1 使用 SQL Server Management Studio 管理器修改创建的视图

【例 9-10】 用 SQL Server Management Studio 管理器修改"学生基本信息"视图,向该视图中添加"籍贯"字段。

【实现步骤】

(1) 启动 SQL Server Management Studio,并连接到 SQL Server 2005 中包含"jwgl"数据库的数据库实例 YGDL\WTXYJWGL,打开"Microsoft SQL Server Management Studio"窗口。

(2) 在"对象资源管理器"窗格中依次展开"服务器"→"数据库"→"jwgl"→"视图"节点。

(3) 右击"视图"节点中的"学生基本信息"选项,在弹出的快捷菜单中选择"修改"命令,打开如图 9-14 所示的对话框。

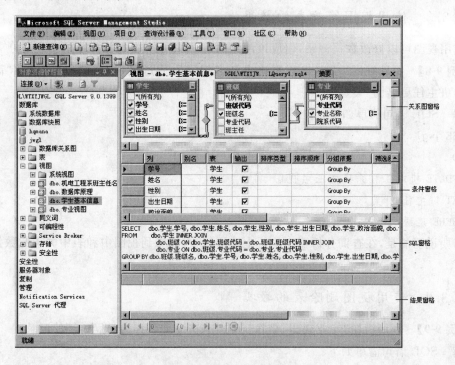

图 9-14 修改视图的窗格

(4) 在图表窗格的基表中添加或者去掉相应的字段,如添加"学生"表中的"出生日期"字段。

(5) 在条件窗格中添加或者去掉相应的条件。

(6) 所有修改进行完毕后,可以在创建视图的窗口中的第三个窗格(SQL 窗格)中查看视图查询条件的 T-SQL 语句,用户也可以自己修改该 T-SQL 语句。修改完成后可以单击工具栏上的"验证 SQL"按钮 ,检查该 T-SQL 语句的语法是否正确。

（7）要运行并输出该视图结果，右击并在弹出的快捷菜单中选择"执行 SQL"，也可以单击工具栏上的"运行"按钮 。在窗口最下面的输出窗格中将会显示按照中间的 T-SQL 语句生成的视图内容，如图 9-15 所示。

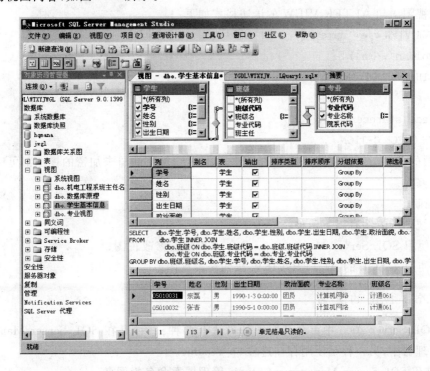

图 9-15　视图修改的内容

（8）最后单击工具栏上的"保存"按钮保存修改的视图。至此，完成了一个视图的修改。

9.4.2　使用 T-SQL 语句创建视图

1. 使用 T-SQL 语句修改视图示例

【例 9-11】　用 T-SQL 语句修改例 9-4 的视图，使视图中只显示"高驾驶 061 班"的学生基本信息。

解　SQL 语句清单如下：

```
USE jwgl
GO
ALTER VIEW 学生基本信息
 AS
 SELECT 学号,姓名,性别,出生日期,政治面貌,籍贯,专业名称,班级名
 FROM 学生 a, 班级 b, 专业 c
 WHERE a.班级代码 = b.班级代码 AND b.专业代码 = c.专业代码
GROUP BY 学号,姓名,性别,出生日期,政治面貌,籍贯,专业名称,班级名
HAVING(班级名 = ′高驾驶 061′)
```

请思考能否在修改视图时增加新字段？

需要说明的是,使用 ALTER VIEW 语句修改视图。但首先必须拥有使用视图的权限,然后才能使用。

2. 修改视图语句 ALTER VIEW

修改视图语句 ALTER VIEW 的语法格式如下:

```
ALTER VIEW view_name
[(column[,…n])]
[WITH ENCRYPTION]
AS
select_statement
[WITH CHECK OPTION
```

其中,参数的含义与创建视图语法中的参数必须一致,加密的与未加密的视图都可以通过此语句进行修改。

3. 说明

修改视图的方法有以下两种:

(1) 使用 SQL Server Management Studio 管理器修改视图;

(2) 使用 T-SQL 的 ALTER VIEW 语句修改视图。

9.4.3 视图的更名

在 SQL Server 2005 中重命名视图的方法有两种:一种是在 SQL Server Management Studio 管理器中,另一种是使用存储过程 sp_rename。

1. 使用 SQL Server Management Studio 管理器重命名视图名

【例 9-12】 重命名例 9-11 产生的视图,取名为"高驾驶 061 班学生基本信息"。

【实现步骤】

(1) 启动 SQL Server Management Studio,并连接到 SQL Server 2005 中包含"jwgl"数据库的数据库实例 YGDL\WTXYJWGL,打开"Microsoft SQL Server Management Studio"窗口。

(2) 在"对象资源管理器"窗格中依次展开"服务器"→"数据库"→"jwgl"→"视图"节点。

(3) 选择要修改名称的视图,如"学生基本信息",并右击该视图名,从弹出的快捷菜单中选择"重命名"选项。或者在视图上再次单击,该视图的名称变成可输入状态,直接输入新的视图名称"高驾驶 061 班学生基本信息"即可对视图重新命名,如图 9-16 所示。

2. 使用系统存储过程 sp_rename 来修改视图的名称

使用系统存储过程 sp_rename 修改视图的语法形式如下:

```
sp_rename old_name,new_name
```

【语法说明】

• sp_rename:系统存储过程名。

• old_name,new_name:old_name 为已创建的视图名,new_name 为重命名的视图名。

【例 9-13】 将例 9-5 中创建的"专业视图"名重命名为"院专业视图"。

解 SQL 语句清单如下:

```
sp_rename 专业视图 ,院专业视图
```

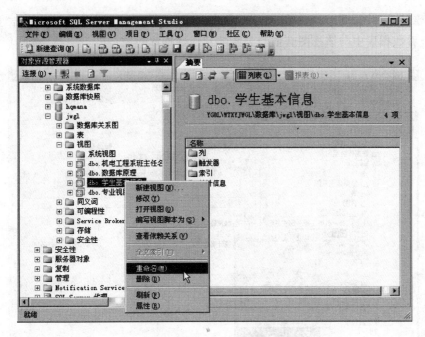

图 9-16　重命名视图

9.5　删　除　视　图

9.5.1　删除视图实例

【实例】　删除视图"数据库原理"。

对于不再使用的视图,既可以使用 SQL Server Management Studio 管理器删除它,也可以使用 T-SQL 语句中的 DROP VIEW 命令删除它。

当不再需要视图或要清除该视图的定义和与之关联的访问权限定义时,可以删除视图。当视图被删除之后,该视图基表中存储的数据并不会受到影响,但是任何建立在该视图之上的其他数据库对象的查询将会发生错误。

9.5.2　使用 SQL Server Management Studio 管理器删除视图

使用 SQL Server Management Studio 管理器删除视图的操作与删除表的操作相同,其具体步骤如下。

（1）启动 SQL Server Management Studio,并连接到 SQL Server 2005 中的实例数据库,打开"Microsoft SQL Server Management Studio"窗口。

（2）在"对象资源管理器"窗格中依次展开"服务器"→"数据库"→"jwgl"→"视图"节点。

（3）选择要删除的视图名称,如"数据库原理",右击并弹出一个快捷菜单,如图 9-17所示。

（4）从弹出的快捷菜单中选择"删除"命令,则弹出如图 9-18 所示的删除对象对话框。

207

如果确认要删除视图,则单击如图 9-18 所示对话框中的"确定"按钮,也可以单击"显示相关性"按钮查看数据库中与该视图有依赖关系的其他数据库对象。

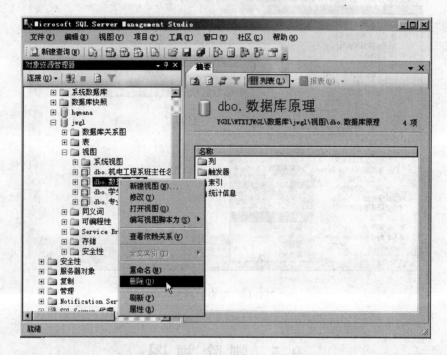

图 9-17   删除对话框

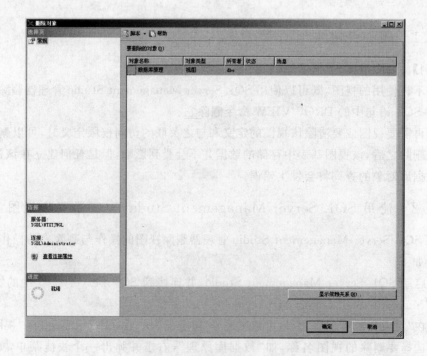

图 9-18   删除对象对话框

9.5.3 使用 T-SQL 语句删除视图

1. 使用 T-SQL 语句删除视图示例

【例 9-14】 同时删除视图"院专业视图"和"机电工程系班主任名视图"。

解 SQL 语句清单如下：

drop view 院专业视图，机电工程系班主任名视图

2. 使用 T-SQL 语句 DROP VIEW 删除视图语法格式

使用 T-SQL 语句 DROP VIEW 删除视图语法形式如下：

DROP VIEW {view_name} [,…n]

【语法说明】

- view_name：要删除的视图名。

可以使用该命令同时删除多个视图，只需在要删除的各视图名称之间用逗号隔开即可。

一个视图被删除后，由该视图导出的其他视图也将失效，用户应该使用 DROP VIEW 语句将它们一一删除。

本 章 小 结

本章学习了视图的相关知识，主要包括以下内容。

(1) 视图概述：视图的原理、视图的优缺点及处理方法。

(2) 创建视图：视图创建既可以使用 CREATE VIEW 命令创建，也可以使用 SQL Server Management Studio 管理平台创建。

(3) 修改视图：使用 ALTER VIEW 修改视图，使用 SQL Server Management Studio 管理平台修改视图，使用 sp_rename 重命名视图。

(4) 查看视图：使用 sp_helptext 存储过程查看视图内容；使用 SQL Server Management Studio 管理平台查看视图。

(5) 删除视图：使用 DROP VIEW 命令删除视图，使用 SQL Server Management Studio 管理平台删除视图。

(6) 使用视图：查询视图数据和修改视图数据。

习 题

一、选择题

1. 使用 T-SQL 语句创建视图时，不能使用的关键字是_____。

    A. ORDER BY   B. COMPUTE

    C. WHERE   D. WITH CHECK OPTION

2. 以下关于视图的描述中，错误的是_____。

    A. 视图不是真实存在的物理表，而是一张虚表

B. 当对通过视图看到的数据进行修改时，相应的基本表的数据也要发生变化

C. 在创建视图时，若其中某个目标列是聚合函数时，必须指明视图的全部列名

D. 在一个语句中，一次可以修改一个以上的视图对应的基表

3. 在定义视图的 SELECT 语句中，可以简单地选择指定源表中的行和列，还可以使用 _____对象和这些对象的组合来创建视图。

    A. 单个表或另一个视图   B. 多个表

    C. 其他多个视图   D. 以上都正确

4. 在 SQL Server 中，更改视图使用_____语句。

    A. CREATE VIEW   B. ALTER VIEW

    C. UPDATE   D. INSERT

5. 可以在视图定义中使用 WITH CHECK OPTION 子句，该子句的作用是_____。

    A. 视图中的数据是只读的

    B. 不允许通过视图修改基表中的数据

    C. 可以有条件地通过视图修改基表中的数据

    D. 可以任意通过视图修改表中的数据

二、填空题

1. 视图是由基于一个或多个表上的一个_____所定义的_____。

2. 视图是用_____构造的。

3. 视图的查询不可以包括_____、_____和_____关键字。

4. 在 SQL Server 2005 中，创建视图的方法有_____和_____。

5. 视图的缺点有_____、_____、_____。

三、简答题

1. 什么是视图？

2. 视图的作用是什么？

3. 视图的类型有哪几种？

4. 查询视图和查询基本表的主要区别是什么？

5. 为什么要使用视图？

6. 创建视图时需要注意哪些事项？

7. 通过视图修改数据时，要注意什么？

第10章　数据完整性

本章将学习以下内容

- 数据完整性的概念；
- 数据完整性分类；
- 约束、规则和默认值的创建、绑定和删除。

在许多数据库应用系统中，数据质量的高低往往是影响该系统成功与否的重要因素。数据库中的数据在逻辑上必须一致且准确，否则，其数据是无意义的。数据完整性是保证数据质量的一种重要方法，是现代数据库系统的一个重要特征。Microsoft SQL Server 2005系统提供了一系列的数据完整性方法和机制，如约束、触发器等，以保证数据的一致性和准确性。其中约束技术是应用最为广泛的数据完整性方法。本章将详细讨论有关数据完整性的技术和方法。

10.1　数据的完整性

10.1.1　数据完整性概述

数据库的完整性是指数据库中数据应始终保持正确的状态，防止不符合语义的错误数据输入，以及无效操作所造成的错误结果。为了维护数据库的完整性，关系模型提供了 4 类完整性规则，与之相应地，DBMS 必须提供一种机制来检查数据库中的数据是否满足完整性约束条件，以确保数据的正确性和相容性。数据库的完整性是通过 DBMS 的完整性子系统实现的。

数据库完整性子系统是根据"完整性规则集"工作的。完整性规则集是由数据库管理员或应用程序员事先向完整性子系统提供有关数据约束的一组规则。每个规则由下面三部分组成：

① 什么时候使用规则进行检查（又称为规则的"触发条件"）；
② 要检查什么样的错误（又称为"约束条件"或"谓词"）；
③ 若检查出错误，该怎样处理（又称为"ELSE 子句"，即违反时要做的动作）。

完整性约束条件是指加在数据库上的、用来检查数据库中的数据是否满足语义规定的一些条件。它们作为模式的一部分被存入数据库的数据字典中，以实现完整性控制机制。

数据完整性约束条件可以分为：表级约束，即若干元组间、关系中以及关系之间联系的约束；元组约束，即元组中的字段组和字段间联系的约束；属性级约束，即针对列的类型、取值范围、精度、排序等而制定的约束条件。

数据完整性(Data Integrity)是指存储在数据库中的数据正确无误，并且相关数据具有一致性。数据库中的数据是否完整，关系到数据库系统是否真实地反映现实世界。如果数据库中总存在不完整的数据，那么它就没有存在的必要了，因此，实现数据的完整性在数据库管理系统中十分重要。

1. 静态级约束

（1）静态级约束

静态级约束是对属性取值域的说明，为最常见、最简单的一类完整性约束。包括以下几个方面。

① 数据类型的约束

例如：对数据的类型、宽度、单位、精度等的约束。

院系名称的数据类型为字符型，宽度为 16。

② 数据格式的约束

例如：学生学号。

③ 取值范围或取值集合的约束

例如：成绩的取值范围为 0～100；性别的取值范围为[男，女]。

④ 空值约束：空值表示未定义或未知的值，它与零值和空格不同。有的列允许空值，有的列则不允许。

例如：学生学号通常不能取空值，而成绩可为空值。

⑤ 其他约束

例如：关于列的排序说明，组合列等。

（2）静态元组级约束

静态元组级约束是对元组的属性值的限定，即规定了属性之间的值或结构的相互制约关联。

（3）静态表级约束

在一个关系的各个元组之间或若干关系之间存在的各种联系或约束。常见静态关系约束有：

① 实体完整性约束；

② 参照完整性约束；

③ 函数依赖约束；

④ 统计约束。

2. 动态级约束

（1）动态列级约束

动态列级约束是修改列定义或列值时应满足的约束条件，包括以下两个方面。

① 修改列定义时的约束

例如：将原来允许空值的列改为不允许空值时，由于该列目前已存在空值，所以拒绝修改。

212

② 修改列值时的约束

修改列值时新旧值之间要满足的约束条件。

(2) 动态元组级约束

动态元组级约束是指修改元组的值时元组中字段组或字段之间需要满足的某种约束。

(3) 动态表级约束

动态表级约束是加在关系变化前后状态上的限制条件。

10.1.2 完整性的分类

根据数据库完整性机制所作用的数据库对象和范围不同,数据完整性可分为实体完整性、域完整性、参照完整性和用户自定义完整性 4 种类型。

1. 实体完整性

关系表中的每一行即一条记录称为一个实体。实体完整性(Entity Integrity)就是将表中行定义为一个特定的唯一性实体,即表中不存在重复的行,且每条记录具有一个非空且不重复的主键值。实现实体完整性的方法有索引、唯一约束、主键约束和指定 IDENTITY 属性。

2. 域完整性

域完整性(Domain Integrity)是指特定列的项的有效性。域完整性要求向表中指定列输入的数据必须具有正确的数据类型、格式及有效的数据范围。实现域完整性的方法主要有检查约束、外键约束、默认约束、非空约束、规则及在表建立时设置的数据类型。

3. 参照完整性

参照完整性(Referential Integrity)是指两个表的主关键字和外关键字的数据应对应一致。它确保了有主关键字的表中对应其他表的外关键字的行存在,即保证了表之间的数据的一致性,防止了数据丢失或无意义的数据在数据库中扩散。参照完整性是建立在外关键字和主关键字之间或外关键字和唯一关键字之间的关系上,在 SQL Server 中参照完整性的作用表现在以下几个方面:

(1) 禁止在从表中插入包含主表中不存在的关键字值的数据行;

(2) 禁止会导致从表中的相应值孤立的主表中的外关键字值改变;

(3) 禁止删除在从表中的有对应记录的主表记录。

FOREIGN KEY 和 CHECK 约束都属于参照完整性。

此外,SQL Server 还提供了一些工具来帮助用户实现数据的完整性,其中最主要的是规则(Rule)和触发器(Trigger)。

4. 用户自定义完整性

用户自定义完整性(User-defined Integrity)是指用户针对某一具体关系数据库的约束条件,反映某一具体应用所涉及的数据必须满足的语义要求。

(1) 限制类型通过数据类型来限制。

(2) 格式通过检查约束和默认值来限制。

CREATE TABLE 中的所有列级和表级约束、存储过程和触发器都属于用户定义完整性。

10.2 约束的类型

约束是 SQL Server 提供的自动强制数据完整性的一种方法,它通过定义列的取值规则来维护数据的完整性。

10.2.1 约束类型概述

SQL Server 2005 支持的约束有主键(PRIMARY KEY)约束、唯一(UNIQUE)约束、默认(DEFAULT)约束、外键(FOREIGN KEY)约束、检查(CHECK)约束和非空(NOT NULL)约束。

- 主键约束:主键约束是用来强制实现数据的实体完整性,它是在表中定义一个主键来唯一标识表中每行记录。一般情况下,数据库中的每个表都包含一列或多列来唯一标识表中的每一行记录的值。
- 唯一约束:唯一约束是用来强制实现数据的实体完整性,它主要用来限制表的非主键列中不允许输入重复值。例如,在"专业"表中,"专业代码"是主键,但一个学院(校)不允许有同名的专业存在,应该为专业名列定义唯一约束,以保证非主键列中不出现重复值。
- 默认约束:默认约束用来强制数据的域完整性,它为表中某列建立一个默认值。插入记录时,如果没有为该列提供输入值,系统就会自动将默认值赋给该列。
- 外键约束:外键是指一个表中的一列或列组合,它虽不是该表的主键,却是另外一个表的主键。通过外键约束可以为相关联的两个表建立联系,实现数据的参照完整性,维护两表之间数据的一致关系。
- 检查约束:检查约束用来强制数据的域完整性,它使用逻辑表达式来限定表中的列可以接受的数据范围。例如,对于学生成绩的取值应该限定在 0~100 之间,这时,就应该为成绩列创建检查约束,使其取值在正常范围内。
- 非空约束:非空约束用来强制实现数据的域完整性,它用于设定某列值不能为空。如果指定某列不能为空,则在添加记录时,必须为此列添加数据。

10.2.2 主键约束

主键约束用于定义基本表的主键,它是唯一确定表中每一条记录的标识符,其值不能为 NULL,也不能重复,以此来保证实体的完整性。一个表中只能有一个主键,每个表中只有一个主键约束。主键约束可以是一个列组成,也可以是多个列组成。对于多列组合的主键,某列值可以重复,但列的组合值不能重复,即必须唯一。主键约束与唯一性约束类似,通过建立唯一索引来保证基本表在主键列的唯一性。

由于主键约束确保数据唯一,所以经常用来定义标识列。

1. 使用 SQL Server Management Studio 创建主键约束

【例 10-1】 在"jwgl"数据库中,将"成绩"表中的"学号和课程号"列指定为组合主键。

【实现步骤】

(1) 启动 SQL Server Management Studio,并连接到数据库实例"WTXYJWGL"。在

"对象资源管理器"窗格中,依次展开"数据库"→"jwgl"→"表"节点,右击"成绩"表,在弹出的快捷菜单中选择"修改"命令,打开"表设计器"窗口。

（2）在"表设计器"窗口中,选择需要设置为主键的字段,如果需要选择多个字段,可以按住 Ctrl 键不放,然后单击每个要选择的字段。本例中,依次选择学号、课程号字段。

（3）选好字段后,右击选择的某个字段,在弹出的快捷菜单中选择"设置主键"命令,如图 10-1 所示。或单击工具栏中的"钥匙"工具按钮图标 。

图 10-1　选择"设置主键"命令

（4）执行命令后,在作为主键的字段前有一个钥匙样图标,"表设计器"窗口如图 10-2 所示。

图 10-2　"表设计器"窗口

（5）设置完成后,单击工具栏上的"保存"按钮图标 ,保存设置,关闭"表设计器"窗口。

2. 使用 T-SQL 语句创建主键约束

使用 T-SQL 语句创建主键约束,有两种方法:对于一个新创建的表,使用 CREATE

TABLE 命令来完成,而对于一个已存在的表,则使用 ALTER TABLE 命令来创建主键约束。修改表添加约束的语法格式如下:

ALTER TABLE table_name

ADD

CONSTRAINT 约束名 PRIMARY KEY [CLUSTERED|NONCLUSTERED]

{(列或列的组合)}

【语法说明】

- CLUSTERED 表示在该列上建立聚集索引。
- NONCLUSTERED 表示在该列上建立非聚集索引。

【例 10-2】 在"jwgl"数据库中,建立一个籍贯表(籍贯代码,籍贯名称),并将"籍贯代码"指定为主键。

解 SQL 语句清单如下:

USE jwgl

GO

CREATE TABLE 籍贯

(籍贯代码 CHAR(2) CONSTRAINT pk_jgdm PRIMARY KEY,

籍贯名称 varchar(30))

GO

【例 10-3】 在"jwgl"数据库中,指定"课程"表中的"课程号"为表的主键。

解 SQL 语句清单如下:

USE jwgl

GO

ALTER TABLE 课程

ADD CONSTRAINT pk_课程号

PRIMARY KEY CLUSTERED(课程号)

GO

10.2.3 唯一约束

唯一约束通过确保在列中不输入重复值保证一列或多列的实体完整性,每个唯一约束要创建一个唯一索引。对于实施唯一约束的列,不允许有任意两列具有相同的索引值。与主键约束不同的是,SQL Server 允许为一个表创建多个唯一约束。

1. 使用 SQL Management Studio 创建唯一约束

【例 10-4】 在"jwgl"数据库中,为"专业"表中的"专业名称"创建一个唯一约束。

【实现步骤】

(1) 启动 SQL Server Management Studio,并连接到数据库实例"WTXYJWGL"。在"对象资源管理器"窗格中,依次展开"数据库"→"jwgl"→"表"节点。

(2) 右击"专业"表节点,在弹出的快捷菜单中单击"修改"命令,打开"表设计器"对话框,在"表设计器"窗口中右击任意字段,在弹出的快捷菜单中单击"索引/键"命令,打开"索引/键"对话框。

(3) 单击"添加"命令按钮,系统给出系统默认的唯一约束名"IX_专业",显示在"选定的

216

主/唯一键或索引"列表框中,如图 10-3 所示。

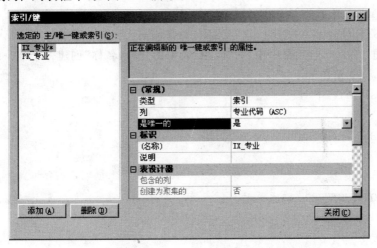

图 10-3 "索引/键"对话框

(4) 选中唯一约束名"IX_专业",在其右侧的"属性"窗口中,单击"常规"中的"列"属性,在其右侧出现"⋯"按钮,单击该按钮,打开"索引列"对话框,如图 10-4 所示,在列名下拉列表框中选择"专业名称",在排序顺序中选择"升序",设置创建唯一约束的列名。

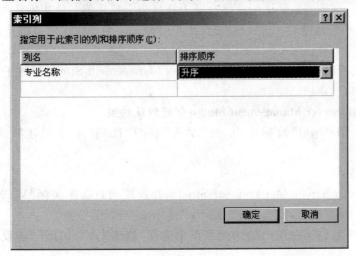

图 10-4 "索引列"对话框

(5) 设置完成后,单击"确定"按钮,回到"索引/键"对话框,修改"常规"属性中"是唯一的"属性值为"是",如图 10-3 所示。

(6) 单击工具栏中的"保存"按钮图标 ,保存设置,关闭"表设计器"窗口。

2. 使用 T-SQL 语句创建唯一约束

为已存在的表创建唯一约束,其语法格式如下:

ALTER TABLE table_name

ADD

CONSTRAINT 约束名 UNIQUE [CLUSTERED | NONCLUSTERED]

{(列或列的组合)}

217

- table_name 是需要创建唯一给的表名称。
- CLUSTERED 和 NONCLUSTERED 意义同前。

【例 10-5】 在"jwgl"数据库中,为"院系"表中的"院系名称"创建一个唯一约束。

解 SQL 语句清单如下:

```
UNIQUE USE jwgl
GO
ALTER TABLE 院系
ADD
CONSTRAINT uk_院系
UNIQUE NONCLUSTERED (院系名称)
GO
(院系名称)
GO
```

10.2.4 默认约束

默认约束是指表中添加新行时给表中某一列指定的默认值。用户在输入数据时,如果没有给某列赋值,则该列的默认约束将自动为该列指定默认值。使用默认约束一是可避免 NOT NULL 值的数据错误,二是可以加快用户的输入速度。默认值可以是常量、内置函数或表达式。

默认约束既可以通过 Microsoft SQL Server Management Studio 管理平台创建,也可以通过 T-SQL 语句创建。

1. 使用 SQL Server Management Studio 创建默认约束

【例 10-6】 在"jwgl"数据库中,为"学生"表的"性别"字段创建默认值,其默认值为"男"。

【实现步骤】

(1) 启动 SQL Server Management Studio,并连接到数据库实例"WTXYJWGL"。在"对象资源管理器"窗格中,依次展开"数据库"→"jwgl"→"表"节点。

(2) 右击"学生"表,在弹出的快捷菜单中选择"修改"命令,打开"表设计器"窗口,如图 10-2 所示。

(3) 单击需要设置默认的列(如"性别"),在下面属性设置栏的"默认值或绑定"选项输入框中输入默认值即可(如"男")。

(4) 单击工具栏中的"保存"按钮图标■,保存设置,关闭"表设计器"窗口。

2. 使用 T-SQL 语句创建默认约束

使用 T-SQL 语句为已存在的表创建默认约束,其语法格式如下:

```
ALTER TABLE table_name
ADD CONSTRAINT 默认名
DEFAULT 默认值 [FOR 列名]
```

【例 10-7】 在"jwgl"数据库中,为"教师"表的"职称"字段创建默认值,其默认值为"讲师"。

解 SQL 语句清单如下：

```
USE jwgl
GO
ALTER TABLE 教师
ADD
CONSTRAINT DF_职称
DEFAULT ´讲师´ FOR 职称
GO
```

10.2.5 外键约束

外键约束为表中一列或多列数据提供参照完整性，它限制插入到表中被约束列的值必须在被参照表中已经存在。例如，专业表中的院系代码列参照院系表中的院系代码列。在往专业表中插入新生行或修改其数据时，此列值必须在院系表中存在，否则不能执行插入或修改操作。实施外键约束时，要求在被参照表中定义了主键约束或唯一约束。

1. 使用 SQL Server Management Studio 管理平台创建外键约束

【例 10-8】 在"jwgl"数据库中，为"专业"表的"院系代码"列创建外键约束，从而保证在"专业"表中输入有效的"院系代码"。

【实现步骤】

（1）启动 SQL Server Management Studio，并连接到数据库实例"WTXYJWGL"。在"对象资源管理器"窗格中，依次展开"数据库"→"jwgl"→"表"节点。

（2）右击"专业"表，在弹出的快捷菜单中选择"修改"命令，打开"表设计器"窗口。在"表设计器"窗口中，右击任意字段，在弹出的快捷菜单中选择"关系"命令，打开"外键"关系对话框。

（3）单击"添加"命令按钮，系统给出默认的外键约束名"FK_专业_专业"，显示在"选定的关系"列表中。

（4）单击"FK_专业_专业"外键约束名，在其右侧的"属性"窗口中单击"表和列规范"属性，再单击该属性右侧的"..."按钮，打开"表和列"对话框，如图 10-5 所示。

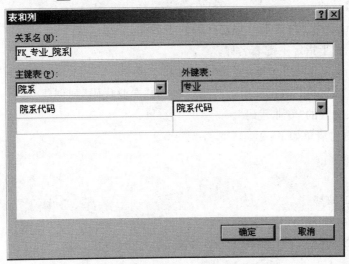

图 10-5 "表和列"对话框

（5）在"表和列"对话框中，修改外键的名称，选择主键表和表中的主键，以及外键表中的外键，修改后的结果如图 10-5 所示。单击"确定"按钮，回到"外键关系"对话框，如图 10-6 所示。

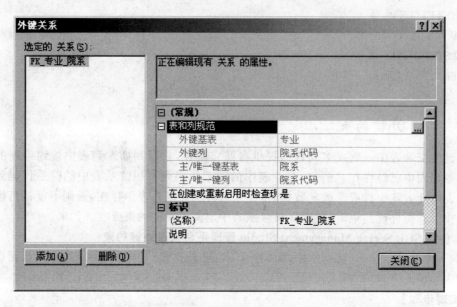

图 10-6 "外键关系"对话框

（6）单击"关闭"按钮，完成外键约束的创建。

2. 使用 T-SQL 创建外键约束

使用 T-SQL 语句为已存在的表创建外键约束，其语法格式如下：

ALTER TABLE table_name

ADD CONSTRAINT 约束名

[FOREIGN KEY]｛（列名[，…]）｝

　REFERENCES re_table [（re_column_name[，…]）]

【语法说明】

• table_name 用于指定需要创建外键的表名称。

• re_table 用于指定主键表名称。

• re_column_name 用于指定主键表的主键名称。

【例 10-9】 在"jwgl"数据库中，为"班级"表的"专业代码"列创建外键约束，从而保证在"班级"表中输入有效的"专业代码"。

解 SQL 语句清单如下：

USE jwgl

GO

ALTER TABLE 班级

ADD CONSTRAINT FK_班级_专业

FOREIGN KEY(专业代码) REFERENCES 专业(专业代码)

GO

10.2.6　检查约束

检查约束限制输入一列或多列中的可能值，从而保证 SQL Server 2005 数据库中数据的域完整性，一个数据表可以定义多个检查约束。

1. 使用 Microsoft SQL Server Management Studio 管理平台创建检查约束

【例 10-10】　在"jwgl"数据库中，为"学生"表中的"出生日期"列创建一个检查约束，以保证输入是出生在 1989—1991 年之间的学生。

【实现步骤】

（1）启动 SQL Server Management Studio，并连接到数据库实例"WTXYJWGL"。在"对象资源管理器"窗格中，依次展开"数据库"→"jwgl"→"表"节点。

（2）右击"学生"表，在弹出的快捷菜单中选择"修改"命令，打开"表设计器"窗口。在"表设计器"窗口中，右击任意字段，在弹出的快捷菜单中选择"CHECK"命令，打开"CHECK约束"对话框。

（3）单击"添加"命令按钮，系统给出默认的 CHECK 约束名"CK_学生"，显示在"选定的CHECK 约束"列表中，如图 10-7 所示。

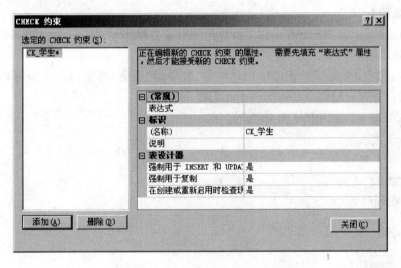

图 10-7　创建"CHECK 约束"对话框

（4）单击"属性"窗口中"常规"属性"表达式"，在其对应的文本框中输入约束条件（这里输入：出生日期＞′1988/12/31′ AND 出生日期＜′1992/01/01′）。或者单击其属性右侧的"⬚"按钮，打开"CHECK 约束表达式"对话框，并输入约束条件，如图 10-8 所示。

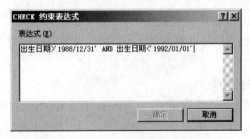

图 10-8　"CHECK 约束表达式"对话框

（5）根据需要，在"标识"属性"名称"对应的文本框中修改 CHECK 约束的名称以及"表设计器"对应的 3 个属性，约束名称如"CK_出生日期"。3 个属性值均是逻辑值，具体含义如下。

- 强制用于 INSERT 和 UPDATE：若该属性为"是"，则在进行插入和修改操作时，数据要符合检查约束的要求，否则操作不成功。
- 强制用于复制：若该属性为"是"，则在表中进行数据的复制操作时，所有的数据要符合检查约束的要求，否则复制操作无效。
- 在创建或重新启用时检查现有数据：若属性值为"是"，则将保证表中已经存在的数据也符合检查约束条件的限制，若表中有不符合条件的数据，则不能创建检查约束。

（6）单击"关闭"按钮，完成检查约束的创建。

2. 使用 T-SQL 创建检查约束

使用 T-SQL 语句为已存在的表创建检查约束，其语法格式如下：

ALTER TABLE table_name

ADD CONSTRAINT 约束名

CHECK(logical_expression)

【语法说明】

- table_name 用于指定需要创建检查约束的表名称。
- logical_expression 是检查约束的条件表达式。

【例 10-11】 在"jwgl"数据库中，为"成绩"表中的"成绩"列创建一个检查约束，以保证输入的成绩符合百分制要求，即在 0～100 之间。

解 SQL 语句清单如下：

USE jwgl

GO

ALTER TABLE 成绩

ADD CONSTRAINT CK_成绩

CHECK(成绩 > = 0 AND 成绩 < = 100)

GO

10.2.7 查看约束的定义

对于创建好的约束，根据实际需要可以查看其定义信息。SQL Server 提供了多种查看约束信息的方法，经常使用的有通过 SQL Server Management Studio 和系统存储过程查看约束。

1. 使用系统存储过程查看约束信息

系统存储过程 sp_help 可用来查看约束的名称、创建者、类型和创建时间，其语法格式如下：

[EXEC[UTE]] sp_help 约束名

如果约束存在文本信息，可以使用 sp_helptext 来查看，其语法格式如下：

[EXEC[UTE]] sp_helptext 约束名

【例 10-12】 使用系统存储过程 sp_help 查看"jwgl"数据库中"成绩"表上的"ck_成绩"

约束信息。

解 SQL 语句清单如下：

```
USE jwgl
GO
EXEC sp_help CK_成绩
EXEC sp_helptext ck_成绩
GO
```

2. 使用 SQL Server Management Studio 查看约束

使用 SQL Server Management Studio 查看约束的步骤如下。

（1）在 SQL Server Management Studio 环境的"对象资源管理器"窗格中依次展开"数据库"→"jwgl"→"表"节点，右击要查看约束的表，打开"表设计器"窗口。

（2）在"表设计器"窗口中可以查看主键约束、空值约束和默认值约束。

（3）在"表设计器"窗口中，右击任意字段，在弹出的快捷菜单中选择相关约束命令，如"关系"、"索引/键"、"CHECK 约束"等，进入"相关约束"对话框，查看外键约束、唯一约束和检查约束信息。

10.2.8 删除约束

删除定义在表上的约束，既可以在 SQL Server Management Studio 中完成，也可以使用 T-SQL 语句删除约束。使用 SQL Server Management Studio 管理器删除约束非常简单，在"表设计器"窗口中，右击任意字段，在弹出的快捷菜单中选择相关命令并按提示操作即可。使用 T-SQL 语句删除约束的语法格式如下：

```
ALTER TABLE table_name
DROP CONSTRAINT 约束名[,…n]
```

【例 10-13】 在"jwgl"数据库中，删除班级表中"FK_班级_专业"约束。

解 SQL 语句清单如下：

```
USE jwgl
GO
ALTER TABLE 班级
DROP CONSTRAINT FK_班级_专业
GO
```

10.3 使用规则

规则类似于检查约束，是用来限制数据字段的输入值的范围，实现强制数据的域完整性。但规则不同于检查约束，检查约束可以针对一个列应用多个检查约束，但一个列不能应用多个规则；规则需要被单独创建，而检查约束在创建表的同时就可以一起创建；规则比检查约束更复杂功能更强大，规则只需创建一次，以后可以多次应用，可以应用于多个表多个列,还可以应用到用户定义的数据类型上。

使用规则包括规则的创建、绑定、解绑和删除。在 SQL Server 2005 中,只能使用 T-SQL 语句来完成。

1. 创建规则

规则作为一种数据库对象,在使用前必须被创建。创建规则的命令是 CREATE RULE。CREATE RULE 命令的语法格式如下:

CREATE RULE rule_name AS condition_expression

【语法说明】

- rule_name 用于指定创建的规则名称,命名必须符合 SQL Server 2005 的命名规则。
- condition_expression 用于指定条件表达式。

条件表达式是定义规则的条件,规则可以是 WHERE 子句中任何有效的表达式,并且可以包括诸如算术运算符、关系运算符和谓词(如 IN、LIKE、BETWEEN…END)这样的元素;条件表达式包括一个变量;每个局部变量的前面都有一个@符号;该表达式引用通过 UPDATE 或 INSERT 语句输入的值。在创建规则时,可以使用任何名称或符号表示值。但第一个字符必须是@符号。

【例 10-14】 创建一个 xh_rule 规则,用于限制插入的数据中只包含数字,且长度为 8,第一个为非 0 字符。

解 SQL 语句清单如下:

USE jwgl

GO

CREATE RULE xh_rule

AS

@xh>´10000000´ AND @xh<´99999999´

GO

2. 绑定规则

要使创建好的规则作用到指定的列或表等,还必须将规则绑定到列或用户定义的数据类型上才能够起作用。用户可利用系统存储过程将规则绑定到字段或用户定义的数据类型上。其语法格式如下:

[EXECUTE] sp_bindrule´规则名称´,´表名.字段名´|´自定义数据类型名´

【例 10-15】 将 xh_rule 规则绑定到"学生"表的"学号"字段上,保证该字段输入的是数字数据,且长度为 8。

解 SQL 语句清单如下:

USE jwgl

GO

EXEC sp_bindrule´xh_rule´,´学生.学号´

GO

3. 解绑规则

如果字段已经不再需要规则限制输入了,那么人们必须把已经绑定了的规则去掉,这就是解绑规则。使用存储过程 sp_unbindrule 来完成解绑操作。其语法格式如下：

　　[EXECUTE] sp_unbindrule ´表名.字段名´|´自定义数据类型名´

4. 查看规则

使用系统存储过程 sp_help 可以查看规则的所有者、类型及创建时间，其语法格式如下：

　　[EXEC[UTE]] sp_help ´规则名称´

【例 10-16】 查看"jwgl"数据库 xh_rule 规则信息。

解 SQL 语句清单如下：

USE jwgl

GO

sp_help ´xh_rule´

GO

5. 删除规则

如果规则已经没有用了，那么人们可以将其删除。在删除前应先对规则进行解绑，当规则已经不再作用于任何表或字段时，则可以用 DROP RULE 删除一个或多个规则。其语法格式如下：

　　DROP RULE 规则名称[,…n]

【例 10-17】 从"jwgl"数据库中删除 xh_rule 规则。

解 SQL 语句清单如下：

USE jwgl

GO

EXEC sp_unbindrule ´学生.学号´

GO

DROP RULE xh_rule

GO

10.4　使用默认值

默认值也是一种数据对象，它与默认约束的作用相同，也是当向表中输入数据的时候，没有为列输入值的时候，系统自动给该列赋予一个"默认值"。与默认约束不同的是默认对象的定义独立与表，类似规则，可以通过定义一次，多次应用任意表的任意列，也可以应用于用户定义数据类型。默认值也只能使用 T-SQL 语句来管理。

1. 创建默认值

使用 SQL 语句创建默认对象的语法格式如下：

　　CREATE DEFAULT default_name AS default_description

【语法说明】

- default_name 用于指定创建的默认值名称，必须符合 SQL Server 2005 的命名规则。
- default_description 用于指定是常量表达式，可以包含常量、内置函数或数学表达式。

【例 10-18】 在"jwgl"数据库中创建一个 df_zhicheng 默认，使用默认值为"讲师"。

解 SQL 语句清单如下：

```
USE jwgl
GO
CREATE DEFAULT df_zhicheng
AS ´讲师´
GO
```

2. 捆绑默认值

默认值对象创建后，必须将其绑定到表的字段或用户自定义数据类型上才能使它产生作用。捆绑默认值使用系统存储过程 sp_bindefault 来完成，其语法格式如下：

```
[EXEC[UTE]] sp_bindefault ´默认名称´,´表名.字段名´|´自定义数据类型´
```

【例 10-19】 在"jwgl"数据库中将默认"df_zhicheng"绑定到"教师"表中的"职称"字段上。

解 SQL 语句清单如下：

```
USE jwgl
GO
EXEC sp_bindefault ´df_zhicheng´,´教师.职称´
GO
```

3. 解绑默认值

类似于规则，对于不需要再利用默认的列，人们可以利用系统存储过程对其解除。语法格式如下：

```
[EXEC[UTE]] sp_unbindefault´表名.字段名´|´自定义数据类型´
```

4. 查看默认值

在 SQL Server 2005 中使用系统提供的存储过程 sp_help 查看默认值信息，其语法格式如下：

```
[EXEC[UTE]] sp_help ´默认名称´
```

5. 删除默认值

当默认值不再有存在的必要时，人们可以将其删除。在删除前，人们必须先对默认值解绑，然后使用 DROP 语句删除默认值。其语法格式如下：

```
DROP DEFAULT default_name [,…n]
```

【例 10-20】 在"jwgl"数据库中删除 df_zhicheng 默认值。

解 SQL 语句清单如下：

```
USE jwgl
GO
EXEC sp_unbindefault ´教师.职称´
GO
DROP DEFAULT df_zhicheng
GO
```

226

本 章 小 结

数据完整性是数据库完整性的重要保证,约束、默认值和规则的创建和使用可以有效地保证数据的完整性,也可以与其他约束结合使用。

SQL Server 中的数据完整性是通过在数据库端使用约束、规则和默认值来管理输入与输出系统的信息,而不是由应用程序本身来控制,这使得数据独立。

本章主要讲述了数据完整性的基本概念及约束、规则和默认值 3 种实施数据完整性的方法,读者应掌握这 3 种数据库对象的创建、绑定、解除和删除。

习 题

一、选择题

1. 下列 SQL 语句中,能够实现实体完整性控制的语句是_____。

A. FOREIGN KEY
B. PRIMARY KEY
C. REFERENCES
D. FOREIGN KEY 和 REFERENCES

2. 下列 SQL 语句中,能够实现参照完整性控制的语句是_____。

A. FOREIGN KEY
B. PRIMARY KEY
C. REFERENCES
D. FOREIGN KEY 和 REFERENCES

3. 解除绑定默认对象的语句为_____。

A. sp_bindefault　　B. sp_unbindefault　　C. sp_bindrule　　　D. sp_unbindrule

4. 使用 SQL 的 ALTER TABLE 语句修改基本表时,如果要删除其中的某个完整性约束条件,应在语句中使用_____短语。

A. MODIFY　　　　B. DROP　　　　C. ADD　　　　D. DELETE

二、填空题

1. 完整性约束条件所用的对象有_____、_____和_____ 3 种。

2. 完整性约束条件分为 _____、_____、_____、_____、_____和_____。

3. 指定默认值的方法有_____和_____。

4. 完整性控制机制有_____、_____和_____三方面的功能。

第11章 存储过程与触发器

 本章将学习以下内容

- 存储过程的概念及分类;
- 存储过程的创建、修改及执行;
- 触发器的特点;
- 触发器的创建、修改及使用。

在大型数据库系统开发过程中,存储过程和触发器具有很重要的作用。存储过程是由一组预先编辑好的并经过编译的 SQL 语句组成,它被赋予一个名字而放在服务器上,用户通过其名字调用来执行它。触发器是一种特殊类型的存储过程,它不是由用户直接调用,而是当用户对数据操作(包含数据的 INSERT、UPDATE 和 DELETE 操作)时自动执行。

本章主要介绍存储过程和触发器的基本概念及其创建、修改和使用等操作方法。

11.1 使用存储过程

存储过程是数据库对象之一。在 SQL Server 中,人们可以将经常用到的一段程序(子程序)放在数据库中,这样的子程序称为存储过程。

11.1.1 存储过程使用实例

【例 11-1】 查询某人指定课程的成绩。

【实例分析】 在教务管理信息系统中经常会遇到这样一个问题:输入某位同学的姓名和所学课程,就可以得到其成绩。对于此类问题,可以将其查询语句写成一个子程序放在服务器上,当需要时调用即可。

解 SQL 语句清单如下:

USE jwgl

/ ＊检查是否已存在同名的存储过程,若有,则删除 ＊/

IF EXISTS(SELECT name FROM sysobjects

　　　　WHERE name =´stu_inf´ AND TYPE =´P´)

　　DROP PROCEDURE stu_inf

```
GO
/*创建存储过程*/
CREATE PROCEDURE stu_inf
 @name char(8),@cname char(20)
AS
SELECT a.学号,姓名,成绩
   FROM 学生 a INNER JOIN 成绩 b
     ON a.学号 = b.学号 INNER JOIN 课程 c
     ON b.课程号 = c.课程号
     WHERE a.姓名 = @name AND c.课程名 = @cname
GO
```
执行结果如图 11-1 所示。

【例 11-2】 使用上面所建的存储过程查询"宗磊"同学所学"PowerBuilder 程序设计"课程的成绩。

解 SQL 程序清单如下：

```
USE jwgl
   EXEC stu_inf '宗磊','PowerBuilder 程序设计'
GO
```
执行结果如图 11-2 所示。

图 11-1 例 11-1 的执行结果　　　　　图 11-2 例 11-2 的执行结果

11.1.2 存储过程概述

1. 存储过程的基本概念

存储过程(Stored Procedure)是 SQL Server 服务器上一组预先定义且编译好的 T-SQL 语句,它以一个名字存储在数据库中,可以作为一个独立的数据库对象,也可以作为一个单元。用户需要时,可直接调用它。由于存储过程的执行是在服务器上进行的,因此速度较快,而且提高了网络性能。

2. 存储过程的类型

SQL Server 提供了 3 种类型的存储过程:系统存储过程、用户自定义存储过程和扩展存储过程。在不同情况下根据需要执行不同的存储过程。如图 11-3 所示。

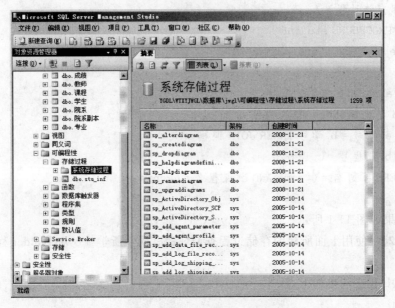

图 11-3　系统数据库中的存储过程

（1）系统存储过程

系统存储过程是由系统提供的存储过程，它定义在系统数据库 master 中，以 sp_为前缀，主要用来从系统表中获取信息，为系统管理员管理 SQL Server 提供帮助，为用户查看数据库和用户信息提供方便，可以作为命令执行各种操作。例如使用 sp_help 存储过程可查看数据库对象信息。

（2）用户自定义存储过程

用户自定义存储过程是指用户根据自身需要，为完成某一特定功能，在自己的普通数据库中创建的存储过程。它包括本地存储过程、临时存储过程和远程存储过程。

① 本地存储过程

本地存储过程是指用户根据自己的需要，在用户数据库中创建的存储过程。

② 临时存储过程

临时存储过程属于本地存储过程，通常分为局部临时存储过程和全局临时存储过程。如果创建的存储过程其名称是以"♯"作为第一个字符，则称为局部临时存储过程。

③ 远程存储过程

远程存储过程是指从远程服务器上调用的存储过程。

（3）扩展存储过程

在 SQL Server 环境之外执行的动态链接称为扩展存储过程，其前缀是 xp_。使用时需要先加载到 SQL Server 系统中，并且按照使用存储过程的方法执行。只有系统数据库才有扩展存储过程，它是比存储过程更为"低级"的工具。扩展存储过程就像 DLL 链接库一样，可以"扩展"SQL Server 的功能。

3. 存储过程的优点

存储过程有以下优点。

（1）存储过程可以嵌套使用，支持代码重用。

（2）存储过程可以接受与使用参数动态执行其中的 SQL 语句。

（3）存储过程由于在创建时已经过编译，每次运行时不必重新编译，因此比一般的 SQL 语句执行速度快。

（4）存储过程具有安全特性和所有权链接，以及可以附加给它们的证书。

（5）存储过程允许模块化程序设计。

（6）存储过程可以减少网络通信流量。

（7）存储过程可以强制应用程序的安全性。

4. 建立存储过程注意事项

几乎任何可以写批处理的 T-SQL 代码都可以用于创建存储过程，但要注意以下规则。

（1）名字必须符合 SQL Server 命名规则。

（2）创建存储过程中引用的对象必须在创建前就存在。

（3）存储过程最多只能有 255 个参数。

（4）存 储 过 程 不 能 有 CREATE DEFAULT、CREATE PROCEDURE、CREATE RULE、CREATE TRIGGER 和 CREATE VIEW5 个 SQL 创建语句。

（5）若在存储过程中使用了 SELECT ∗，底层表又加入了新的列，新的列在存储过程运行时将无法显示。

（6）创建存储过程的文本不能超过 64 KB。

（7）创建存储过程只能在当前数据库中创建。

11.1.3　用户存储过程的创建及执行

用户存储过程只能定义在当前数据库中。默认情况下，用户创建的存储过程归数据库所有者拥有，数据库的所有者可以把许可授权给其他用户。

在 SQL Server 中创建存储过程有两种方法，一种是使用 SQL Server Management Studio 管理器创建存储过程，另一种是使用 CREATE PROCEDURE 语句创建存储过程，下面分别介绍这两种方法。

1. 用 T-SQL 语句创建存储过程

T-SQL 语句中用 CREATE PROCEDURE 命令创建存储过程，其语法格式如下：

```
CREATE PROC[EDURE][owner. ]procedure_name[;number]
[{@parameter data_type}
    [VARYING][ = default][OUTPUT]
][,…n]
[WITH {RECOMPILE|ENCRYPTION|RECOMPILE,ENCRYPTION}]
[FOR REPLICATION]
AS sql_statement[…n]
```

【**语法说明**】

- procedure_name 用于指定新建存储过程的名称，其名称必须符合标识符命名规则，且对于数据库及其所有者唯一。

- number 用于对同名的过程进行分组，便于使用一条 DROP PROCEDURE 语句即可将同组的过程一起删除它为一整数。

- parameter 用于指定存储过程中用到的输入或输出参数。
- data_type 用于指定参数的数据类型。
- VARYING 用于指定作为输出参数支持的结果集（由存储过程动态构造，内容可以变化），该选项仅用于游标参数。
- default 用于指定参数的默认值，只能是常量或 NULL，如果定义了默认值，则不必指定该参数的值即可执行过程。
- OUTPUT 为一返回参数，其作用是把信息返回给调用过程。
- WITH RECOMPILE 表示该过程在运行时将被重新编译。
- WITH ENCRYPTION 表示 SQL Server 对"syscomments"表中包含 CREATE PROCE-DURE 语句文本的条目进行加密。ENCRYPTION 可防止将过程作为 SQL Server 复制的一部分发布，防止用户使用系统存储过程读取存储过程的定义文本。
- FOR REPLICATION 用于指定存储过程筛选，只能在复制过程中进行，该选项不能与 WITH RECOMPILE 选项同时使用。
- AS 用于指定过程执行的操作。
- sql_statement 用于指定存储过程中要包含的任意条目和类型的 T-SQL 语句。

成功创建存储过程后，存储过程名保存在系统表"sysobjects"中，程序文本保存在系统表"syscomments"中。当存储过程第一次被调用时，系统会自动做优化处理并且生成目标代码。

创建存储过程时，需要确定存储过程的 3 个组成部分。
- 所有输入参数以及传给调用者的输出参数。
- 被执行的针对数据库的操作语句，包括调用其他存储过程的语句。
- 返回给调用者的状态值，以指明调用是成功还是失败。

2. 使用 SQL Server Management Studio 创建存储过程

【例 11-3】 假设在"jwgl"数据库中建立一个名为"jwgl_sele"的存储过程，用于检索各院系的班级（包括院系名称、专业名称及班级名称）。

【实现步骤】

（1）启动 SQL Server Management Studio，并连接到 SQL Server 2005 中的"jwgl"数据库。在"对象资源管理器"窗格中展开"数据库"节点。

（2）依次展开"jwgl"→"可编程性"→"存储过程"，右击"存储过程"，在弹出的快捷菜单中选择"新建存储过程"命令，弹出如图 11-4 所示的窗口。

（3）在其右窗格中编辑存储过程内容，在相应的地方输入如下 T-SQL 语句：

```
/*检查是否已存在同名的存储过程，若有，则删除*/
IF EXISTS(SELECT name FROM sysobjects
    WHERE name = ´jwgl_sele´ AND type = ´P´)
    DROP PROCEDURE jwgl_sele
GO
--创建存储过程
CREATE PROCEDURE jwgl_sele
AS
```

```
BEGIN
--SET NOCOUNT ON added to prevent extra result sets from
--interfering with SELECT statements.
SELECT 院系名称,专业名称,班级名
    FROM 院系 a INNER JOIN 专业 b
    ON a.院系代码 = b.院系代码 INNER JOIN 班级 c
    ON b.专业代码 = c.专业代码
SET NOCOUNT ON;
END
GO
```

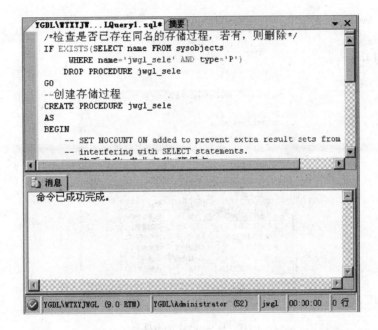

图 11-4　使用 SQL Server Management Studio 创建存储过程

3. 存储过程的执行

通过 EXECUTE 命令可以执行一个已定义的存储过程。EXECUTE 命令的语法格式如下：

```
[EXEC[UTE]]
[[@return_status = ]
{procedure_name[;number]|@procedure_name_var}
[[@parameter = ]{value|@variable[OUTPUT]|[DEFAULT]}
[,…n]
[WITH RECOMPILE]}
```

【语法说明】

- @return_status 为一可选的整型变量,用于保存存储过程的返回状态。必须先定义。
- procedure_name 和 number 用于调用已定义的一组存储过程中的某一个。procedure_name 用于指定存储过程名；number 用于指定组中的存储过程。

233

- @procedure_name_var 用于指定存储过程名。
- @parameter 为 CREATE PROCEDURE 语句中定义的参数名。
- value 用于指定存储过程的参数。
- @variable 用于指定存储过程中的变量,用于保存 OUTPUT 参数返回值。
- DEFAULT 不提供实参而使用对应的默认值。
- WITH RECOMPILE 用于指定强制编译。

【例 11-4】 执行存储过程 jwgl_sele。

解 SQL 语句清单如下:

USE jwgl

GO

EXECUTE jwgl_sele

GO

执行结果如图 11-5 所示。

图 11-5　执行存储过程

11.1.4　用户存储过程的修改与删除

1. 用户存储过程的修改

在 SQL Server 2005 中使用 ALTER PROCEDURE 命令可以修改已存在的存储过程。
其语法格式如下:

ALTER PROC[EDURE]procedure_name[;number]

[{@paramter data_type}

[VARYING][0 = default][OUTPUT]]

[,…n1]

[WITH {RECOMPILE|ENCRYPTION|RECOMPILE,ENCRYPTION}]

[FOR REPLICATION]

AS

Sql_statement[,…n2]

234

【语法说明】

- 各参数含义与 CREATE PROCEDURE 相同。
- 如果原来的过程定义是用 WITH ENCRYPTION 或 WITH RECOMPILE 创建的，那么只有在 ALTER PROCEDURE 中也包含这些选项时，这些选项才有效。
- ALTER PROCEDURE 权限默认授予 sysadmin 固定服务器角色成员、db_owner 和 db_ddladmin 固定数据库角色成员和过程的所有者且不可转让。
- 用 ALTER PROCEDURE 更改后，过程的权限和启动属性保持不变。

2. 用户存储过程的删除

当存储过程不再使用时，可以把它从数据库中删除。使用 DROP PROCEDURE 语句可永久地删除存储过程。若存储过程有依赖关系，必须先删除依赖关系，然后才能删除存储过程。DROP PROCEDURE 语句的语法格式如下：

```
DROP PROCEDURE {procedure_name}[,…n]
```

【语法说明】

- procedure_name 指要删除的存储过程或存储过程组名称。
- n 表示可以指定多个存储过程可同时删除。
- 将 DROP PROCEDURE 权限授予过程所有者，该权限不可转让。
- db_owner 和 db_ddladmin 固定数据库角色成员和 sysadmin 固定服务器角色成员可以通过在 DROP PROCEDURE 内指定所有者删除任何对象。

用户也可以在 SQL Server Management Studio 管理平台中删除存储过程。其方法是在 SQL Server Management Studio 管理平台的左窗格中选择对应的数据库和存储过程，然后单击"删除"按钮，或者单击要删除的存储过程，在弹出的快捷菜单中选择"删除"选项，根据提示删除该存储过程。

11.1.5 查看存储过程

SQL Server 2005 中创建好的存储过程，其名称保存在系统表"sysobjects"中，源代码保存在"syscomments"表中，通过 ID 字段实现两表关联。查看存储过程的相关信息，有 3 种方式：(1)使用存储过程；(2)直接使用系统表；(3)使用 SQL Server Management Studio。

1. 使用存储过程查看存储信息

SQL Server 2005 中提供了系统存储过程用于查看用户建立的存储过程相关信息。下面是几个常用的系统存储过程。

(1) sp_help

sp_help 存储过程可用于查看存储过程的一般信息，包括存储过程的名称、所有者、类型和创建时间，其语法格式如下：

```
sp_help 存储过程名
```

(2) sp_helptext

sp_helptext 存储过程用于查看存储过程的定义信息，其语法格式如下：

```
sp_helptext 存储过程名
```

（3）sp_depends

sp_depends 存储过程用于查看存储过程的相关性，其语法格式如下：

sp_depends 存储过程名

【例 11-5】 在"jwgl"数据库中使用系统存储过程查看存储过程 jwgl_sele 的信息。

解 SQL 语句清单如下：

```
USE jwgl

GO

EXECUTE sp_help jwgl_sele

EXECUTE sp_helptext jwgl_sele

EXECUTE sp_depends jwgl_sele

GO
```

执行结果如图 11-6 所示。

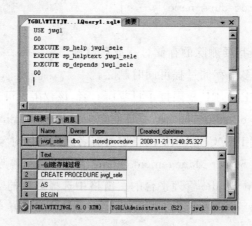

图 11-6 使用系统存储过程查看存储过程信息

2. 使用系统表查看存储过程信息

【例 11-6】 在"jwgl"数据库中使用系统表查看名为 jwgl_sele 的存储过程的定义信息。

解 SQL 语句清单如下：

```
USE jwgl

GO

SELECT TEXT FROM SYSCOMMENTS

WHERE ID IN (SELECT ID FROM SYSOBJECTS

        WHERE NAME = ´JWGL_SELE´ AND TYPE = ´P´)

GO
```

3. 使用 SQL Server Management Studio 查看存储过程信息

【实现步骤】

（1）启动 SQL Server Management Studio，并连接到 SQL Server 2005 中的"jwgl"数据库。在"对象资源管理器"窗格中依次展开"数据库"→"jwgl"→"可编程性"→"存储过程"节点。

（2）右击要查看的存储过程，在弹出的快捷菜单中选择"属性"命令，打开"存储过程属性"窗口,如图 11-7 所示。

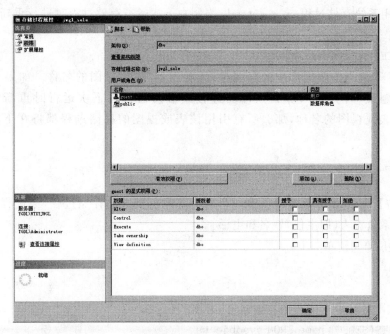

图 11-7 "存储过程属性"窗口的"权限"界面

(3) 用户可在"选择页"中选择"常规"、"权限"和"扩展属性"选项进行相应的操作。

11.1.6 存储过程的重新编译

存储过程第一次执行后,其被编译的代码将驻留在高速缓存中,当用户再次执行该存储过程时,SQL Server 将其从缓冲中调出执行。由于某种原因,表中的数据结构发生了变化(如表添加了新列或删除了列),若再调用存储过程,就需对它进行重新编译,使其能够得到优化。SQL Server 2005 提供了 3 种重新编译存储过程的方法。

1. 在创建存储过程时设定重新编译

创建存储过程时,在其定义中使用 WITH RECOMPILE 选项,使 SQL Server 在每次执行存储过程时都要重新编译。其语法格式如下:

CREATE RECOMPILE procedure_name

WITH RECOMPILE

AS sql_statement

当存储过程的参数值在各次执行间都有较大差异,导致每次均需要创建不同的执行计划时,可使用 WITH RECOMPILE 选项。

2. 在执行存储过程时设定重新编译

在执行存储过程时使用 WITH RECOMPILE 选项,可强制对存储过程进行重新编译。其语法格式如下:

EXEC[UTE] procedure_name WITH RECOMPILE

仅当所提供的参数不典型,或者自创建该存储过程后,数据发生显著更改时才应使用此选项。

237

3. 通过使用系统存储过程设定重新编译

可以使用系统存储过程 sp_recompile 强制在下次运行存储过程时进行重新编译。其语法格式如下：

ECEC[UTE] sp_recompile OBJECT

其中，OBJECT 是当前数据库中的存储过程、触发器、表或视图的名称。如果 OBJECT 是存储过程或触发器的名称，那么该存储过程或触发器将在下次运行时重新编译。如果 OBJECT 是表或视图的名称，那么所有引用该表或视图的存储过程都将在下次运行时重新编译。

11.1.7 存储过程的应用举例

【例 11-7】 在"jwgl"数据中创建一个名为部门负责人的存储过程，该过程用来查询电子信息工程系负责人（即主任）姓名和电话。

解 SQL 语句清单如下：

```
USE jwgl
GO
/*检查是否已存在同名的存储过程，若有，则删除*/
IF EXISTS(SELECT name FROM sysobjects
    WHERE name = ´部门负责人´ AND type = ´P´)
    DROP PROCEDURE 部门负责人
GO
--创建一个查询存储过程
CREATE PROCEDURE 部门负责人
WITH ENCRYPTION AS
SELECT 负责人,电话 FROM 院系
WHERE 院系名称 = ´电子信息工程系´
GO
--执行存储过程--部门负责人
EXEC 部门负责人
GO
```

【例 11-8】 在"jwgl"数据中创建一个名为成绩查询的存储过程，当用户输入一个学生姓名时，它可以查询该学生所选修课程名称及成绩。

解 SQL 语句清单如下：

```
USE jwgl
GO
/*检查是否已存在同名的存储过程，若有，则删除*/
IF EXISTS(SELECT name FROM sysobjects
    WHERE name = ´成绩查询´ AND type = ´P´)
    DROP PROCEDURE 成绩查询
GO
```

```
--创建一个查询存储过程
CREATE PROCEDURE 成绩查询
@xname char(10)      --定义输入变量参数
--查询选项
WITH ENCRYPTION
AS
SELECT 课程名,成绩 FROM 课程 AS A1
JOIN 成绩 AS A2
ON A1.课程号 = A2.课程号
JOIN 学生 AS A3
ON A2.学号 = A3.学号
WHERE A3.姓名 = @xname
GO
--执行存储过程,并向存储过程传递参数
DECLARE @姓名 CHAR(10)
SET @姓名 = ´宗磊´
EXEC 成绩查询 @姓名
GO
```

【例 11-9】 在"jwgl"数据中创建一个名为成绩统计,当任意输入一个存在的课程名时,该存储过程将统计出该门课程的平均成绩,最高成绩和最低成绩者的姓名。

解 SQL 语句清单如下:

```
USE jwgl
GO
/*检查是否已存在同名的存储过程,若有,则删除*/
IF EXISTS(SELECT name FROM sysobjects
     WHERE name = ´成绩统计´ AND type = ´P´)
     DROP PROCEDURE 成绩统计
GO
--创建一个查询存储过程
CREATE PROCEDURE 成绩统计
@kcmc varchar(20),
@avagrade tinyint OUTPUT,
@maxgrade tinyint OUTPUT,@mingrade tinyint OUTPUT
--查询选项
AS
SELECT @avagrade = avg(成绩),@maxgrade = max(成绩),@mingrade = min(成绩)
FROM 成绩 WHERE 课程号 IN
(SELECT 课程号 FROM 课程 WHERE 课程名 = ´PowerBuilder 程序设计´)
GO
```

```
--执行存储过程成绩统计
USE jwgl
GO
DECLARE @kcmc1 varchar(20),@avagrade1 tinyint
DECLARE @maxgrade1 tinyint,@mingrade1 tinyint
--为输入参数赋值
SET @kcmc1 =´PowerBuilder 程序设计基础´
--执行存储过程
EXEC 成绩统计@kcmc1,@avagrade1 OUTPUT,@maxgrade1 OUTPUT,@mingrade1 OUTPUT
--显示结果
SELECT @kcmc1 AS 课程名称,@avagrade1 AS 平均成绩,@maxgrade1 AS 最高成绩,@
mingrade1 AS 最低成绩
GO
```

11.2　系统存储过程与扩展存储过程

在 SQL Server 中有两类重要的存储过程,即系统存储过程和扩展存储过程。它们为用户管理数据库、获取系统信息、查看系统对象提供了很大的帮助。下面对它们作简单介绍。

1. 系统存储过程

SQL Server 提供了 200 多个系统存储过程,方便用户使用它们管理 SQL Server 的数据库。系统存储过程是在安装 SQL Server 时就被系统安装在 master 数据库中,并且初始化状态只有系统管理员拥有使用权。所有的系统存储过程名称都是以 sp_开头。

若系统在执行以 sp_开头的存储过程时,SQL Server 首先在当前数据库中寻找,如果没有找到,则再到 master 数据库中查找并执行。尽管系统存储过程存储在 master 数据库中,但绝大部分的系统存储过程可以在任何数据库中执行,而且在使用时不用在名称前加数据库名。当系统存储过程的参数是保留字或对象名时,在使用存储过程时,作为参数的"对象名或保留字"必须用单引号括起来。

【例 11-10】　使用 sp_monitor 显示 CPU、I/O 的使用信息。

解　SQL 语句清单如下:

```
USE master
GO
EXEC sp_monitor
GO
```

2. 扩展存储过程

扩展存储过程是允许用户使用一种编程语言(如 C++语言)创建的应用程序,程序中使用 SQL Server 开放数据服务的 API 函数,它们直接可以在 SQL Server 地址空间中运行。用户可以像使用普通的存储过程一样使用它,同样也可以将参数传给它并返回结果和状态值。

扩展存储过程编写好后,可以由系统管理员在 SQL Server 中注册登记,然后将其执行权限授予其他用户。扩展存储过程只能存储在 master 数据库中。下面给出一个扩展存储过程使用的例子,更多扩展存储过程的使用,请参阅 SQL Server 的联机帮助。

【例 11-11】 使用扩展存储过程 xp_dirtree 返回本地操作系统的系统目录"C:\windows"的目录树。

解 SQL 语句清单如下:

```
USE master
GO
EXEC xp_dirtree ´c:\windows´
GO
```

执行结果返回 c:\windows 目录树。

11.3 使用触发器

触发器是另一类型的存储过程。与存储过程类似,它也是由 T-SQL 语句组成,可以实现一定的功能;不同的是,触发器的执行不能通过名称调用来完成,而是当用户对数据库发生事件(如添加、删除、修改数据)时,将会自动触发与该事件相关的触发器,使其自动执行。触发器不允许带参数,它的定义与表紧密相连,触发器可以作为表的一部分。

11.3.1 触发器分类

在 SQL Server 2005 中,触发器可分为两类,分别是 DML 触发器和 DDL 触发器。

1. DML 触发器

DML 触发器是对表或视图进行了 INSERT、UPDATE 和 DELETE 操作而被激活的触发器,该类触发器有助于在表或视图中修改数据时强制业务规则、扩展数据完整性。

根据触发器被激活的时机,DML 触发器分为两种类型,即 AFTER 触发器和 INSTEAD OF 触发器。

根据引起触发器自动执行的操作不同,DML 触发器分为 3 种类型:INSERT、UPDATE 和 DELETE 触发器。

DML 触发器包含复杂的处理逻辑,能够实现复杂的数据完整性约束。同其他约束相比,它有以下几个优点。

- 触发器自动执行。系统内部机制可以侦测用户在数据库中的操作,并自动激活相应的触发器执行,实现相应的功能。
- 触发器能够对数据库中的相关表实现级联操作。触发器是基于一个表创建的,但可以针对多个表进行操作,实现数据库中相关表的级联操作。
- 触发器可以实现比检查约束更为复杂的数据完整性约束。在数据库中为了实现数据完整性约束,可以使用检查约束或触发器。检查约束不允许引用其他表中的列来完成检查工作,而触发器可以引用其他表中的列。
- 触发器可以评估数据修改前后表的状态,并根据其差异采取对策。

241

- 一个表中可以同时存在 3 种不同操作的触发器(INSERT、UPDATE 和 DELETE)，对于同一个修改语句可以有多个不同的对策以响应。

2. DDL 触发器

像 DML 触发器一样，DDL 触发器将激发存储过程以响应事件。但与 DML 触发器不同的是，它们不会被影响针对表或视图的 UPDATE、INSERT 或 DELETE 语句激发，相反，它们会被响应多种数据定义(DDL)语句激发。这些语句主要是以 CREATE、ALTER 和 DROP 开头的语句。DDL 触发器可用于管理任务，如审核和控制数据库操作。执行以下操作时，可以使用 DDL 触发器:

- 要记录数据库架构中的更改或事件;
- 防止用户对数据库架构进行某些修改;
- 希望数据库中对数据库架构的更改做出某种响应。

DDL 触发器和 DML 触发器不仅可以使用相似的 SQL 语法进行创建、修改和删除，而且它们还具有其他相似的行为。

11.3.2　触发器的功能

1. 触发器的功能

触发器是一种特殊类型的存储过程，与表格紧密相连。触发器可以使用 T-SQL 语句进行复杂的逻辑处理，它基于表创建，但是也可以对多个表进行操作，因此常常用于复杂的业务规则。触发器的一般功能如下。

(1) 级联修改数据库中相关的表。

(2) 执行比检查约束更为复杂的约束操作。在触发器中可以书写更加复杂的 T-SQL 语句，如可以引用多个表。

(3) 拒绝或回绝违反引用完整性的操作。检查对数据表的操作是否违反引用完整性，并选择相应的操作。

(4) 比较表修改前后数据之间的差别，并根据差别采取相应的操作。例如，如果修改数据的一些规定，使用触发器可以将修改后的表数据和修改前的表数据进行比较，如果超出规定的限制，可以回绝该修改操作。

2. 使用触发器的好处

在数据库管理过程中使用触发器可以带来如下好处。

(1) 触发器可以自动激活在相对应的数据表中的数据。

(2) 触发器可以通过数据库中的相关数据表进行层叠更改。

(3) 触发器可以强制实施某种限制，这些限制可以比用检查约束定义的限制更加复杂。而且比使用检查约束更为方便的是，触发器可以引用其他数据表中的列。

3. 创建触发器的规则和限制

与使用其他任何数据对象一样，在创建触发器之前，需要考虑一些问题。在创建和使用触发器时，需要遵循以下规则。

(1) CREATE TRIGGER 语句必须是批处理中的第一个语句，且该批处理中随后出现的其他所有语句都将被解释为 CREATE TRIGGER 语句定义的一部分。

(2) 每一个触发器都是一个数据对象，因此其名称必须遵循标识符的命名规则。

（3）在默认情况下,创建触发器的权限将分配给数据表的所有者,且不可以将该权限转给其他用户。

（4）虽然触发器可以引用当前数据库以外的对象,但只能在当前数据库中创建触发器。

（5）虽然不能在临时数据表上创建触发器,但是触发器可以引用临时数据表。

（6）既不能在系统数据表创建触发器,也不可以引用系统数据表。

（7）在包含使用 DELETE 或 UPDATE 操作所定义的外键的表中,不能定义 INSTEAD OF 和 INSTEAD OF UPDATE 触发器。

（8）虽然 TRUNCATE TABLE 语句类似于不包含 WHERE 子句的 DELETE 语句,但它并不会引发 DELETE 触发器。

（9）WRITETEXT 语句不会引发 INSERT 或 UPDATE 触发器。

（10）下面的语句不可以用于创建触发器:ALTER DATABASE、CREATE DATA-BASE、DISK INIT、DISK RESIZE、DROP DATABASE、LOAD DATABASE、LOAD LOG、RECONFIGURE、RESTORE DATABASE、RESTORE LOG。

11.3.3　创建触发器

创建触发器有两种方式,一种是利用 T-SQL 语句创建,另一种是使用 SQL Server Management Studio 管理平台创建。下面分别介绍这两种方法。

1. 利用 T-SQL 语句创建触发器

利用 T-SQL 语句创建触发器的语法格式如下:

```
CREATE TRIGGER trigger_name
ON {table_view}
  [WITH ENCRYPTION]
{
{{FOR|AFTER|INSTEAD OF}{[INSERT][,][UPDATE][,][DELETE]}}
[WITH APPEND]
  [NOT FOR REPLICATION]
AS
[{IF UPDATE(column)
[{AND|OR}UPDATE(column)]
  [,…n]
|IF(COLUMNS_UPDATED(){bitwise_operator}updated_bitmask)
  {comparision_operator}column_bitmask[,…n]
}]
sql_statement[…n]
}
}
```

【语法说明】

• trigger_name 用于指定触发器的名称,其命名必须符合标识符的命名规则,并且在当前数据库中唯一。
- table_view 用于指被定义触发器的表或视图。
- WITH ENCRYPTION 用于对 CREATE TRIGGER 语句文本进行加密。
- AFTER 是默认的触发器类型。此类型触发器不能在视图上定义。
- INSTEAD OF 表示建立替代类型的触发器，表明执行的是触发器而不是 SQL 语句。
- DELETE 指明创建的是 DELETE 触发器，当使用 DELETE 语句从表中删除一行时该触发器被激发。
- INSERT 指明创建的是 INSERT 触发器，当使用 INSERT 语句向表中插入一行记录时该触发器被激发。
- UPDATE 指明创建的是 UPDATE 触发器，当使用 UPDATE 语句更改表中由 OF 指定的列值时该触发器被激发。如果省略 OF 子句，则表中任何列值被修改时都将激发该触发器。
- WITH APPEND 用于指定应该添加现有类型的其他触发器。WITH APPEND 不能与 INSTEAD OF 触发器一起使用。如果显示声明 AFTER 触发器，也不能使用该子句。
- NOT FOR REPLICATION 表示当复制进程更改触发器所涉及的表时，不应执行该触发器。
- AS 用于指定触发器要执行的操作。
- IF UPDATE 用于指定对表中字段进行添加或修改内容时起作用，不能用于删除操作。
- sql_statement 用于定义触发器被触发后，将执行的 SQL 语句。

值得注意的是，CREATE TRIGGER 必须是批处理中的第一条语句，并且只能应用到一个表中。触发器只能在当前的数据库中创建，不过触发器可以引用当前数据库的外部对象。

【例 11-12】 在"jwgl"数据库"院系"表中创建一个触发器"cf"，当向该表中插入一行数据时，若院系名称存在，则显示消息"要插入的院系名存在，不能插入"，否则插入该行数据，并显示"插入成功"。

解 SQL 语句清单如下：

```
USE jwgl
GO
/*检查是否已存在同名的触发器,若存在,则删除*/
IF EXISTS(SELECT name FROM sysobjects
    WHERE name = ´cf´ AND type = ´TR´)
    DROP PROCEDURE cf
GO
--创建一个触发器
CREATE TRIGGER cf ON 院系
FOR INSERT
```

```
AS
DECLARE @yuanximincheng char(16)
SELECT @yuanximincheng = 院系名称 FROM Inserted
IF EXISTS(SELECT * FROM 院系 WHERE 院系名称 = @yuanximincheng)
BEGIN
PRINT '要插入的院系名存在,不能插入'
ROLLBACK TRANSACTION
END
ELSE
PRINT '插入成功'
GO
```

2. 使用 SQL Server Management Studio 管理平台创建触发器

使用 SQL Server Management Studio 管理平台创建触发器的步骤如下：

（1）启动 SQL Server Management Studio,并连接到 SQL Server 2005 中的"jwgl"数据库。在"对象资源管理器"窗格中依次展开"数据库"→"jwgl"→"表"节点。

（2）在"表"节点中展开需要建立触发器的表（如院系），右击触发器,在弹出的快捷菜单中选择"新建触发器"命令,打开"创建触发器模板"窗口。

（3）在模板中输入触发器创建文本。

（4）单击工具栏上的"执行"按钮图标 ! 执行(X),完成触发器的创建。

11.3.4 修改与查看触发器

1. 触发器的修改

触发器的修改有如下两种方法。

（1）利用 T-SQL 语句修改触发器

利用 T-SQL 语句修改触发器的语法格式如下：

```
ALTER TRIGGER trigger_name
ON(tableview)
  [WITH ENCRYPTION]
{
{(FOR|AFTER|INSTEAD OF){[DELETE][,][UPDATE][,][INSERT]}
  [NOT FOR REPLICATION]
AS
  Sql_statement[…n]
}
|{(FOR|AFTER|INSTEAD OF){[INSERT][,][UPDATE]}
  [NOT FOR REPLICATION]
AS
{IF UPDATE(column)
```

```
[{
IF(COLUMNS_UPDATED(){bitwise_operator}updated_bitmask)
  {comparision_operator}column_bitmask[,…n]
}]
Sql_statement[…n]
}
```

【语法说明】

- trigger_name 用于指定要修改的触发器名,该触发器名应存在。
- 如果原来的触发器是用 WITH ENCRYPTION 或 RECOMPILE 创建的,那么只有在 ALTER TRIGGER 中也包含这些选项时,这些选项才有效。
- 其他参数含义与创建触发器命令部分。

(2) 利用 SQL Server Management Studio 管理平台修改触发器

使用 SQL Server Management Studio 管理平台创建触发器的步骤如下:

① 启动 SQL Server Management Studio,并连接到 SQL Server 2005 中的"jwgl"数据库。在"对象资源管理器"窗格中依次展开"数据库"→"jwgl"→"表"节点。

② 展开要修改触发器的表(如院系)节点下的"触发器"节点,右击需要修改的触发器名(如 cf),在弹出的快捷菜单中选择"修改"命令。

③ 根据需要,修改触发器。

④ 单击工具栏上的"执行"按钮图标 ! 执行(X),完成触发器的修改。

(3) 使用系统存储过程更改触发器名称

对触发器进行更名,可以使用系统存储过程 sp_rename 来完成,其语法格式如下:

[EXEC[UTE]] sp_rename 原触发器名,新触发器名

2. 查看触发器

SQL Server 2005 中创建好的触发器,其名称保存在系统表"sysobjects"中,源代码保存在"syscomments"表中,要查看触发器的相关信息,既可以使用 SQL Server Management Studio,也可以使用系统存储过程。

(1) 使用 SQL Server Management Studio 查看触发器信息

使用 SQL Server Management Studio 查看触发器相关信息的操作步骤如下:

① 启动 SQL Server Management Studio,并连接到 SQL Server 2005 中的"jwgl"数据库。在"对象资源管理器"窗格中依次展开"数据库"→"jwgl"→"表"节点。

② 展开要查看触发器的表(如院系)节点下的"触发器"节点,右击需要查看的触发器名(如 cf),在弹出的快捷菜单中选择"查看依赖关系"命令,打开"对象依赖关系"对话框。

③ 查看完毕后,单击"确定"按钮,关闭"查看依赖关系"对话框。

(2) 使用系统存储过程查看触发器信息

在 SQL Server 2005 中使用 sp_helptrigger 系统存储过程查看触发器信息,其语法格式如下:

[EXEC[UTE]] sp_helptrigger 表名[,[INSRT][,][DELETE][,][UPDATE]]

11.3.5 禁止、启用和删除触发器

当所创建的触发器,如果暂时不用,可以执行禁止操作。当触发器被禁止执行后,对表进行数据操作时,不会激活与数据操作相关的触发器。若需要使触发器生效,可以重新启用它。如果触发器不再使用时,可以将其删除。对于触发器这些操作,既可以使用 T-SQL 语句,也可以在 SQL Server Management Studio 管理平台上完成。

1. 利用 T-SQL 语句禁止、启用和删除触发器

禁止使用触发器的语法格式如下:

DISABLE TRIGGER trigger_name ON table_name

或者

ALTER TABLE table_name DISABLE TRIGGER trigger_name

启用触发器的语法格式如下:

ENABLE TRIGGER trigger_name ON table_name

或者

ALTER TABLE table_name ENABLE TRIGGER trigger_name

删除触发器的语法格式如下:

DROP TRIGGER {trigger_name}[,…n]

【语法说明】

* trigger_name 指要删除的触发器名称,包含触发器所有者名称。
* n 表示可以同时删除多个触发器。

2. 利用 SQL Server Management Studio 禁止、启用和删除触发器

(1)启动 SQL Server Management Studio,并连接到 SQL Server 2005 中的"jwgl"数据库。在"对象资源管理器"窗格中依次展开"数据库"→"jwgl"→"表"(如院系)→"触发器"节点。

(2)在"触发器"节点中,右击需要修改的触发器(如 cf),弹出如图 11-8 所示的快捷菜单,选择相应的命令即可。

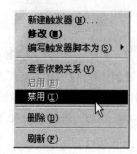

11.3.6 触发器的应用

执行触发器时,系统会创建两个特殊的逻辑表,即 inserted 表和 deleted 表,它们的结构和触发器所在的表的结构相同,SQL Server 2005 自动创建和管理这些表。

图 11-8 触发器快捷菜单

* inserted 逻辑表:当向表中插入数据时,INSERT 触发器触发执行,新的记录插入到触发器表和 inserted 表中。
* deleted 逻辑表:用于保存已从表中删除的记录,当触发一个 DELETE 触发器时,被删除的记录存放到 deleted 逻辑表中。

修改一条记录等于插入一条新记录,同时删除旧记录。当对定义了 UPDATE 触发器的表记录修改时,表中原记录移到 deleted 表中,修改过的记录插入到 inserted 表中。触发器可检查 deleted 表、inserted 表及被修改的表。

1. 创建一个 INSERT 触发器

【**例 11-13**】 在"jwgl"数据库内的专业表中创建一个 INSERT 触发器 insert_zhuanye,若插入的专业不是院系代码为"01",则显示警告信息"插入的院系代码不为 01",数据不插入。

解 SQL 语句清单如下:

```
USE jwgl
GO
/*检查是否已存在同名的触发器,若存在,则删除*/
IF EXISTS(SELECT name FROM sysobjects
    WHERE name = ´insert_zhuanye´ AND type = ´TR´)
    DROP trigger insert_zhuanye
GO
--创建一个触发器
CREATE TRIGGER insert_zhuanye ON 专业
FOR INSERT
AS
IF EXISTS(SELECT INSERTED.专业代码 FROM INSERTED
        WHERE INSERTED.专业名称 NOT IN (
        SELECT 专业名称 FROM 专业
        WHERE 院系代码 = ´01´))
BEGIN
PRINT ´插入的院系代码不为 01´
ROLLBACK TRANSACTION
END
GO
```

2. 创建一个 DELETE 触发器

【**例 11-14**】 在"jwgl"数据库内的课程表上创建一个 DELETE 触发器 delete_data,若有学生选修了的课程不能被删除。

解 SQL 语句清单如下:

```
USE jwgl
GO
/*检查是否已存在同名的触发器,若存在,则删除*/
IF EXISTS(SELECT name FROM sysobjects
    WHERE name = ´delete_data´ AND type = ´TR´)
    DROP trigger delete_data
GO
--创建一个触发器
CREATE TRIGGER delete_data ON 课程
FOR DELETE
AS
```

```
IF NOT EXISTS(SELECT 课程号 FROM deleted
          WHERE deleted.课程号 IN (
          SELECT 课程号 FROM 成绩))
BEGIN
PRINT ´课程有学生选修不能删除´
ROLLBACK TRANSACTION
END
GO
```

3. 创建一个 UPDATE 触发器

【例 11-15】 在"jwgl"数据库内的成绩表上创建一个 UPDATE 触发器 UPDATE_DA-TA,若要更新学生的选课记录,而在课程表中没有该课程的记录则不允许更新操作。

解 SQL 语句清单如下:

```
USE jwgl
GO
/*检查是否已存在同名的触发器,若存在,则删除*/
IF EXISTS(SELECT name FROM sysobjects
     WHERE name = ´update_data´ AND type = ´TR´)
     DROP trigger update_data
GO
--创建一个触发器
CREATE TRIGGER update_data ON 成绩
FOR UPDATE
AS
IF EXISTS(SELECT 课程号 FROM deleted
          WHERE deleted.课程号 IN (
          SELECT 课程号 FROM 课程))
BEGIN
PRINT ´没有该课程的记录´
ROLLBACK TRANSACTION
END
```

本 章 小 结

存储过程是 SQL 语句和可选控制流语句的预编译集合,SQL Server 会将该集合中的语句编译成一个执行单元。存储过程可包含程序流、逻辑以及对数据库的查询。可以接受输入参数、输出参数、返回单个或多个结果集以及返回值。触发器是一种特殊的存储过程,它与表紧密相连,基于表而建立,可视作表的一部分。用户创建触发器后,就能控制与触发器关联的表。当表中的数据发生插入、删除或修改时,触发器自动运行。触发器是一种维持数据引用完整性的极好方法。

习 题

一、选择题

1. 下面_____语句是用来创建过程的。

    A. CREATE PROCEDURE   B. CREATE TRIGGER

    C. DROP PROCEDURE   D. DROP TRIGGER

2. 使用下面_____系统存储过程可以查看触发器的定义文本。

    A. sp_helptrigger   B. sp_help   C. sp_helptext   D. 其他

3. 下面_____不是存储过程的优点。

    A. 进行模块化的程序编写   B. 加快执行速度

    C. 减少 CPU 负载   D. 代码可重用

4. 临时存储过程名称的前缀是必须是_____。

    A. ♯   B. @   C. $ D. @@

5. 以下_____不是触发器的类型。

    A. INSTEAD OF   B. AFTER   C. BEFORE   D. UPDATE

二、简答题

1. 使用存储过程有什么好处?

2. 触发器与存储过程有什么不同?

3. 创建一个存储过程,通过输入参数返回某一门课程的总分和平均分。

第 12 章　T-SQL 编程

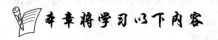

本章将学习以下内容

- T-SQL 编程基础知识；
- 系统函数的使用；
- T-SQL 编程语句；
- 游标的概念和操作；
- 事务处理。

对于大多数的管理任务，SQL Server 2005 既提供了 SQL Server Management Studio 管理平台实现工具，同时又提供了 T-SQL 接口。T-SQL 是 Transact-SQL 的简写，它是 SQL Server 的编程语言，是微软对结构化查询语言（SQL）的具体实现和扩展。利用 T-SQL 语言可以编写触发器、存储过程、游标等数据库语言程序，进行数据库开发。本章主要介绍 T-SQL 编程中用到的基础知识，包括运算符、表达式、函数及流程控制语句，同时介绍了游标的概念和操作以及 SQL 中的事务处理。

12.1　T-SQL 编程基础知识

T-SQL 是 SQL Server 2005 在 SQL 基础上添加了流程控制语句后的扩展，是 SQL 的超集，它是一种非过程化的高级语言。在 T-SQL 语句中，可以包括关键字、标识符以及各种参数等，并采用不同的书写格式来区分这些内容。下面介绍 T-SQL 语句中的一些基础知识。

12.1.1　T-SQL 语句中的语法格式约定

T-SQL 语句中的语法格式约定如下。

（1）大写字母：代表 T-SQL 中的关键字，如 UPDATE、INSERT 等。

（2）小写字母或斜体：表示表达式、标识符等。

（3）大括号"{}"：大括号中的内容为必选参数，其中可以包含多个选项，各个选项之间用竖线隔离，用户必须从选项中选择其中一项。

（4）方括号"[]"：它所列出的项为可选项，用户可以根据需要选择使用。

（5）小括号"()"：语句的组成部分，必须输入。

（6）竖线"|"：表示参数之间是"或"的关系，用户可以从其中选择任何一个。

（7）省略号"…"：表示重复前面的语法项目。

（8）加粗：数据库名、表名、列名、索引名、存储过程、实用工具、数据类型名以及必须按所显示的原样输入的文本。

（9）标签"<label>::="：语法块的名称，此规则用于对可在语句中的多个位置使用的过长语法或语法单元部分进行分组和标记。

12.1.2 标识符

SQL 标识符是由用户定义的 SQL Server 可识别的有特定意义的字符序列。SQL 标识符通常用来表示服务器名、用户名、数据库名、表名、变量名、列名及其他数据库对象名，如视图、存储过程、函数等。标识符的命名原则必须遵守以下规则：

（1）必须以英文字母、♯、@或下划线（_）开头，后续字母、数字、下划线（_）、♯和 $ 组成的字符序列。其中以@和♯为首字符的标识符具有特殊意义。

（2）字符序列中不能有空格或除上述字符以外的其他特殊字符。

（3）不能是 T-SQL 语言中的保留字，因为它们已被赋予了特殊的意义。

（4）字母不区分大小写。

（5）标识符的长度不能超过 128 个字符。在 SQL Server 7.0 之前的版本则限制在 30 个字符之内。

（6）中文版的 SQL Server 可以使用汉字作为标识符。

需要说明的是，以符号（@）开头的标识符只能用于局部变量，以两个符号（@）开头的标识符表示系统内置的某些函数，以数字符号（♯）开头的标识符只能用于临时表或过程名称，以两个数字符号（♯）开头的标识符只能用于全局临时对象。

12.1.3 保留字

Microsoft SQL Server 2005 中的保留字是指系统内部定义的、具有特定意义的一串字符序列，可被用来定义、操作或访问数据库。尽管在 SQL Server 2005 中的保留字作为标识符和对象名在语法上是可行的，但规定只能使用分隔标识符。

Microsoft SQL Server 2005 系统使用 174 个保留字来定义、操作或访问数据库和数据库对象。附录 A 是 Microsoft SQL Server 2005 中的部分保留字。

12.1.4 注释

注释是添加在程序中的说明性文字，其作用是增强程序的可读性。如果编写的程序段没有加任何注释，一段时间后阅读或修改都将比较困难。

一般程序中的注释都是不执行的，T-SQL 也一样，执行程序时遇到注释就直接跳过它。SQL Server 2005 系统提供了两种注释方式：行注释和多行注释。

（1）行注释

"行注释"是以双横线"--"开始，其后书写注释内容，到行尾结束，或书写在一个完整的 T-SQL 语句的后面。如：

--下面一段程序用于完成＋、－、＊、/四则运算
Use student　　--打开数据库

（2）多行注释

"多行注释"是以符号"/＊"开始到"＊/"结束，不管其中夹杂了多少行内容，它们都是注释。例如：

```
/＊  函数返回值为：
0-
1-
2-
＊/
```

12.1.5 变量

变量是指在程序执行过程中其值可发生变化的量，它是一种语言中必不可少的组成部分，在程序中通常用来保存程序执行过程中的计算结果或者输入输出结果。定义和使用变量时要注意以下几点。

（1）遵循"先定义再使用"的原则。

（2）定义一个变量包括用合法的标识符作为变量名和指定变量的数据类型。

（3）建议给变量取名时能代表变量用途的标识符。

T-SQL 语言中有两种形式的变量，一种是用户自己定义的局部变量，另一种是系统提供的全局变量。

1. 局部变量

局部变量一般用在批处理、存储过程和触发器中。

（1）局部变量的声明

局部变量的声明的语法格式如下：

DECLARE @变量名 数据类型[,…n]

【语法说明】

- DECLARE 关键字用于声明局部变量。
- 局部变量名前必须加上字符"@"用于表明该变量名是局部变量。
- 同时声明几个变量时彼此间用","分隔。

（2）局部变量的赋值

局部变量可以借助下面几种方法赋值。

① 通过 SET 来赋值

通过 SET 来为局部变量赋值的语法格式如下：

SET @变量名 = 表达式

【语法说明】

- 局部变量没有赋值时其值是 NULL。
- 不能在一个 SET 语句中同时对几个变量赋值，如果想借助 SET 给几个变量赋值，则必须分开书写。

② 通过 SELECT 赋值

通过 SELECT 来为局部变量赋值的语法格式如下：

SELECT @变量名 = 表达式[,…n][FROM 表名][WHERE 条件表达式]

【语法说明】

- 用 SELECT 语句赋值时如果省略了 FROM 子句等同于上面的 SET 方法。不省略时，那么就将查询到的记录的数据赋给局部变量，如果返回了多行记录，那么就将最后一行记录的数据赋给局部变量。所以尽量限制 WHERE 的条件，使得只有一条记录返回。
- SELECT 可以同时给几个变量赋值。

2. 全局变量

全局变量是 SQL Server 系统本身提供且预先声明的变量。全局变量在所有存储过程中随时有效，用户只能使用，不能改写，也不能定义与全局变量同名的局部变量。引用全局变量时，必须以标记符"@@"开头。

SQL Server 2005 支持的全局变量及其含义如附录 B 所示。

12.1.6 批处理和脚本

1. 批处理

批处理是由一个或多个 T-SQL 语句组成的集合。应用程序将这些语句作为一个单元一次性地提交给 SQL Server，并由 SQL Server 编译成一个执行计划，然后作为一个整体来执行。在建立批处理时应注意下面几点。

（1）不能在修改表中的一个字段后立即在这个批处理中使用这个新的字段。

（2）不能在删除一个对象之后，又在这个批处理中引用该对象。

（3）不能在定义一个检查约束后，立即在这个批处理中使用该约束。

（4）不能把规则和默认值绑定到表字段或用户自定义数据类型之后，立即在同一个批处理中使用它们。

（5）使用 SET 语句设置的某些 SET 选项不能应用于这个批处理中的查询。

（6）如果一个批处理中的第一个语句是执行某些存储过程的 EXECUTE 语句，则关键字 EXECUTE 语句可以省略不写，否则必须使用 EXECUTE 关键字。EXECUTE 可以省写为"EXEC"。

（7）CREATE DEFAULT、CREATE PROCEDURE、CREATE RULE、CREATE TRIGGER、CREATE VIEW 语句，在一个批处理中只能提交一个。

在 SQL Server 2005 中，可以使用 isqlw、isql、osql 几个应用程序执行批处理，在建立一个批处理时，使用 GO 命令作为结束标记，在一个 GO 命令中除了可以使用注释文字外，不能包含其他 T-SQL 语句。

需要注意的是，如果批处理中的某一条语句发生编译错误，执行计划就无法编译，从而导致批处理中的任何语句都无法执行。

2. 脚本

脚本是以文件存储的一系列 SQL 语句，即一系列按顺序提交的批处理。

T-SQL 脚本中可以包含一个或多个批处理。GO 语句是批处理结束的标志。如果没有 GO 语句，则将它作为单个批处理执行。

脚本可以在查询分析器中执行，也可以在 isql 或 osql 实用程序中执行。查询分析器是建立、编辑和使用脚本的一个最好的环境。在查询分析器中，不仅可以新建、保存、打开脚本文件，而且可以输入和修改 T-SQL 语句，还可以通过执行 T-SQL 语句来查看脚本的运行结果,从而检验脚本内容是否正确。

12.1.7 运算符

运算符是一种符号,用来指定要在一个或多个表达式中执行的操作。SQL Server 2005 中的运算符有算术运算符、关系运算符、逻辑运算符、字符串连接运算符、赋值运算符、位运算符。

1. 算术运算符

算术运算符用于在数字表达式上进行算术运算,参与运算的表达式值必须是数字数据类型。算术运算符如表 12-1 所示。加(＋)和减(－)运算符也可用于 datetime 及 smalldatetime 值执行算术运算。

表 12-1　算术运算符及其含义

运 算 符	名　　称	描　　述
＋	加	执行两个算术数相加的运算,也可以将一个以天为单位的数字加到日期中
－	减	执行一个数减去另一个数的算术运算,也可以从日期中减去以天为单位的数字
*	乘	执行一个数乘以另一个数的算术运算
/	除	执行一个数除以另一个数的算术运算。如果两个数都是整数,则结果是整数
%	取余	返回两个整数相除后的余数,余数符号与被除数相同。如 $12\%5=2,-12\%5=-2$

2. 关系运算符

关系运算符也称比较运算符,用于测试两个表达式的值之间的关系,其运算结果为逻辑值,可以为 TRUE、FALSE 或 UNKNOWN 三者之一。除了 text、ntext 和 image 数据类型的表达式外,其他任何类型的表达式都可用于比较运算符中。关系运算符如表 12-2 所示。

表 12-2　关系运算符及其含义

运算符	描述	运算符	描述
＝	等于	<>	不等于
>	大于	！＝	不等于
<	小于	！<	不小于
>＝	大于或等于	！>	不大于
<＝	小于或等于		

其中,！＝、！>和！<为 SQL Server 在 ANSI 标准基础上新增加的比较运算符。

3. 逻辑运算符

逻辑运算符用于对某个条件进行测试,运算结果为 TRUE 或 FALSE。SQL Server 提供的逻辑运算符如表 12-3 所示。

表 12-3　逻辑运算符及其含义

运 算 符	描　　述
ALL	如果一系列的比较都为 TRUE,则为 TRUE
AND	若两个布尔表达式都为 TRUE,则为 TRUE
ANY	若一系列的比较都为 TRUE,则为 TRUE
BETWEEN	若操作数在某个范围之内,则为 TRUE
EXISTS	若子查询包含一些行,则为 TRUE
IN	若操作数等于表达式列表中的一个,则为 TRUE

运 算 符	描　述
LIKE	若操作数与一种模式相匹配,则为 TRUE
NOT	对任何其他布尔运算符的值取反
OR	若两个布尔表达式中的一个为 TRUE,则为 TRUE
SOME	若在一系列比较中,有些为 TRUE,则为 TRUE

4. 字符串连接运算符

字符串连接运算符(＋)用来实现字符串之间的连接操作,它是将两个字符串连接成较长的字符串,如"abc"+"def"存储为"abcdef"。在 SQL Server 中,字符串的其他操作都是通过字符函数来实现的。字符串连接运算符可操作的数据类型有:char、varchar、nchar、nvarchar、text、ntext 等。

5. 赋值运算符

T-SQL 中用等号(＝)作为赋值运算符,附加 SELECT 或 SET 命令来进行赋值,它将表达式的值赋给某一变量,或为某列指定列标题。

6. 位运算符

位运算符可以对整型或二进制数据进行按位与(&)、按位或(|)、按位异或(^)及按位求反(～)运算。SQL 支持的按位运算符如表 12-4 所示。

表 12-4　位运算符

运 算 符	描　述	运 算 符	描　述
&	两个位值均为 1,结果为 1,否则为 0	^	两个位值不同时,结果为 1,否则为 0
		只要一个位为 1,结果为 1,否则为 0	～	对应位取反,即 1 变为 0,0 变为 1

位运算符的操作数可以是整数数据类型或二进制数据类型(image 数据类型除外)。其中按位与(&)、按位或(|)、按位异或(^)运算需要两个操作数,而按位求反(～)运算是单目运算,它只能对 int、smallint、tinyint 或 bit 类型的数据进行求反运算。

7. 运算符的优先级

当一个复杂表达式中包含有多个运算符时,运算符的优先级决定了表达式计算和比较操作的先后顺序。运算符的优先级由高到低的先后顺序如表 12-5 所示。

表 12-5　运算符的优先级

级　别	运　算　符
1	～(位取反) 、+(正)、-(负)
2	*(乘)、/(除)、%(取余)
3	+(加)、+(连接)、-(减)、&(位与)
4	=、>、<、>=、<=、<>、! >、! <(关系运算符)
5	^(位异或)、|(位或)、&(位与)
6	NOT
7	AND
8	ALL、ANY、BETWEEN、IN、LIKE、OR、SOME
9	=(赋值)

需要说明的是,①若表达式中含有相同优先级的运算符,则从左到右依次处理。②括号可以改变运算符的运算顺序,其优先级最高。③表达式中如果有嵌套的括号,则首先对嵌套最内层的表达式求值。

12.2 系统函数与用户定义函数

函数从本质上讲是一个子程序,它将经常要使用的代码封装在一起,以便在需要时可多次使用而无须重复编程。T-SQL 语言与其他大多数编程语言一样,包含许多函数,同时也可以自定义函数。SQL Server 2005 中的函数可分为内部函数和自定义函数两种。

1. 内部函数

内部函数的作用是用来帮助用户获得系统的有关信息、执行有关计算、实现数据转换以及统计功能等操作。SQL 所提供的内部函数又分为系统函数、日期函数、字符函数、数学函数、集合函数等几种函数。

2. 自定义函数

自定义函数是 SQL Server 2005 提供给用户的一种功能,用户按照 SQL Server 的语法规定编写自己的函数,以满足特殊需要。

SQL Server 2005 支持的用户自定义函数分为 3 种,分别是标量用户自定义函数、直接表值用户自定义函数和多语句表值用户自定义函数。

12.2.1 系统函数

系统函数可以帮助用户在不直接访问系统表的情况下,获取 SQL Server 系统表中的信息。系统函数对 SQL Server 服务器和数据库对象进行操作,并返回服务器配置和数据库对象数值等信息。系统函数可用于选择列表、WHERE 子句以及其他任何允许使用表达式的地方。

表 12-6 列出了一些常用的系统函数的功能。

表 12-6　系统函数及功能

函 数 名	功　　能
APP_NAME()	返回建立当前会话的程序名称,返回值类型为 nvarchar(128)
COALESCE(expression)	返回参数中的一个非空表达式,如果所有的参数值均为 NULL,则 COA- LESCE 函数返回 NULL
COL_LENGTH	返回列长度,而不是列中存储的任何单个字符串的长度
COL_NAME	返回列名
CURRENT_TIMESTAMP	返回系统当前日期和时间,返回值的数据类型为 datetime
DATALENGTH(expression)	返回表达式数据长度的字节数,返回类型为 int。由于 varchar、nvarchar、text、ntext、varbinary、image 等类型列数据的长度是可变的,因此常用 DATA- LENGTH 函数计算数据的实际长度。对于空值 NULL,DATALENGTH 函数计算出的长度仍然为 NULL,而不是 0

函 数 名	功 能
DB_ID	返回 ID
DB_NAME	返回数据库名称
GETANSINULL(database)	返回本次会话中数据库默认空值设置
HOST_ID()	返回本主机的标识符,返回值的数据类型为 int
HOST_NAME()	返回本主机的名称,返回值的数据类型为 ncahr
INDEX_COL	返回索引列的名称
PARSENAME	返回一个对象名称中指定部分的名称,一个数据对象由对象名、所有者、数据库名和服务器名组成
STATS_DATE(table_id,index_id)	返回索引最后一次被修改的统计日期,其中 table_id 和 index_id 分别为表和索引的标识符
SUSER_ID	返回用户登录 ID
SUSER_NAME	返回用户登录名
USER_ID	返回用户 ID
USER_NAME	返回用户名

【例 12-1】 返回学生表中姓名字段的长度。

解 SQL 语句清单如下:

USE JWGL

SELECT COL_LENGTH('学生','姓名') AS '姓名长度'

FROM 学生

GO

程序执行结果如图 12-1 所示。

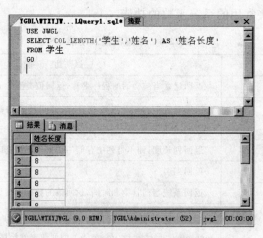

图 12-1 例 12-1 的执行结果

12.2.2 数学函数

数学函数是能够对数字表达式进行算术运算,并能将结果返回给用户的函数。数学函

258

数可以对数据类型为整型（integer）、实型（real）、浮点型（float）、货币型（money）和 small-money 的列进行操作，它的返回值是 6 位小数，如果使用出错，则返回 NULL 值并显示提示信息。常用的数学函数及功能如表 12-7 所示。

表 12-7　数学函数及功能

函 数 名	功　　能
ABS	返回给定数值表达式值的绝对值。返回值的数据类型与表达式值的数据类型相同
ACOS	返回以弧度表示的角度值，该角度值的余弦为给定的 float 表达式；此函数也叫反余弦函数
ASIN	返回以弧度表示的角度值，该角度值的正弦为给定的 float 表达式；此函数也叫反正弦函数
ATAN	返回以弧度表示的角度值，该角度值的正切为给定的 float 表达式；此函数也叫反正切函数
CEILING	返回大于或等于所给数字表达式值的最小整数
COS	返回给定表达式值（以弧度为单位）的三角余弦值
COT	返回给定 float 表达式值（以弧度为单位）的三角余切值
DEGREES	将指定的弧度转换为角度
EXP	返回给定的 float 表达式的指数值
FLOOR	返回小于或等于给定表达式值的最大整数
LOG	返回给定的 float 表达式值的自然对数
LOG10	返回给定的 float 表达式值的以 10 为底的对数
PI	返回圆周率的值
POWER	返回给定表达式乘指定次方的值
RADIANS	将给定的度数转换为对应的弧度值
RAND	返回 0 到 1 之间的随机 float 数
ROUND	将数字表达式四舍五入到指定的精度
SIGN	返回指定表达式值的符号。零（0）、正（＋）、负（－）
SIN	返回以给定表达式值为弧度的三角正弦
SQUARE	返回给定表达式值的平方
SQRT	返回给定表达式值的平方根
TAN	返回以给定表达式值为弧度的三角正切值

【例 12-2】　下面的例子是使用随机函数求随机值。

解　SQL 语句清单如下：

```
DECLARE @count int
SET @count = - 1
SELECT RAND(@COUNT) AS ´rand_num´
GO
```

12.2.3　字符串函数

字符串函数是用来实现字符之间的转换、查找、截取等的操作。常用的字符函数及功能如表 12-8 所示。

表 12-8 字符串函数及功能

函 数 名	功 能
ASCII	返回字符表达式最左端字符的 ASCII 代码值
CHAR	将 int ASCII 代码转换为对应的字符
CHARINDEX	返回字符串中指定表达式的起始位置
DIFFERENCE	以整数返回 2 个字符表达式的 SOUNDEX 值之差
LEFT	返回从给定的字符串左边开始向右取指定个数的字符
LEN	返回给定字符串中的字符个数。注意：一个汉字占两个西文字符位置
LOWER	将指定的字符串中的大写字符转换为小写，其他不变
LTRIM	返回清除给定字符串起始空格后的字符串
NCHAR	用给定的整数代码返回 Unicode 字符
PATINDEX	返回指定表达式中某模式第一次出现的起始位置；如果在全部有效的文本和字符数据类型中没有找到该模式，则返回 0
REPLACE	用第三个表达式替换第一个字符串表达式中出现的所有第二个给定字符串表达式
QUOTENAME	返回带有分隔符的 Unicode 字符串，分隔符的加入可使输入的字符串成为有效的 SQL Server 分隔标识符
REVERSE	返回字符表达式的反转
RIGHT	返回从给定的字符串右边开始向左取指定个数的字符
RTRIM	返回清除给定字符串尾随空格后的字符串
SOUNDEX	返回由四个字符组成的代码（SOUNDEX）以评估两个字符串的相似性
SPACE	返回由给定个重复空格组成的字符串
STR	返回由数字数据转换来的字符数据
STUFF	删除指定长度的字符并在指定的起始点插入字符
SUBSTRING	返回从给定的字符串中指定的位置开始向右取给定个数的字符
UNICODE	返回输入表达式的第一个字符的整数值
UPPER	将指定的字符串中的小写字符转换为大写，其他不变

【例 12-3】 返回课程名最左边的 10 个字符。

解 SQL 语句清单如下：

```
USE jwgl
SELECT LEFT(课程名,6)
FROM 课程
ORDER BY 课程号
GO
```

12.2.4 日期函数

日期函数的功能是显示有关日期和时间的相关信息，该函数可操作 datetime 和 small-datetime 数据类型的值，可对这些值执行算术运算。表 12-9 列出了 SQL Server 2005 中常用的日期函数及其功能。

表 12-9　日期函数及功能

函数名及格式	功　　能
MONTH(date)	返回指定日期中的月份,返回的数据类型为 int
DAY(date)	返回指定日期中的日数,返回的数据类型为 int
GETDATE()	以 SQL Server 内部格式,返回当前系统日期和时间
DATEADD(datepart,num,date)	返回在指定的日期 date 上加上 datepart 与 num 参数指定的时间间隔的日期时间值。返回的数据类型为 datetime 或 smalldatetime
DATEDIFF(datepart,date1,date2)	返回由 date1 和 date2 间的时间间隔,其单位由 datepart 指定
DATENAME(datepart, date)	返回日期中指定部分对应的名称
DATEPART(datepart,.date)	返回日期中指定部分对应的整数值
YEAR(date)	返回日期中的年份,其返回值的数据类型为 int

【例 12-4】　显示系统当前的时间和日期。

解　SQL 语句清单如下:

SELECT ´当前日期´= GETDATE(),

´年´= YEAR(GETDATE()),

´月´= MONTH(GETDATE()),

´日´= DAY(GETDATE())

程序执行结果如图 12-2 所示。

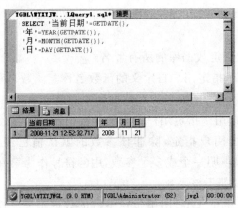

图 12-2　例 12-4 的执行结果

12.2.5　集合函数

常用的集合函数及功能如表 12-10 所示。

表 12-10　集合函数及功能

函　　数	功　　能	函　　数	功　　能
COUNT	返回一个集合中的项数	SUM	求表达式中各项和
MIN	返回表达式中的最小值	AVG	求表达式中各项平均值
MAX	返回表达式中的最大值		

集合函数在前面已经介绍过,在此就不再以实例进行说明。

12.2.6 用户自定义函数

1. 标量用户自定义函数

标量用户自定义函数返回一个简单的数值,如 int、char、decimal 等,但禁止使用 text、ntext、image、cursor 和 timestamp 作为返回的参数。该函数的函数体被封装在以 BEGIN 语句开始,END 语句结束的范围内。

(1) 标量用户自定义函数的定义

定义标量用户自定义函数的语法格式如下:

```
CREATE FUNCTION [owner_name.]function_name
([{@parameter_name[AS]scalar_parameter_data_type[default]}
[,…n]])
RETURNS scalar_return_data_type
[WITH <function_option>[[,]…n]]
[AS]
BEGIN
Function_body
RETURN scalar_expression
END
<function_option>::={ENCRYPTION|SCHEMABINDING}
```

【语法说明】

- owner_name 用于指定数据库的所有者名。
- function_name 用于指定用户自定义的函数名称。函数名称必须符合标识符的命名规则,且对所有者来说,函数名称在数据库中必须唯一。
- @parameter_name 用于指定用户定义的函数中形参名称。函数执行时,每个已经声明参数的值必须由用户指定,除非该参数的默认值已经定义。CREATE FUNCTION 语句中可以声明一个或多个参数,用@符号作为第一个字符来指定形参名称,每个函数的参数局部于该函数。
- scalar_parameter_data_type 用于指定参数的数据类型。所有数值类型(包括 bigint 和 sql_variant)都可用于用户自定义函数的参数。
- scalar_return_data_type 用于指定标量用户自定义函数的返回值。text、ntext、image、timestamp 除外。
- Function_body 用于指定用 T-SQL 语句序列构成的函数体。在函数体中只能使用 declare 语句、赋值语句、流程控制语句、SELECT 语句、游标操作语句、INSERT、UPDATE 和 DELETE 语句以及执行扩展存储过程的 EXECUTE 语句等语句类型。
- scalar_expression 用于指定标量函数返回的数量值。scalar_expression 为函数实际返回值,返回值为 text、ntext、image 和 timestamp 之外的系统数据类型。
- ENCRYPTION 用于指定 SQL Server 加密包含 CREATE FUNCTION 语句文本的系统表列,使用 ENCRYPTION 可以避免将函数作为 SQL Server 复制的一部

分发布。

- SCHEMABINDING 用于指定将函数绑定到它所引用的数据库对象。如果函数是用 SCHEMABINDING 选项创建的,则不能更改或删除该函数引用的数据库对象。函数与其引用对象(如数据库表)的绑定关系只有在发生以下两种情况之一时才被解除:

① 删除了函数;

② 在未指定 SCHEMABINDING 选项的情况下更改了函数(使用 ALTER 语句)。

【例 12-5】 计算全体学生选修某门功课的平均成绩。

解 SQL 语句清单如下:

```
USE jwgl
GO
CREATE FUNCTION average(@cnum char(8)) RETURNS int
AS
BEGIN
  DECLARE @aver int
  SELECT @aver = (SELECT avg(成绩) FROM 成绩
    WHERE 课程号 = @cnum
      GROUP BY 课程号
      )
  RETURN @aver
END
GO
```

程序执行结果如图 12-3 所示。

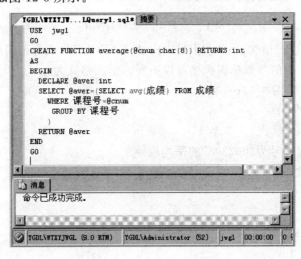

图 12-3 例 12-5 的执行结果

(2) 标量用户自定义函数的调用

标量函数定义好后就可以使用了。当调用标量用户自定义函数时,必须提供至少由两部分组成的名称(所有者名.函数名)。可以使用以下两种方式调用标量函数:

① 在 SELECT 语句中调用。语法格式为：

所有者名. 函数名(实参 1,···,实参 n)

实参可为已赋值的局部变量或表达式。

【例 12-6】 调用已定义的标量函数,求课程号为"062308"的平均成绩。

解 SQL 语句清单如下:

```
USE jwgl
GO
DECLARE @course char(6)
set @course = ´062308´
SELECT dbo. average(@course)
GO
```

程序执行结果如图 12-4 所示。

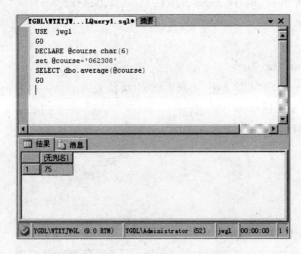

图 12-4 例 12-6 的执行结果

② 利用 EXECUTE 语句执行。用 T-SQL 的 EXECUTE 语句调用用户函数时,参数的标识次序与函数定义中的参数标识次序可以不同。语法格式为:

所有者名. 函数名 实参 1,···,实参 n

或

所有者名. 函数名 形参 1 = 实参 1,···,形参 n = 实参 n

【例 12-7】 求课程号为"062308"的平均成绩。

解 SQL 语句清单如下:

```
USE jwgl
GO
DECLARE @course char(6)
DECLARE @aver int
set @course = ´062308´
execute @aver = dbo. average @course
SELECT @aver AS ´062308´
GO
```

程序执行结果如图 12-5 所示。

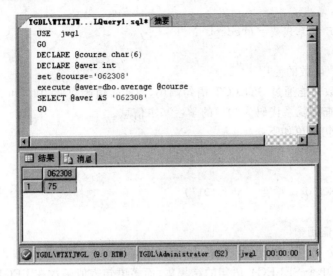

图 12-5　例 12-7 的执行结果

2. 内嵌表值函数

表值函数都返回一个 table 型数据，对直接表值用户自定义函数而言，返回的结果只是一系列表值，没有明确的函数体。该表是单个 SELECT 语句的结果集。内嵌表值函数用于实现参数化视图。内嵌表值函数必须先定义，后才能调用。

（1）内嵌表值函数的定义

定义内嵌表值函数的语法格式如下：

CREATE FUNCTION [owner_name.]function_name

([{@parameter_name[AS]scalar_parameter_data_type[= default]}

[,…n]])

RETURNS TABLE

[WITH <function_option>[[,]…n]]

[AS]

RETURN[()sele_statement[]]

<function_option>::={ENCRYPTION|SCHEMABINDING}

【语法说明】

TABLE 用于指定返回值为一个表。

sele_statement 用于指定单个 SELECT 语句确定返回的表的数据。

【例 12-8】　创建一个函数返回同一个院系学生的基本信息。

解　SQL 语句清单如下：

USE jwgl

GO

CREATE FUNCTION 学生_info(@sdept nchar(16))

RETURNS TABLE

AS

265

```
RETURN (SELECT *
        FROM 学生
        WHERE 院系代码 = @sdept);
GO
```

（2）内嵌表值函数的使用

内嵌表值函数只能通过 SELECT 语句调用，内嵌表值函数调用时，可以仅使用函数名。

【例 12-9】 查询院系代码为"01"的学生基本信息。

解 SQL 语句清单如下：

```
USE jwgl
GO
SELECT * FROM dbo.学生_info('01')
GO
```

3. 多语句表值函数

内嵌表值函数和多语句表值函数都返回表，二者不同之处在于：内嵌表值函数没有函数主体，返回的表是单个 SELECT 语句的结果集；而多语句表值函数在 BEGIN…END 块中定义的函数主体包含 T-SQL 语句，这些语句可生成行并将行插入表中，最后返回表。

（1）多语句表值函数定义

多语句表值函数定义的语法格式如下：

```
CREATE FUNCTION [owner_name.]function_name
([{@parameter_name [AS]scalar_parameter_data_type[ = default]}
[,…n]])
RETURNS @return_variable TABLE <table_type_definition>
[WITH <function_option>[[,]…]
[AS]
BEGIN
        function_body
        RETURN
END
```

【语法说明】

- return_variable 为表变量，用于存储作为函数值返回的记录集。
- function_body 为 T-SQL 语句序列，function_body 只用于标量函数和多语句表值函数。在标量函数中，function_body 是一系列合起来求得标量值的 T-SQL 语句。在多语句表值函数中，function_body 是一系列在表变量 @return_variable 中插入记录行的 T-SQL 语句。
- 语法格式中的其他项同标量函数的定义。

（2）多语句表值函数的使用

多语句表值函数的调用与内嵌表值函数的调用方法相同，只能使用 SELECT 语句调用。

【例 12-10】 创建一个函数返回选修课成绩高于一定分数的学生信息。

解 SQL 语句清单如下：

```
USE jwgl
GO
```

```
CREATE FUNCTION h_grade(@highgrade float)
RETURNS @h_grade TABLE(sno char(8),sname char(8),k_sno char(6),grade float)
AS
BEGIN
  INSERT @h_grade
    SELECT 学生.学号,学生.姓名,课程号,成绩
      FROM 学生,成绩
        WHERE 学生.学号 = 成绩.学号
            AND 成绩＞@highgrade
    RETURN
END
GO
```

4. 用户自定义函数的删除

对于一个已创建的用户自定义函数,可有两种方法删除:

(1) 通过 SQL Server Management Studio 管理平台删除,这个非常简单,请读者自己完成;

(2) 利用 T-SQL 语句中的 DROP FUNCTION 删除。其语法格式如下:

```
DROP FUNCTION {[owner_name.]function_name}[,…n]
```

【语法说明】

- owner_name 指所有者名。
- function_name 指要删除的用户定义的函数名称。可选择是否指定所有者名称,但不能指定服务器名称和数据库名称。
- n 表示可以同时删除多个用户定义的函数。

12.3　流程控制语句

流程控制语句是用来控制程序执行和流程分支的命令。如果在程序中不使用流程控制语言,那么 T-SQL 语句将按出现的顺序依次执行。在 SQL Server 2005 中常用的流程控制语句及功能如表 12-11 所示。

表 12-11　流程控制语句及功能

语　句	功　能
BEGIN…END	定义语句块
IF…ELSE…	条件选择语句。当条件成立时,执行 IF 后的语句;条否则执行 ELSE 后的语句
CASE	分支处理语句
WHILE	循环语句
BREAK	终止循环语句
CONTINUE	重新起用循环
WAITFOR	设置语句执行的延时时间
GOTO	无条件转移
RETURN	无条件退出语句

12.3.1　块语句

将两条或两条以上的 T-SQL 语句封装起来作为一个整体称为块语句。块语句的语法格式如下：

BEGIN

　　{SQL 语句…}

END

【语法说明】

- 块语句至少要包含一条 T-SQL 语句。
- 块语句的 BEGIN 和 END 关键字必须成对使用，不能单独使用，且 BEGIN 和 END 必须单独占一行。
- 块语句常用于分支结构和循环结构中。
- 块语句可以嵌套使用。

当流程控制语句必须执行一个包含 2 条语句以上的 T-SQL 语句时使用 BEGIN…END 语句。

12.3.2　分支语句

分支语句用于对一个给定的条件进行测试，并根据测试的结果来执行不同的语句块。SQL Server 2005 提供了 3 种形式的分支语句：

- IF…ELSE…判断语句；
- IF EXISTS/IF NOT EXISTS 语句；
- CASE 语句。

1. IF…ELSE…语句

IF…ELSE…语句的语法格式如下：

IF ＜条件表达式＞

{语句 1|块语句 1}

[ELSE

{语句 2|块语句 2}]

【语法说明】

- ＜条件表达式＞可以是其值为"真"或"假"的各种表达式的组合。
- ELSE 部分为可选项，如果只针对＜条件表达式＞为 TRUE 的一种结果执行语句|块语句，则不必书写 ELSE 语句。
- IF…ELSE…语句可以嵌套使用，但最多可嵌套 150 层。

执行顺序：当流程执行遇到 IF 语句时，首先判断 IF 后＜条件表达式＞的值，若为"真"，则执行语句 1|块语句 1；如果其值为"假"，则执行语句 2|块语句 2。无论哪种情况，都将执行 IF…ELSE…语句的下一条语句。

2. IF EXISTS|IF NOT EXISTS 语句

IF EXISTS/IF NOT EXISTS 语句的语法规则如下：

IF EXISTS/IF NOT EXISTS ＜子查询＞

〔语句 1|块语句 1〕

ELSE

    〔语句 2|块语句 2〕

【例 12-11】 查询是否有选修课成绩高于 90 分的学生,如果有,则输出该学生的姓名,否则输出"不存在选修课成绩高于 90 分的学生"。

解 SQL 语句清单如下:

USE jwgl

GO

IF EXISTS(SELECT * FROM 成绩 WHERE 成绩＞90)

  BEGIN

    SELECT 姓名,班级代码 FROM 学生 AS A

    JOIN 成绩 AS B

    ON A.学号 = B.学号

      WHERE 成绩＞90

    END

ELSE

    PRINT´不存在选修课成绩高于的学生´

3. CASE 语句

当＜条件表达式＞的结果有多种情况时,使用 CASE 语句可以很方便地实现多种选择情况,从而可以避免编写多重的 IF…ELSE…嵌套循环。CASE 语句有两种语法格式。

语法格式一

CASE ＜表达式＞

WHEN 结果 1 THEN ＜语句 1|块语句 1＞

WHEN 结果 2 THEN ＜语句 2|块语句 2＞

…

ELSE

＜语句 n|块语句 n＞

END

各个表达式可以由常量、列名、子查询、运算符、字符串运算符组成。其执行过程是:将 CASE 后表达式的值与各 WHEN 子句中的表达式值进行比较,如果两者相等,则返回 THEN 后面的表达式,然后跳出 CASE 语句,否则返回 ELSE 子句中的表达式。

语法格式二

CASE WHEN ＜条件表达式 1＞

      THEN ＜语句 1|块语句 1＞

      WHEN ＜条件表达式 2＞

      THEN ＜语句 2|块语句 2＞

      …

END

其中,THEN 后的表达式与语法格式一中的 CASE 表达式中的表达式相同,在布尔表达式中允许使用比较运算符和逻辑运算符。

【例 12-12】 为选修课程的成绩分出等级。

解 SQL 语句清单如下：

```
USE jwgl
GO
SELECT 学号,课程号,成绩,´等级´=
    CASE
        WHEN 成绩>＝90 THEN´优´
        WHEN 成绩>＝75 AND 成绩<90 THEN´良´
        WHEN 成绩<75 AND 成绩>＝60 THEN´及´
        WHEN 成绩<60 THEN´不及格´
    END
  FROM 成绩
GO
```

12.3.3 WHILE 语句

在程序设计中,可以使用 WHILE 语句根据给定的条件是否重复执行一组 SQL 语句。WHILE 语句的语法格式如下：

```
WHILE <布尔表达式>
BEGIN
SQL 语句
    [BREAK]
  SQL 语句
    [CONTINUE]
  SQL 语句
END
```

【语法说明】

- BEGIN…END:BEGIN 与 END 之间的语句称为循环体。
- 布尔表达式:用于设置循环执行的条件,当取值为 TRUE 时重复执行循环;当取值为 FALSE 时,终止循环。
- BREAK:终止循环。当程序执行遇到此语句时,BREAK 与 END 之间的语句不再 继续执行,而跳转到 END 之后的后续语句。
- CONTINUE:当程序执行遇到此语句时将提前结束本次循环,忽略 CONTINUE 与 END 之间的语句,而重新开始下一次循环。
- 如果布尔表达式中包含一个 SELECT 语句,则这个 SELECT 语句必须放在括号中。

【例 12-13】 使用 WHILE 语句实现以下功能:求 2～100 之间的所有素数。

解 SQL 语句清单如下：

```
DECLARE @I INT,@J INT,@K INT
SET @K＝0
```

```
SET @I = 2
WHILE @I< = 100
 BEGIN
    SET @J = 2
      WHILE @J< = CONVERT(INT,SQRT((@I))
       BEGIN
        IF @I% @J = 0
         BEGIN
          SET @K = 1
          BREAK
          END
        ELSE
           SET @J = @J + 1
      END
    IF @K<>1                      --K 为时,I 为合数,否则为素数
      PRINT @I
      SET @K = 0
      SET @I = @I + 1
    END
```

12.3.4 其他语句

1. RETURN

RETURN 语句使程序从批处理、语句块、查询或存储过程中无条件的退出,不执行位于 RETURN 后面的语句,返回到上一个调用它的程序。RETURN 语句的语法格式如下:

RETURN [整数表达式]

在括号内可指定一个返回值。如果没有指定返回值,SQL Server 系统会根据程序执行的结果返回一个内定值,内定值的含义如表 12-12 所示。

表 12-12 RETURN 命令返回的内定值

返 回 值	含　　义	返 回 值	含　　义
0	程序执行成功	-7	资源错误,如磁盘空间不足
-1	找不到对象	-8	非致命的内部错误
-2	数据类型错误	-9	已达到系统的极限
-3	死锁	-10、-11	致命的内部不一致性错误
-4	违返权限原则	-12	表或指针破坏
-5	语法错误	-13	数据库破坏
-6	用户造成的一般错误	-14	硬件错误

当用于存储过程时,RETURN 不能返回空值。

2. GOTO 语句

GOTO 语句是用来改变程序执行的流程,使程序跳到标识符的指定的程序行再继续往下执行。其语法格式如下:

标识符:
…
GOTO 标识符

标识符需要在其名称后加上一个冒号,如"city"。

【例 12-14】 用 GOTO 语句实现 1~100 之间的和。

解 SQL 语句清单如下:

```
DECLARE @SUM INT,@I INT
SET @I = 1
SET @SUM = 0
LABEL:
SET @SUM = @SUM + @I
SET @I = @I + 1
IF @I <= 100
GOTO LABEL
SELECT '1~100 之间的和是' = @SUM
```

3. WAITFOR

WAITFOR 语句指定一个时刻或延缓一段时间来执行一个 T-SQL 语句、语句块、存储过程。WAITFOR 语句的语法格式如下:

```
WAITFOR {DELAY <'时间'>|TIME<'时间'>}
```

其中,DELAY 指定等待的时间间隔,TIME 子句指定一具体时间点。时间必须为 datetime 类型的数据,且不能包括日期。其格式为 hh:mm:ss,如 15:30:29。

【例 12-15】 下面程序的作用是系统等待 3 分钟后执行 SELECT 操作。

解 SQL 语句清单如下:

```
USE jwgl
GO
WAITFOR DELAY '00:03:00'
SELECT * FROM 院系
GO
```

4. PRINT 语句

SQL Server 中除了可以使用 SELECT 语句向用户返回信息外,还可以使用 PRINT 语句返回信息,其语法格式为:

```
PRINT 字符串|函数|局部变量|全局变量|表达式
```

其中,PRINT 命令向客户端返回一个用户自定义的信息。

【例 12-16】 下面的代码是返回相应信息。

解 SQL 语句清单如下:

```
DECLARE @x CHAR(10),@y CHAR(14)
```

SELECT @X =´武铁职院´,@y =´电子信息工程系´
PRINT @X + @Y
执行结果如下：

武铁职院　电子信息工程系

12.4　游　标

在 SQL Server 中,使用 SELECT 语句操作的结果往往是一个结果集,但在实际应用过程中,处理的却是结果集中的一条条记录。因此,必须有一种机制能保证应用程序一行行处理结果集。SQL Server 提供了游标来处理结果集。游标由于占用资源比较少,操作灵活等特点,特别是当从数据库中读取多条记录时,使用游标比较方便。

12.4.1　游标的基本概念

游标是 SQL Server 提供的一种机制,它能够对一个结果集进行逐行处理,其工作方式类似于指针,可以指向结果集中的任意位置以此对指定位置的数据进行处理。

SQL Server 支持 3 种类型的游标:T-SQL 游标、API 服务器游标和客户游标。

(1) T-SQL 游标

T-SQL 游标是由 DECLARE CURSOR 语法定义、主要用在 T-SQL 脚本、存储过程和触发器中。T-SQL 游标主要用在服务器上,由从客户端发送给服务器的 T-SQL 语句或是批处理、存储过程、触发器中的 T-SQL 进行管理。T-SQL 游标不支持提取数据块或多行数据。

(2) API 游标

API 游标支持在 OLE DB, ODBC 以及 DB_library 中使用游标函数,主要用在服务器上。每一次客户端应用程序调用 API 游标函数,SQL Sever 的 OLE DB 提供者、ODBC 驱动器或 DB_library 的动态链接库(DLL) 都会将这些客户请求传送给服务器以对 API 游标进行处理。

(3) 客户游标

客户游标主要是当在客户机上缓存结果集时才使用。在客户游标中,有一个默认的结果集被用来在客户机上缓存整个结果集。客户游标仅支持静态游标而非动态游标。由于服务器游标并不支持所有的 T-SQL 语句或批处理,所以客户游标常常仅被用作服务器游标的辅助。因为在一般情况下,服务器游标能支持绝大多数的游标操作。

由于 API 游标和 T-SQL 游标使用在服务器端,所以被称为服务器游标,也被称为后台游标,而客户端游标被称为前台游标。本章主要讲述服务器(后台)游标。

12.4.2　使用游标的步骤

使用游标,其运用过程如下。

(1) 用 DECLARE 语句定义游标。

（2）用 OPEN 语句打开游标。

（3）用 FETCH 语句读取数据。

（4）处理数据。

（5）判断是否已经读完所有数据，未读完时重复执行 3～5 步。

（6）用 CLOSE 语句关闭游标。

下面分别介绍 DECLARE、OPEN、FETCH 和 CLOSE 语句的用法。

1. 定义游标

游标在使用前必须先定义。游标的声明包括两部分，即游标名称和这个游标所用到的 SQL 语句。在 SQL Server 中，游标有两种声明格式：一种是标准格式，即 SQL-92 语法；另一种是扩充格式。

（1）SQL-92 语法

SQL-92 语法格式如下：

DECLARE cursor_name [INSENSITIVE|SCROLL]CURSOR

FOR select_statement

[FOR{READ ONLY|UPDATE[OF column_name[,…]]}]

参数说明如表 12-13 所示。

表 12-13　SQL-92 标准语法参数说明

参　　数	参　数　说　明
cursor_name	游标名。由用户自定义，必须遵从标识符的命名规则
INSENSITIVE	使用此选项，系统将在 tempdb 数据库下创建一个临时表用于存放游标定义所选取出来的数据，对游标的所有请求都将在该临时表中得到应答。因此，游标不会随着基本表内容的改变而改变，同时也无法通过游标来更新基本表；若无此选项，则任何用户对基表提交的更新和删除操作都会体现到游标中
SCROLL	说明所声明的游标可以前滚、后滚，可使用所有的提取选项（FIRST、LAST、PRIOR、NEXT、RELATIVE、ABSOLUTE）。若省略 SCROLL 选项，则只能使用 NEXT 提取选项
select_statement	SELECT 语句，用于定义游标所有进行处理的结果集。该 SELECT 语句中不能出现 COMPUTE、COMPUTE BY、INTO 或 FOR BROWSE 子句
READ ONLY	说明所声明的游标为只读的，即不允许游标内数据被更新
UPDATE	指定游标内可更新的列。若有 OF column_name[,…]选项，则只能修改给出的这些列；若无 OF column_name[,…]选项，则可修改所有列

（2）T-SQL 扩展定义

T-SQL 扩展定义游标语法格式为：

DECLARE cursor_name CURSOR

[LOCAL|GLOBAL]

[FORWORD_ONLY|SCROLL]

[STATIC|KEYSET|DYNAMIC|FAST_FORWARD]

[READ_ONLY|SCROLL_LOCKS|OPTIMISTIC]

[TYPE_WARNING]

FOR select_statement

[FOR UPDATE[OF column_name[,…]]]

参数说明如表 12-14 所示。

表 12-14　T-SQL 扩展语法参数说明

参　　数	参　数　说　明
cursor_name	游标名。由用户自定义,必须遵从标识符的命名规则
LOCAL	指定该游标为局部游标,即其作用域仅限在所在的存储过程、触发器或批处理中。当建立游标的存储过程或触发器等结束后,游标会被自动释放;但可在存储过程中使用 OUTPUT 保留字,将游标传递给该存储过程的调用者,在存储过程结束后,还可引用该游标变量
GLOBAL	指定该游标为全局游标,即作用域是整个当前连接。选项表明在整个连接的任何存储过程、触发器或批处理中都可以使用该游标,该游标在连接断开时会自动隐性释放
FORWARD_ONLY	游标提取数据时只能从第一行向前滚到最后一行,FETCH NEXT 是唯一支持的提取选项
SCROLL	说明所声明的游标可以前滚、后滚,可使用所有的提取选项(FIRST、LAST、PRIOR、NEXT、RELATIVE、ABSOLUTE)。若省略 SCROLL 选项,则只能使用 NEXT 提取选项
STATIC	定义游标为静态游标,与 INSENSITIVE 选项作用相同
KEYSET	指定游标为键集驱动游标,即当游标打开时,游标中记录行的顺序已经固定。对记录行进行唯一标识的键集内置在 tempdb 内一个称为 keyset 的表中。对基表中的非键值所做的更改在用户滚动游标时是可视的。其他用户进行的插入是不可视的。如果某行已删除,则对该行的提取操作将返回@@FETCH_STATUS 值－2
DYNAMIC	定义游标为动态游标。即基础表的变化将反映到游标中,行的数据值、顺序和成员在每次提取时都会更改。使用该选项可保证数据的一致性,不支持 ABSOLUTE 选项
FAST_FORWARD	指定启用了性能优化的 FORWARD_ONLY、READ_ONLY 游标
READ ONLY	说明所声明的游标为只读的,即不允许游标内数据被更新
SCROLL_LOCKS	指定确保通过游标完成的定位更新或删除可以成功。当将行读入游标时系统会锁定这些行以确保它们可用于以后的修改。若指定 FAST_FORWARD 则不能指定 SCROLL_LOCKS
OPTIMISTIC	指明在数据被读入游标后,若游标中某行数据已发生变化,那么对游标数据进行更新或删除可能会导致失败;如果使用了 FAST_FORWARD 选项则不能使用该选项
TYPE_WARNING	指明若游标类型被修改成与用户定义的类型不同时,将发送一个警告信息给客户端
select_satement	SELECT 语句,用于定义游标所有进行处理的结果集。该 SELECT 语句中不能出现 COMPUTE、COMPUTE BY、INTO 或 FOR BROWSE 子句
UPDATE	指定游标内可更新的列。若有 OF column_name[,…]选项,则只能修改给出的这些列;若无 OF column_name[,…]选项,则可修改所有列

2. 打开游标

定义游标后不能马上从中读取数据,必须先打开游标。打开游标实际上是执行 SQL 的 SELECT 语句。打开游标的语法格式如下:

Open { { [GLOBAL] cursor_name}|cursor_variable_name}

【语法说明】

• GLOBAL 用于定义游标为一个全局游标。

- cursor_name 用于指定游标名。由用户自定义，必须遵从标识符的命名规则。
- cursor_variable_name 为游标变量名，该名称引用一个游标。

打开一个游标后可用@@ERROR 全局变量来判断成功与否，当@@ERROR 为 0，则表示成功。在游标被成功打开后，@@CURSOR_ROWS 全局变量将用来记录游标内数据行数，@@CURSOR_ROWS 的返回值有以下 4 个，如表 12-15 所示。

表 12-15　全局变量@@CURSOR_ROWS 变量返回值说明

返 回 值	返回值说明
−m	表示从基础表向游标读入数据的处理仍在进行，(−m)表示当前在游标中的数据行数
−1	表示该游标是动态的。由于动态游标可反映基础表的所有变化，因此符合游标定义的数据行经常变动，故无法确定
0	表示无符合条件的记录或游标已被关闭
n	表示从基础表读入数据已经结束，n 即为游标中已有数据记录的行数据

3. 读取数据

使用 OPEN 语句打开游标并不能直接使用结果集中的数据，必须使用 FETCH 语句是从游标中读取当前记录并把它保存到指定的变量中。一条 FETCH 语句一次只能读取一条记录，当有多条记录需读取时，必须使用循环语句。读取数据的语法格式如下：

```
FETCH
[[NEXT|PRIOR|FIRST|LAST|ABSOLUTE{n|@nvar}|RELATIVE{n|@nvar}]
FROM]
{{[GLOBAL ]cursor_name}|@cursor_variable_name}
[INTO @variable_name[,…]]
```

【语法说明】
- cursor_name 用于指定游标名。由用户自定义，必须遵从标识符的命名规则。
- @cursor_variable_name 用于指定游标变量名，该名称引用一个游标。
- NEXT | PRIOR | FIRST | LAST | ABSOLUTE | RELATIVE 用于说明读取数据的位置。
- NEXT 表示提取当前行的下一行数据，并将下一行变为当前行。如果 FETCH NEXT 是对游标的第一次提取操作，则提取第一行记录。
- PRIOR 表示提取当前行的前一的数据，并将前一行变为当前行。如果 FETCH PRIOR 为对游标的第一次提取操作，则没有行返回并且游标置于第一行之前。
- FIRST 表示提取第一行的数据，并将其作为当前行。
- LAST 表示提取最后一行数据，并将其作为当前行。
- ABSOLUTE 表示按绝对位置提取数据。如果 n 为正数，则返回从游标头开始的第 n 行，并将返回行变成新的当前行；如果 n 为负数，则返回从游标末尾开始的第 n 行，并将返回行变成新的当前行。
- RELATIVE 表示按相对位置提取数据。如果 n 为正数，则返回从当前行开始之后

的第 n 行,并将返回行变成新的当前行;如果 n 为负数,则返回当前行开始之前的第 n 行,并将返回行变成新的当前行。

- INTO @variable_name:将提取操作的列数据放到指定的变量中。列表中的各个变量从左到右与游标结果集中的相应列相关联。

4. 关闭游标

游标使用完以后,可以使用 Close 语句来关闭事先打开的游标,若不关闭,则游标还将占用系统资源。其语法格式如下:

Close {{[GLOBAL]cursor_name}|@cursor_variable_name}

语句参数的含义与 OPEN 语句中的相同。

关闭游标后,系统删除了游标中所有的数据,因而不能再从游标中提取数据。若再想从游标中读取数据,则必须重新打开游标。

5. 删除游标

如果一个游标确定不再被使用,可以将其删除,彻底释放游标所占用的系统资源。删除游标的语法格式为:

DEALLOCATE {{[GLOBAL]cursor_name}|@cursor_variable_name}

语句参数的含义与 OPEN 语句中的相同。

12.4.3 游标使用示例

【例 12-17】 选取班级代码为"06030"的所有女生信息作为结果集,并为该结果声明只读的游标。

解 SQL 语句清单如下:

```
USE jwgl
GO
DECLARE stu_cursor CURSOR
FOR SELECT *
FROM 学生
WHERE 班级代码 = ´060730´ AND 性别 = ´女´
ORDER BY 学号
FOR READ ONLY
```

【例 12-18】 打开例 12-17 创建的游标,并使用该游标读取结果集中的所有数据。

解 SQL 语句清单如下:

```
USE jwgl
GO
OPEN stu_cursor
FETCH NEXT FROM stu_cursor
BEGIN
    FETCH NEXT FROM stu_cursor
END
```

12.5 事 务 处 理

SQL Server 中的事务是一个逻辑单元，其中包括一系列的操作，这些语句将被作为一个整体进行处理。通过事务，SQL Server 能将逻辑相关的一组操作绑定在一起，以便服务器保持数据的完整性。

12.5.1 事务概述

1. 事务

事务是一个用户定义的操作序列，是构成单一逻辑工作单元的操作集合。这些操作要么全做，要么全不做，是一个不可分割的工作单元，是一个数据库动态特性的核心，是数据库一致性的单位，也是数据库恢复和并发控制的基本单元。

一个事务可以看作一组程序，完成对数据库的某些一致性操作，事务中的 SQL 语句必须按逻辑次序执行。

2. 事务的性质

为了保证数据库中的数据总是正确的，事务应该具有 ACID 特性，A 表示原子性（Atomicity），C 表示一致性（Consistency），I 表示隔离性（Isolation），D 表示持久性（Durability）。

（1）原子性

原子性表示事务的执行，要么全部完成，要么全部不完成。一个事务中对数据库的所有操作，都是一个不可分割的操作序列。保证原子性是数据库系统本身的职责，是由数据库管理系统的事务管理器来实现的。

（2）一致性

一致性的含义表示无论系统处于何种状态，都能保证数据库中的数据处于一致性状态。即数据库中的数据总是应该保持正确的状态。该特性可以由系统的完整性逻辑，如各种约束来实现，也可以由编写事务程序的程序设计人员来完成。

（3）隔离性

隔离性也称独立性，表示两个或多个事务可以同时运行而不互相影响。在多个事务并发执行时，系统应该保证与这些事务先后单独执行时的结果一样，此时称事务达到了隔离性的要求。也就是说，并发执行中的事务，不必关心其他事务的执行，就如同在单用户环境下执行一样。隔离性是靠数据库管理系统的并发控制子系统保证的。

（4）持久性

持久性表示事务的工作完成之后，这些工作的结果就会永远保存，即使系统失败也是如此。持久性是用数据库管理系统的恢复管理子系统保证实现的。

一般地，对数据库的操作建立在读和写两个操作的基础上的。读操作就是把数据从数据库中读到内存的缓冲区，写操作就是把数据从内存缓冲区中写回数据库。

3. 事务的类型

事务可分为两种类型：系统提供的事务和用户定义的事务。

系统提供的事务是指在执行某些 T-SQL 语句时，一条语句就构成了一个事务，这些语句是：

ALTER TABLE、CREATE、DELETE、DROP、INSERT、GRANT、FETCH、OPEN、REVOKE、SELECT、UPDATE、TRUNCATE TABLE。

在实际应用中，大量使用的是用户定义的事务。事务的定义方法是：用 BEGIN TRANSACTION 语句指定一个事务的开始，用 COMMIT 或 ROLLBACK 语句表明一个事务的结束。

12.5.2　事务控制语句

事务由事务开始与事务结束之间执行的全部操作组成。定义事务的语句有 3 条：

- BEGIN TRANSACTION(事务开始)；
- COMMIT TRANSACTION(事务提交)；
- ROLLBACK TRANSACTION(事务回滚或撤销)。

1. BEGIN TRANSACTION 语句

BEGIN TRANSACTION 语句标记一个事务的开始，其语法格式为：

```
BEGIN TRANSACTION [transaction_name|@tran_name_variable]
[WITH MARK[´description´]]
```

其中，transaction_name 是事务的名称，必须遵守标识符规则，但字符长度不超过 32 个字符。@tran_name_variable 是用户定义的、含有效事务名称的变量，该变量类型必须是 char、varchar、nchar 或 nvarchar。WITH MARK 指定在事务中标记事务，description 是描述该标记的字符串。TRANSACTION 可以只写前 4 个字符。

2. COMMIT TRANSACTION 语句

COMMIT TRANSACTION 语句用于提交事务，标志一个事务的结束，它使得自从事务开始以来所执行的所有数据修改成为数据库的永久部分。其语法格式为：

```
COMMIT TRANSACTION [transaction_name|@tran_name_variable]
```

其中，参数 transaction_name 和@tran_name_variable 分别是事务名称和事务变量名。与 BEGIN TRANSACTION 语句相反，COMMIT TRANSACTION 的执行使全局变量@@TRANCOUNT 的值减 1。另外，也可以使用 COMMIT WORK 语句标志一个事务的结束，其语法格式为：

```
COMMIT [WORK]
```

它与 COMMIT TRANSACTION 语句的差别在于 COMMIT WORK 不带参数。

3. ROLLBACK TRANSACTION 语句

ROLLBACK TRANSACTION 语句是回滚语句，它使得事务回滚到起点或指定的保存点处，它标志一个事务的结束，其语法格式为：

```
ROLLBACK TRANSACTION
[transaction_name|@tran_name_variable
|savepoint_name|@savepoint_variable]
```

其中，参数 transaction_name 和@tran_name_variable 分别是事务名称和事务变量名，savepoint_name 是保存点名,@savepoint_variable 是含水量有保存点名称的变量名,它们可用 SAVE TRANSACTION 语句设置。SAVE TRANSACTION 语句的语法格式为:

SAVE TRANSACTION { savepoint_name|@savepoint_variable}

ROLLBACK TRANSACTION 将清除自事务的起点或到某个保存点所做的所有数据修改,并且释放由事务控制的资源。如果事务回滚到开始点,则全局变量@@TRAN-COUNT 的值减 1,而如果回滚到指定存储点,则@@TRANCOUNT 的值不变。

也可以使用 ROLLBACK WORK 语句进行事务回滚,ROLLBACK WORK 将使事务回滚到开始点,并使全局变量@@TRANCOUNT 的值减 1。

本 章 小 结

本章介绍了 T-SQL 语言的基础知识、函数、运算符、流程控制语句、游标和事务。

(1)基础知识:SQL Server 中的变量分为全局变量和局部变量;运算符有算术运算符、关系运算符、逻辑运算符、字符串连接运算符、位运算符和赋值运算符;函数分为内部函数和自定义函数。

(2)常用的流程控制语句有:IF…ELSE…语句、WHILE 语句、CASE 语句等。

(3)游标是 SQL Server 提供的一种机制,用于逐行处理结果集。SQL Server 支持 3 种类型的游标:T-SQL 游标、API 服务器游标和客户游标。

(4)一个事务具有 4 个特性:原子性、一致性、隔离性和持久性。

习 题

一、选择题

1. T-SQL 语句格式中约定_____内包含的内容是必选的。

    A. {}   B. []   C. A、B 都是   D. A、B 都不是

2. 下列_____语句是将程序的流程控制无条件地转移到指定的标号处。

    A. IF…ELSE…语句   B. WHILE 语句

    C. RETURN 语句   D. GOTO 语句

3. 声明游标的语句是_____。

    A. CREATE CURSOR   B. DECALARE CURSOR

    C. OPEN CURSOR   D. FETCH CURSOR

4. 在书写 SQL 语句时,可以使用_____命令标志一个批处理的结束。

    A. AS   B. DECLARE   C. GO   D. END

5. 局部变量名前必须用_____符号开头。

    A. &   B. @   C. @@   D. #

二、填空题

1. SQL Server 中支持两种形式的变量：_____和_____。

2. SQL Server 2005 提供了以下 3 种用户自定义类型：_____、_____和_____。

3. SQL Server 2005 支持的 3 种游标类型是_____、_____和_____。

4. 一个事务应具有的特性是_____、_____、_____和_____。

三、用 T-SQL 语言完成以下编程

1. 比较两个整数的最大值。

2. 求 1! ＋2! ＋3! ＋4! ＋5! 的值。

第3部分　数据库的维护与管理

本部分内容如下：

第 13 章　数据库的日常维护与管理

📝 **本章将学习以下内容**

- 数据库的备份与还原；
- 数据的导入和导出；
- 数据库的分离和附加数据库。

SQL Server 提供了一些内置的安全性和数据保护方法，这种安全管理主要是为防止非法登录者或非授权用户对 SQL Server 数据库或数据造成破坏。本章主要讲述数据库的备份和恢复的概念、数据的导入和导出以及数据库的分离和附加数据库的操作。

13.1　备份和还原数据库

备份和还原数据库对于数据库管理员来说是一项十分重要的工作，它能保证数据库的安全。Microsoft SQL Server 2005 提供了高性能的备份和还原功能，它可以实现多种方式的数据库备份和还原操作，避免了由于各种故障造成数据库的损坏而丢失数据。

13.1.1　备份和还原数据库实例

1. 使用 SQL Server Management Studio 管理器备份数据库

【例 13-1】　将"jwgl"数据库完整备份到 E 盘，备份文件名为"ss. bak"。

【实现步骤】

（1）启动 SQL Server Management Studio，并连接到 SQL Server 2005 中的数据库。在"对象资源管理器"窗格中单击"服务器"名称以展开"服务器"树。

（2）展开"数据库"节点，右击"jwgl"节点，在弹出的快捷菜单中选择"任务"子菜单下的"备份"命令，打开如图 13-1 所示的"备份数据库—jwgl"对话框。

（3）单击"添加"命令按钮，打开如图 13-2 所示的"选择备份目标"对话框。

（4）在"选择备份目标"对话框中的文件名文本框中输入"E:\ss.bak"，然后单击"确定"按钮，返回到"备份数据库—jwgl"对话框。

（5）单击"确定"按钮，开始创建备份，备份完成后将弹出"备份完成"对话框，单击"确定"按钮，退出备份。

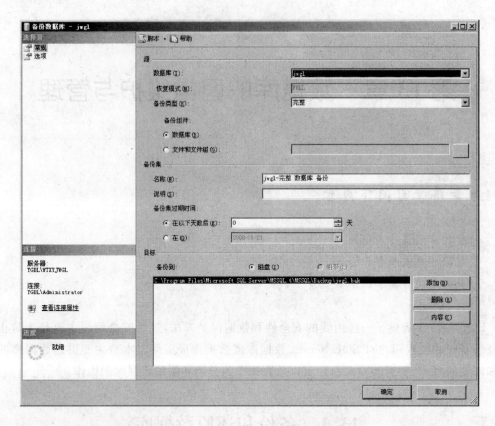

图 13-1 "备份数据库—jwgl"对话框

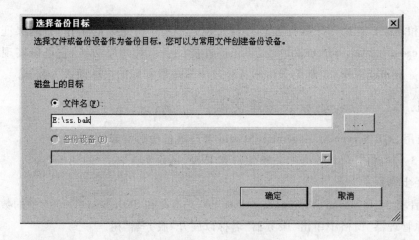

图 13-2 "选择备份目标"对话框

2. 使用 SQL Server Management Studio 管理器还原数据库

【例 13-2】 还原"jwgl"数据库。

【实现步骤】

（1）启动 SQL Server Management Studio，并连接到 SQL Server 2005 中的数据库。在"对象资源管理器"窗格中单击"服务器"名称以展开"服务器"树。

（2）右击"数据库"节点，在弹出的快捷菜单中选择"还原"命令，打开如图 13-3 所示的

"还原数据库"对话框。

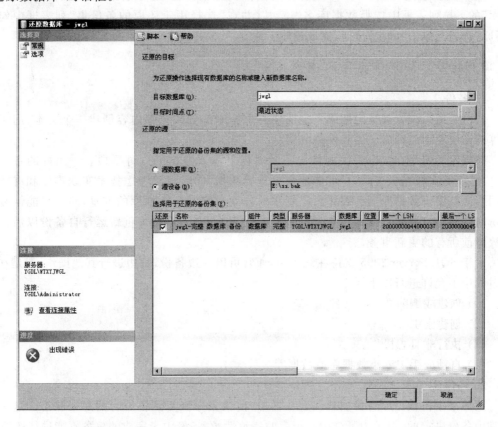

图 13-3　"还原数据库"对话框

（3）选择"源设备"单选项，单击其文本框后的浏览按钮 ，打开"指定备份"对话框。

（4）在"指定备份"对话框中单击"添加"按钮，弹出"定位备份文件"对话框，定位文件"E:\ss.bak"，然后再单击"确定"按钮，返回到"指定备份"对话框，如图 13-4 所示。

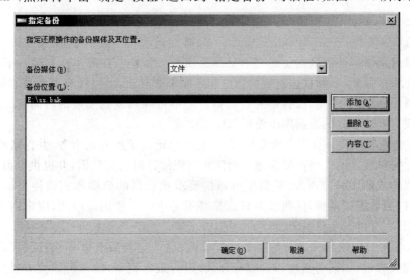

图 13-4　"指定备份"对话框

（5）单击“确定”按钮，返回到“还原数据库”对话框。在“还原数据库”对话框中“目标数据库”的下拉列表框中选择数据库名“jwgl”，并在“选择用于还原的备份集”列表框中勾选“还原”选项。单击“确定”按钮，完成还原工作。

13.1.2　备份与还原的概念

1. 备份

备份是指系统管理员定期或不定期地为数据库部分或全部内容创建一个副本，用于在计算机系统发生故障后还原和恢复数据。

数据库备份是在数据丢失的情况下及时恢复重要数据的一种手段。一个好的备份方案，应该能够在数据丢失时，尽可能地恢复重要数据，同时也要考虑技术实现难度和有效地利用资源。由于数据库遭到破坏后是利用后备副本来进行数据库的恢复，因而只能恢复到备份时的状态。要使数据库恢复到发生故障时刻前的状态，必须重新运行自备份以后到发生故障前所有的更新事务。

由于 SQL Server 2005 支持在线备份，通常可以一边备份，一边进行其他操作，但是在备份过程中不允许进行以下操作。

（1）创建或删除数据库文件。

（2）创建索引。

（3）执行非日志操作。

（4）自动或手工缩小数据库或数据库文件大小。

2. 还原

还原是指将数据库备份加载到服务器中，使数据库恢复到备份时的那个状态。这一状态是由备份决定的，但是为了维护数据库的一致性，在备份中未完成的事务不能进行还原。

备份和还原的工作一般由数据库管理员来完成，因此，数据库管理员应该制定有效的备份和还原策略，提高工作效率，尽量减少数据丢失。

13.1.3　恢复模式

SQL Server 2005 提供了 3 种可使用的恢复模式。

（1）简单恢复模式。在简单恢复模式下，简略地记录大多数事务，所记录的信息只是为了确保在系统崩溃或还原数据备份之后数据通信的一致性。在简单恢复模式下，每个数据备份后日志将被截断，截断日志将删除备份和还原事务日志，所以没有事务日志备份。这虽然简化了备份和还原，但是，没有事务日志备份便不可能恢复到失败的时间点。通常，只有在对数据安全要求不高的数据库中使用该恢复模式。

（2）完全恢复模式。在完全恢复模式下，完整地记录了所有的事务，并保留所有事务的日志记录。完整恢复模式可在最大范围内防止出现故障时丢失数据，并提供全面保护，使数据库免受媒体故障影响。通常，对数据可靠性要求比较高的数据库需要使用该模式，如银行、邮电部门的数据库系统，任何事务日志是必不可少的。使用该模式，应定期做事务日志备份，以免日志文件会变化很大。

（3）大容量日志恢复模式。与完整恢复模式（完全记录所有事务）相反，大容量日志恢复模式只对大容量（如索引创建和大容量加载）进行最小记录，这样可以大大提高数据库的性能，常用作完整恢复模式的补充。该模式事务日志不完整，一旦出现问题，数据库有可能无法恢复,因此,一般只有在需要进行大容量操作时才使用该恢复模式,操作完后,应改用其他的恢复模式。

13.1.4　数据库备份的类型

SQL Server 2005 中数据库备份有 4 种类型:完整数据库备份、差异数据库备份、事务日志备份及数据库文件和文件组备份。

（1）完整数据库备份

完整数据库备份是指对整个数据库的备份,包括所有的数据和数据库对象。实际上,备份数据库的过程就是将事务日志写到磁盘上,然后根据事务日志创建相同的数据库和数据库对象并复制数据的过程。由于是对数据库的完全备份,因而这种备份类型速度较慢,并且占用大量磁盘空间。

在对数据库进行完整备份时,所有未完成的事务或发生在备份过程中的事务都不会被备份。如果使用完整数据库备份,则从开始备份到开始还原这段时间内发生的任何针对数据的修改将无法还原。完整备份一般在下列条件下使用。

- 数据库变化的频率不大。
- 数据不是非常重要,尽管在备份之后还原之前数据被修改,但这种修改是可以忍受的。
- 通过批处理或其他方法,在数据库还原之后可以很轻易地重新实现在数据损坏前发生的修改。

（2）差异数据库备份

差异数据库备份是指将最近一次数据库备份以来发生的数据变化备份起来。因此,差异数据库备份实际上是一种增量数据库备份。与完整数据库备份相比,差异数据库备份由于备份的数据量少,所以备份速度快。通过增加差异备份的备份次数,可以降低丢失数据的风险,但是它无法像事务日志备份那样提供到失败点的无数据损失备份。

在下列情况下可以考虑使用差异数据库备份。

- 自上次数据库备份后,数据库中只有相对较少的数据发生了更改。
- 使用的是简单恢复模型,希望进行更频繁的备份,但不希望进行频繁的完整数据库备份。
- 使用的是完全恢复模型或大容量日志记录恢复模型,希望用最少的时间在还原数据库时前滚动日志备份。

（3）事务日志备份

事务日志备份是以事务日志文件作为备份对象。它是自上次备份事务日志后对数据库执行的所有事务的一系列记录。使用事务日志备份可以将数据库恢复到特定的即时点或恢复到故障点。由于事务日志备份只是记录的某段时间内的数据库的变动情况,因此,在做事务日志备份之前,必须先做完整数据库备份。以下情况经常选择事务日志备份:

- 数据库变化较为频繁,要求恢复到事故发生时的状态。
- 存储备份文件的磁盘空间很小或留给进行备份操作的时间有限。
- 数据非常重要,不允许在最近一次数据库备份之后发生数据丢失或损坏的情况。

由于事务日志备份仅对数据库事务日志进行备份,因此它比数据库完全备份使用的资源少,可对数据库经常地进行事务日志备份。

（4）数据库文件和文件组备份

数据库文件和文件组备份是针对单一数据库文件或文件夹做备份和恢复，它的好处是便利和弹性，而且在恢复时可以仅仅针对受损的数据库文件做恢复。

虽然数据库文件和文件组备份有其方便性，但是这类备份必须搭配事务日志备份，因为在恢复部分数据库文件或文件夹后必须恢复自数据库文件或者文件夹备份后所做的所有事务日志备份，否则会造成数据库的不一致性。因此在做完文件或文件夹备份后最好立刻做一个事务日志备份。

13.1.5　创建备份设备

1. 备份设备的概念

在进行备份以前首先必须创建备份设备。备份设备是用来存储数据库事务日志、文件或文件组备份的存储介质，它可以是本机或远程服务器上的硬盘、磁带或命名管道。SQL Server 只支持将数据库备份到本地磁带机，而不是网络上的远程磁带机。当使用磁盘时，SQL Server 允许将本地主机磁盘和远程主机上的硬盘作为备份设备，备份设备在硬盘中是以文件的方式存储的。

2. 备份设备的类型

（1）磁盘备份设备

磁盘备份设备是指被定义成备份文件的硬盘或其他磁盘存储介质。

建议不要将数据库与其备份放在同一个物理磁盘上，否则，当包含数据库的磁盘设备发生故障时，备份数据库也可能会一起遭到破坏，这将会导致数据库无法恢复。

（2）磁带备份设备

磁带备份设备与磁盘备份设备相同，只是 SQL Server 中仅支持本地磁带设备，不支持远程磁带设备，即使用时必须将其物理地安装到运行 SQL Server 实例的计算机上。

（3）命名管道备份设备

SQL Server 提供了把备份放在命名管道（Name Pipe）上的功能，允许第三方软件供应商提供命名管道备份设备来备份和恢复 SQL Server 数据库。

需要注意的是，命名管道备份设备不能通过 SQL Server Management Studio 管理器来创建和管理。

3. 创建备份设备

在 SQL Server 2005 中可以使用 SQL Server Management Studio 管理器或使用系统存储过程 sp_addumpdevice 来创建一个备份设备。

（1）使用 SQL Server Management Studio 管理器

使用 SQL Server Management Studio 管理器创建备份设备的具体操作步骤如下。

① 启动 SQL Server Management Studio，并连接到 SQL Server 2005 中的数据库。在"对象资源管理器"窗格中单击"服务器"名称以展开"服务器"树。

② 展开"服务器对象"节点，右击"备份设备"选项，在弹出的快捷菜单中选择"新建备份设备"命令，或右击"服务器对象"节点，在弹出的快捷菜单中依次选择"新建"→"备份设备"命令，弹出"备份设备"对话框。

③ 在"设备名称"后的文本框中输入设备名称，如"教务管理系统数据库备份"。若要确定目标位置，选中"文件"单选按钮并指定该文件的完整路径，如图 13-5 所示。

④ 若要创建一个磁带备份设备,则选中"磁带"单选按钮。需要注意的是,当前系统中已经安装有磁带机,此按钮才能选中,否则处于灰色状态,表示不能选中。

⑤ 最后,单击"确定"按钮完成备份设备的创建。

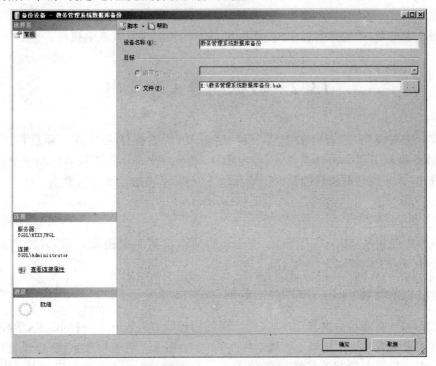

图 13-5　创建备份设备

(2) 使用系统存储过程 sp_addumpdevice

使用系统存储过程 sp_addumpdevice 创建备份设备的语法格式如下:

sp_addumpdevice [@devtype =]′device_type′
      ′[@logicalname =]′logaical_name′
      ′[@physicalname =]′physical_name′
      [′{[@cntrltype =]controller_type
       |[@devstatus =]′device_status′}
      ]

【语法说明】

- [@devtype＝]′device_type′用于指定备份设备的类型,可以是 disk、pipe 和 tape,它们分别表示磁盘、管道和磁带。
- [@logicalname＝]′logaical_name′用于指定备份设备的逻辑名称,该逻辑名称用于 BACKUP 和 RESTORE 语句中,logical_name 的数据类型为 sysname,没有默认值,并且不能为 NULL。
- [@physicalname＝]′physical_name′用于指定备份设备的物理名称。
- [@cntrltype＝]controller_type 用于指定备份设备的类型,2 表示磁盘,5 表示磁带,6 表示管道。
- [@devstatus＝]′device_status′用于指定磁带备份设备对 ANSI 磁带标签的识别(noskip 或者 skip),决定是跳过或者读磁带上的 ANSI 头部信息。

【例13-2】 在 E 盘上创建了一个物理名为"hqmana 备份"的备份设备。

解 SQL 语句清单如下：

EXEC sp_addumpdevice ´disk´,´后勤数据库备份´,´E:\hqmana 备份.bak´

GO

值得注意的是，系统存储过程 sp_addumpdevice 不允许在事务中执行。

13.2 数据的导入和导出

在实际数据使用中，有时需要将一种数据库中的数据导入到另一种数据库中，SQL Server 2005 提供了强大的数据导入/导出功能，它可以实现多种不同数据格式之间的数据导入和导出，为不同数据源间的数据转换提供了方便，从而避免了重构数据。

13.2.1 导入数据

导入数据是指从 Microsoft SQL Server 的外部数据源中检索数据，并将数据插入到 SQL Server 表中的过程。

13.2.2 数据的导入和导出实例

【例13-3】 在高校后勤管理中，目前广泛使用校园一卡通——一种 IC 卡，学校内超市、食堂可凭此卡消费。为了更好地管理学生宿舍，学生宿舍安装了门禁系统，学生进出宿舍必须凭校园卡。校园卡的相关信息原先放入在一个名称为"student_card"的 Excel 表格中。现在要将其数据导入到 SQL 数据库"jwgl"中，并设计相应程序来管理。"Student_card"中的格式及数据如表 13-1 所示。

表 13-1 IC 卡基本信息表

卡号	学号	班号	金额
281101351	06010001	834921	98.0
283001221	06020135	840012	104.0
...	...	...	...

假设 Excel 表已建好，请将此表数据中的数据导入到 SQL 数据库"jwgl"中，名称不变。

【实现步骤】

（1）启动 SQL Server Management Studio，并连接到 SQL Server 2005 中的实例数据库"jwgl"。在"对象资源管理器"窗格中展开"数据库"节点。

（2）右击数据库"jwgl"节点，在弹出的快捷菜单中依次选择"任务"→"导入数据"命令，在打开的"SQL Server 导入和导出向导"对话框中单击"下一步"按钮，打开"选择数据源"对话框，如图 13-6 所示。

（3）在"数据源"下拉列表框中选择"Microsoft Excel"选项，单击"Excel 文件路径"文本框右侧的"浏览"按钮，在"打开"对话框中选取 Excel 文件"E:\student\ Student_card"（假设 Student_card.xls 文件存放在 E 盘 student 目录下），Excel 版本列表框中选择"Microsft Excel 97-2005"，如图 13-6 所示。

（4）单击"下一步"按钮，打开"选择目标"对话框，如图 13-7 所示。选中"使用 Windows 身份验证"单选项，在"数据库"下拉列表框中选择"jwgl"选项，结果如图 13-7 所示。

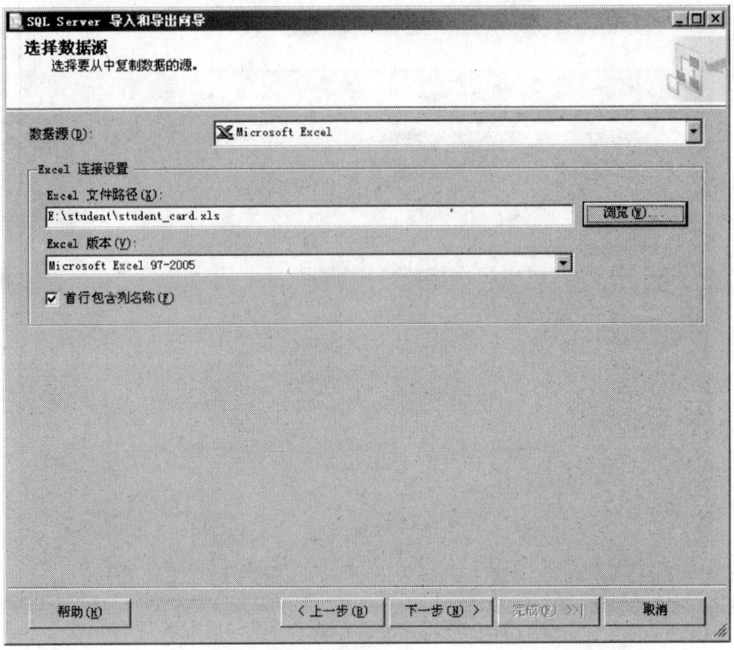

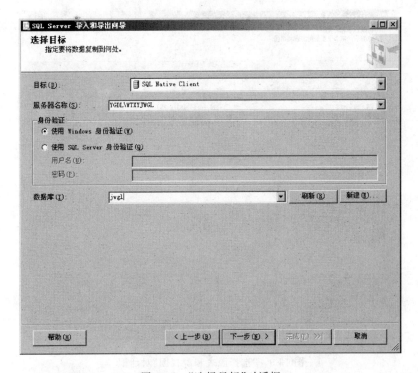

图 13-6 "选择数据源"对话框

图 13-7 "选择目标"对话框

（5）单击"下一步"按钮，打开"指定表复制或查询"对话框，选择"复制一个或多个表或视图的数据"单选项,如图 13-8 所示。

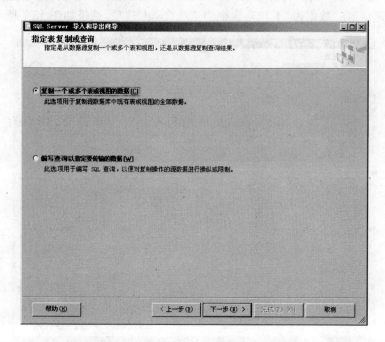

图 13-8 "指定表复制或查询"对话框

(6)单击"下一步"按钮,打开"选择源表和源视图"对话框,如图 13-9 所示。

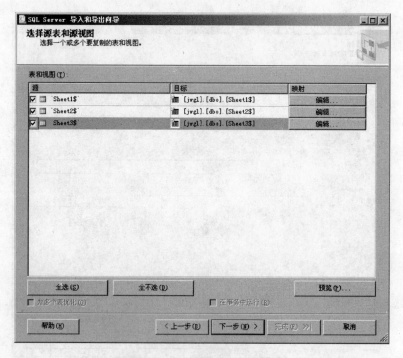

图 13-9 "选择源表和源视图"对话框

(7)单击"全选"按钮,打开"保存并执行包"对话框,如图 13-10 所示。

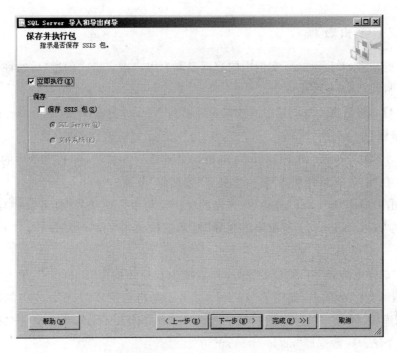

图 13-10　"保存并执行包"对话框

（8）选中"立即执行"复选框，并单击"完成"按钮，执行完毕后显示如图 13-11 对话框。

图 13-11　"执行成功"对话框

（9）单击"关闭"按钮，完成数据导入。

13.2.3 导出数据

导出数据是将 SQL Server 实例中的数据提取为用户指定格式的过程,如将 SQL Server 表的内容复制到 Access 数据库中。

【例 13-4】 将数据库"jwgl"中的数据表导出到 Access 数据库"ac_hqmana.mdb"中。

【实现步骤】

(1) 启动 SQL Server Management Studio,并连接到 SQL Server 2005 中的实例数据库 "hqmana"。在"对象资源管理器"窗格中展开"数据库"节点。

(2) 右击数据库"hqmana"选项,在弹出的快捷菜单中依次选择"任务"→"导出数据"命令,在打开的"SQL Server 导入和导出向导"对话框中单击"下一步"按钮,打开"选择数据源"对话框。

(3) 在"选择数据源"对话框的数据库列表框中选择数据库"hqmana",单击"下一步"按钮,进入"选择目标"对话框,如图 13-12 所示。由于是将数据库"hqmana"中的数据表导入 Access 数据库中,因此在"目标"列表框中选择"Microsoft Access",单击文件名后的"浏览"按钮选择一个 Acess 数据库"ac_hqmana.mdb"。

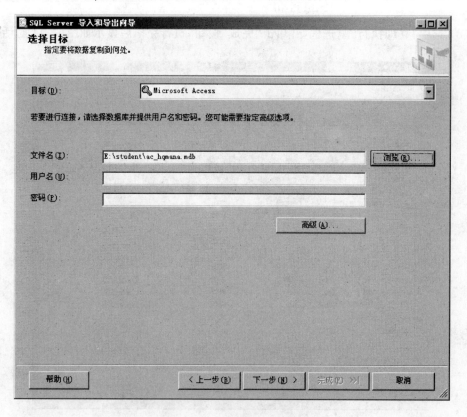

图 13-12 "选择目标"对话框

(4) 单击"下一步"按钮,进入"指定表复制或查询"对话框,直接单击"下一步"按钮,进入"选择源表和源视图"对话框,如图 13-13 所示。这里单击"全选"按钮,复制所有的表和视图。

296

图 13-13　"选择源表和源视图"对话框

（5）单击"下一步"按钮，进入"保存并执行包"对话框，单击"下一步"按钮，进入"完成该向导"对话框，如图 13-14 所示。该对话框列出了导出数据表所设置的相关信息。

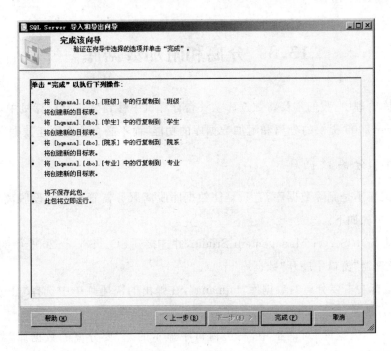

图 13-14　"完成该向导"对话框

（6）单击"完成"按钮，执行数据的导出操作，如图 13-15 所示。

（7）启动 Microsoft Access，单击菜单栏"文件"|"打开"命令，选择指定数据库的路径（这里选择"D:\STUDENT\ac_hqmana"），单击确定按钮即可查看到刚刚从 SQL Server 导出的数据表。

图 13-15　"执行成功"对话框

13.3　分离和附加数据库

在数据库管理中,我们常要将数据库从一台计算机中移到另一台计算机中,这时可以使用 SQL Server 2005 提供的分离和附加数据库的功能,而不必去重新创建数据库。

13.3.1　分离数据库

分离数据库不是删除数据库,它只是使数据库脱离服务器管理。假设脱离"hqmana"数据库,其具体步骤如下。

(1)启动 SQL Server Management Studio,并连接到 SQL Server 2005 中的数据库。在"对象资源管理器"窗口中展开"数据库"节点。

(2)用鼠标右击要分离的数据库"hqmana",在弹出的快捷菜单中选择"任务"→"分离"命令,如图 13-16 所示。

(3)在"分离数据库"对话框中,右边窗口中显示的是"要分离的数据库"数据库选项。如图 13-17 所示。

- "删除连接"复选框:数据库被使用时,需要选中该选项来断开与所有活动的连接。然后才可以分离数据。
- "更新统计信息"复选框:选中此项,分离数据库时更新现有的优化统计信息,否则将保留过期的优化统计信息。

- "保留全文目录"复选框：选中此复选框，则删除所有与数据库相关联的全文目录，否则保留。
- "状态"复选框：显示当前数据库状态（"就绪"或"未就绪"）。
- "消息"复选框：如果状态是"就绪"，则"消息"列将显示有关数据库的超链接信息。当数据库涉及复制时，"消息"列将显示 Database Replicated。数据库有一个或多个活动连接时，"消息"列将显示活动连接个数。
- 当"状态"为就绪时，单击"确定"按钮，可将数据库与 SQL Server 服务器分离。

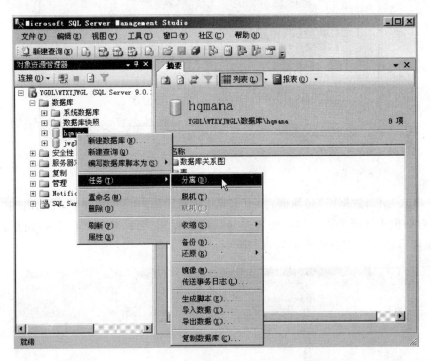

图 13-16 "分离数据库"对话框

图 13-17 "要分离的数据库"窗口

13.3.2 附加数据库

附加数据库的操作与分离数据库的操作相反，它可以将分离的数据库重新添加到数据库中，也可以添加其他服务器组中分离的数据库。但在附加数据库时必须指定主数据库文件（mdf 文件）的名称和物理位置。

下面是附加数据库"hqmqna"的具体步骤。

（1）启动 SQL Server Management Studio，并连接到 SQL Server 2005 中的数据库。在

"对象资源管理器"窗口中展开"数据库"节点。

（2）右击"数据库"选项，如图 13-18 所示，在弹出的快捷菜单中选择"附加"命令。

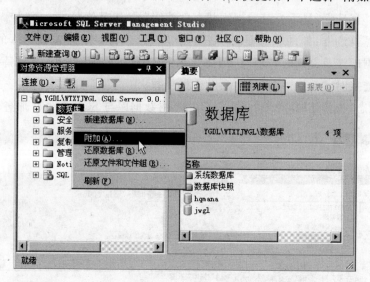

图 13-18　附加数据库

（3）进入"附加数据库"对话框，如图 13-19 所示。单击"添加"按钮，在弹出的"定位数据库文件"对话框中选择要附加的扩展名为 mdf 的数据库文件，单击"确定"按钮后，数据库文件及数据库日志文件将自动添加到列表框中。

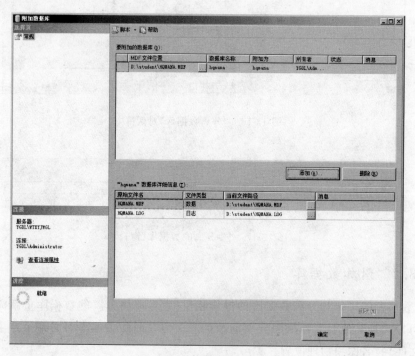

图 13-19　"附加数据库"对话框

（4）单击"确定"按钮完成数据库附加操作。

本 章 小 结

为了确保 SQL Server 2005 系统的正常运行,必须做一些日常性的维护工作。备份和还原是数据库管理员维护数据库安全性和完整性的主要操作。SQL Server 2005 提供了 4 种备份的方法,分别是完整数据库备份、事务日志备份、差异备份和文件或文件组备份。备份的设备可以是硬盘、磁带等。还原是把遭受破坏、丢失数据或出现错误的数据库,恢复到出故障前备份时的状态。恢复有 3 种类型:简单恢复模型、完全恢复模型和大容量日志记录恢复模型。

在 SQL Server 2005 中,我们可以将系统外的数据库附加到服务器中,也可以将数据库分离,便于用户的传阅。同时,可利用 SQL Server 2005 提供的功能实现异构数据的导入和导出。

习　　题

一、选择题

1. 数据库备份设备是用来存储备份数据的存储介质,下面_____设备不属于常见的备份设备类型。
   A. 磁盘设备　　　　B. 软盘设备　　　　C. 磁带设备　　　　D. 命名管道设备

2. 在下列情况下,SQL Server 可以进行数据库备份的是_____。
   A. 创建或删除数据库文件时　　　　　B. 创建索引时
   C. 执行非日志操作时　　　　　　　　D. 在非高峰活动时

3. 下列_____系统数据库不需要进行备份和还原。
   A. master　　　　B. model　　　　C. temdb　　　　D. msdb

4. 文件和文件组备份必须搭配_____。
   A. 完整备份　　　B. 差异备份　　　C. 事务日志备份　　D. 不需要

二、填空题

1. 数据库备份就是_____。

2. 数据库备份设备是用来存储备份数据的存储介质。创建备份时,必须选择存放备份数据的备份设备。常见的备份设备类型包括_____、_____和_____。

3. 数据库恢复是指_____。能够恢复到什么状态是由_____决定的。

4. 在 SQL Server 中,有 3 种数据库恢复模式,分别是_____、_____和_____。

5. SQL Server 中的 4 种备份方式是_____、_____、_____和_____。

第 14 章　SQL Server 数据的访问技术

本章将学习以下内容

- SQL Server 2005 中数据交互;
- ODBC 数据源的添加及删除;
- Visual Basic 中用 ADO 数据控件和 ADO 对象访问 SQL Server 2005 的方法。

SQL Server 2005 与 Microsoft .NET Framework 公共语言运行时(Common Language Runtime,CLR)紧密地捆绑在一起,而且能够执行使用任何一种 CLR 语言编写的代码。SQL Server 2005 提供的 Visual Studio 2005 开发环境很容易地将系统中用户数据与 Web 交互。

近几年,微软公司已经推出了许多可以使用 SQL Server 数据的客户数据库访问,其中包括 ODBC 数据源、数据访问对象(DAO)、远程数据访问对象(RDO)和 ActiveX 数据对象(ADO),本章重点介绍 ODBC 和 ADO 访问数据库的方法。

14.1　SQL Server 与 Web 交互数据

World Wide Web(Web)是因特网提供的一种服务,目前广泛应用于因特网中。用户可以通过基于 Web 的浏览器访问并查看利用 HTML(Hypertext Mark Up Language)语言编写的 HTML 文件。SQL Server 2005 提供了完备的 Web 服务功能,不仅支持 Web 服务,而且支持 ASP.NET 的 Web 编程框架。用户可以使用类似于 Visual Basic 语言来编写代码。当浏览器访问到 HTML 文件时,浏览器将会自动编译、解释 HTML 文件的内容,使用户可以看到真实的文本、图像等数据内容。基于 Web 页的访问,不仅简单,而且友好,而且内容丰富。

当用户连接到因特网上时,总要和因特网服务器发生关系。Web 页是因特网服务器提供的一种服务,当然因特网服务器还提供其他服务如 FTP、Telnet 等。微软公司的 IIS(Internet Information Server)是 Windows 2000 以上及 Windows NT 提供的 Web 服务器,是 Windows 环境下在因特网上发布 Web 页的最佳工具。用户可以使用 IIS 实现发布 Web 页,实现与 ODBC 数据源(如 SQL Server)交互等功能。

数据库服务器、因特网服务器和 Web 浏览器的关系可用图 14-1 表示。

SQL Server 2005 提供了 Visual Studio 2005 开发环境用于将系统中用户数据与 Web 交互。用户既可以将信息存储在 Web 页面上或 XML 文档内,也可以将数据存储在数据库中。关于 Visual Studio 2005 的使用,读者可以参考 SQL Server 2005 的相关书籍。

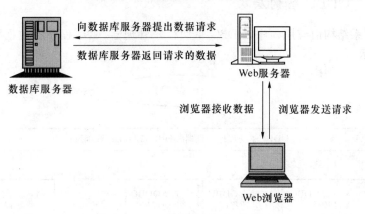

图 14-1 Web 服务器工作模式

14.2 ODBC 数据源

开放数据库互联(Open DataBase Connectivity,ODBC)是微软公司提出的开放式数据库互联标准接口,也是微软公司推出的一种工业标准。由于 ODBC 对数据库应用程序具有良好的适应性和可移植性,目前已经广泛地应用在数据库的程序设计和开发中。ODBC 可以跨平台访问各种个人计算机、小型机以及主机系统。

ODBC 采用 SQL 作为标准查询语言来访问所连接的数据源,通过 ODBC 数据库开发人员可以很方便地实现在自己的应用程序中同时访问多个不同的数据库管理系统。ODBC 显著特点是用统一的方法去处理不同的数据源。

14.2.1 ODBC 数据源添加实例

在 Windows 操作系统系列中,ODBC 数据源的添加是由 Windows 控制面板中"管理工具"窗口下的"数据源(ODBC)"来完成的。在"管理工具"窗口中双击"数据源(ODBC)"图标,打开如图 14-2 所示的"ODBC 数据源管理器"窗口,用户可以在此窗口中完成数据源的添加。

图 14-2 "ODBC 数据源管理器"窗口

14.2.2 ODBC 结构层次

ODBC 体系结构由应用程序、ODBC 驱动程序管理器、驱动程序和数据源 4 部分组成，如图 14-3 所示。

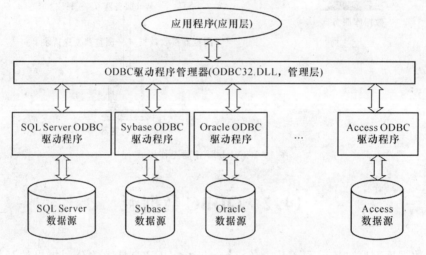

图 14-3　ODBC 体系结构

1. 应用程序

ODBC 应用程序是指由数据库开发人员采用 ODBC 技术访问数据库的应用程序，它可以是用 Visual Basic、Delphi、PowerBuilder 等开发工具开发的应用程序，也可以是其他 ODBC 数据库应用程序。ODBC 应用程序执行处理并调用 ODBC 函数。其主要任务是：

- 连接数据源及向数据库发送 SQL 语句；
- 为 SQL 语句的执行结果分配存储空间，并定义其读取的数据格式；
- 检索结果并处理错误；
- 提交或回滚 SQL 语句的事务处理；
- 断开连接的数据源。

2. ODBC 驱动程序管理器

ODBC 驱动程序管理器是一个驱动程序库，负责应用程序和驱动程序间的通信。由于 ODBC 应用程序不能直接调用 ODBC 驱动程序，它必须由 ODBC 驱动管理器调用相应的 ODBC 程序，加载到内存中，并将后面的 SQL 请求传送给正确的 ODBC 驱动程序。这样，无论是连接到 SQL Server 还是其他的数据库，都能保证 ODBC 函数总是按同一种方式调用，为程序的跨平台开发和移植提供了极大的方便。

3. 驱动程序

ODBC 驱动程序负责发送 SQL 请求给关系数据库管理系统，并且把结果返回给 ODBC 驱动管理器，然后再由 ODBC 驱动程序器把结果传递给 ODBC 应用程序。

ODBC 驱动程序接收来自 ODBC 驱动程序管理器中传过来的对 ODBC 函数的调用请求，并将从数据源上得到的结果返回给驱动程序管理器。

4. 数据源

数据源（Data Source Name，DSN）是连接数据库驱动程序与数据库管理系统（DBMS）的桥梁，它为 ODBC 驱动程序指定数据库服务器名称、登录名称和密码等参数。数据源分为文件数据源、系统数据源和用户数据源 3 种,最常用的是系统数据源。

在 Windows 系列的操作系统中,用户可以使用 ODBC 管理器程序来创建数据源。

14.2.3 添加 SQL Server ODBC 数据源

在使用 ODBC 访问数据库时,首先要建立与数据库的连接,而在与数据库连接时,通常要使用到已建立的 ODBC 数据源。用户既可以使用 ODBC 管理器,也可以使用编程方式(使用 SQL ConfigDataSource)或创建文件的方法添加数据源。在 Windows 系统中,数据源的配置是在"控制面板"中进行的。

下面具体介绍在 Windows 2003/XP 中配置一个 ODBC 数据源的操作步骤。数据库为 SQL Server 2005,名称为"jwgl",数据源名为"stu"。

1. 新建数据源

(1) 在 Windows 2003/XP 系统中打开"管理工具",如图 14-4 所示,可以看到数据源(ODBC)选项。

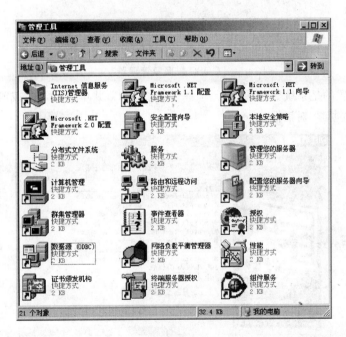

图 14-4 "管理工具"窗口

(2) 双击数据源(ODBC)选项,打开如图 14-5 所示的 ODBC 数据源管理器对话框。其中,用户 DSN、系统 DSN 和文件 DSN 3 个选项卡分别表示用户数据源、系统数据源和文件数据源。3 个数据源的区别如下。

- 用户 DSN。ODBC 用户数据源存储了如何与指定数据库提供者的连接信息。用户数据源只对当前用户可见,而且只能用于当前的机器上。
- 系统 DSN。同用户数据源一样,ODBC 系统数据源存储了如何与指定数据库提供者的连接信息。系统数据源对当前机器上的所有用户可见,包括网络服务。
- 文件 DSN。ODBC 文件数据源允许用户连接到数据库提供者。文件数据源可以由安装了相同的驱动程序的用户所共享。

- 驱动程序。显示所有已经安装的驱动程序。
- 跟踪。允许跟踪某个给定 ODBC 驱动程序的所有活动，并记录到日志文件。
- 连接池。用来设置连接 ODBC 驱动程序的等待时间。
- 关于。显示由 ODBC 数据源管理器使用的动态连接库及其版本。

图 14-5　"ODBC 数据源管理器"对话框

（3）本例配置的是系统数据源，因此选择"系统 DSN"，并单击"添加"按钮，打开如图 14-6 所示的"创建新数据源"对话框。

图 14-6　"创建新数据源"窗口

（4）在图 14-6 所示的"创建新数据源"对话框中的数据源下拉列表框中选择 ODBC 驱动程序，本例选择"SQL Server"数据源驱动程序，然后单击"完成"按钮，弹出如图 14-7 所示的"创建到 SQL Server 的新数据源"对话框。

（5）在图 14-7 所示的对话框中，在名称文本框中输入数据源的名字，例如"stu"。数据源名称最好具有一定的意义。在说明文本框中输入一串文字内容，内容任意，可以不填。在服务器下拉列表框中，选择该数据源希望连接到的 SQL Server 服务器系统，或者直接输入服务器名。"（Local）"表示本机 SQL Server 服务器系统。然后单击"下一步"按钮，弹出如

图 14-8 所示的"选择验证模式"对话框。

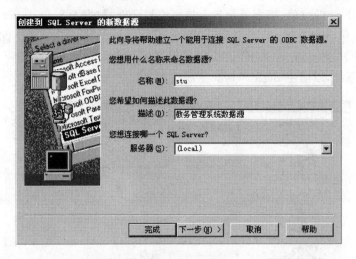

图 14-7 "创建到 SQL Server 的新数据源"对话框

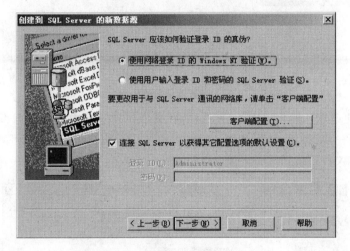

图 14-8 "选择验证模式"对话框

（6）在图 14-8 所示的对话框中，可指定认证方法，并设置 Microsoft SQL Server 高级客户项以及登录名和密码。本例选择"使用网络登录 ID 的 Windows NT 验证（W）"单选项。

SQL Server 中允许 3 种验证模式。

- 操作系统验证，通常是对于 Windows NT 的合法用户，由 Windows NT 进行身份验证。
- SQL Server 标准安全性验证，由 SQL Server 对用户进行身份验证。
- 混合验证模式。

（7）单击"下一步"按钮，弹出如图 14-9 所示的用户设置默认数据库等选项对话框。其中几个复选框的含义如下。

- "为预定义的 SQL 语句创建临时存储过程，并删除该存储过程"：该复选框允许使用 SQL Prepare 函数时，创建一个临时存储过程，该选框只能用于 SQL Server 6.5 数据库。
- "使用 ANSI 引用的标识符"：数据库源与 SQL Server 服务器连接时，将打开

QUOTED_IDENTIFIRBS 选项。

- "使用 ANSI 的空值、填充及警告"：选择该复选框，数据源与 SQL Server 服务器连接时，将打开 ANSI_NULLS、ANSI_WARNINGS 和 ANSI_PADDINGS 选项。　．

- "若主 SQL Server 不可用，请使用故障转移 SQL Server"：该选项允许备份 SQL Server 系统，以防主 SQL Server 系统失败。

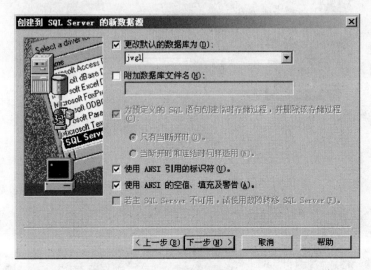

图 14-9 "设置默认数据库"对话框

(8) 勾选"更改默认的数据库为"复选框，在其下拉列表框中选择数据库"jwgl"，其他选项不变，单击"下一步"按钮，弹出如图 14-10 所示的提示用户设置驱动程序使用的语言、字符集区域和日志文件等。

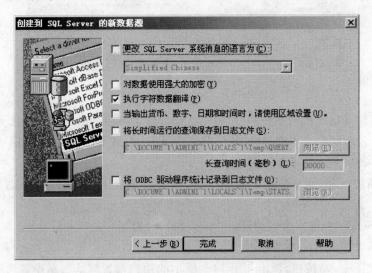

图 14-10 "建立新数据源到 SQL Server 的语言字符设置"对话框

(9) 单击"完成"按钮，出现"ODBC Microsoft SQL Server 安装"对话框，如图 14-11 所示。其中显示了新数据源的配置选项。

(10) 单击"测试数据源"按钮，打开"SQL Server ODBC 数据源测试"对话框，其中显示了 SQL Server 的驱动程序版本号,并显示测试是否成功的消息。单击"确定"按钮,即返回到"ODBC Microsoft SQL Server 安装"对话框。

(11) 单击"确定"按钮,即可创建一个新的数据源。

值得注意的是,如果更改了数据源的配置,可在"ODBC 数据源管理器"窗口中单击"配置"按钮重新对数据源进行配置。

图 14-11 "ODBC Microsoft SQL Server 安装"对话框

14.2.4 删除 ODBC 数据源

使用 ODBC 管理器既可以配置 ODBC 数据源,也可删除 ODBC 数据源,且操作方法很简单。使用 ODBC 管理器删除 ODBC 数据源的操作步骤如下。

(1) 在 Windows 的"控制面板"窗口中双击数据源(ODBC)图标,打开如图 14-12 所示的 ODBC 数据源管理器。

图 14-12 "ODBC 数据源管理器"对话框

(2) 在 ODBC 数据源管理器中选择"用户 DSN"、"系统 DSN"或"文件 DSN"任一选项卡,选中欲删除的用户 ODBC 数据源,如在图 14-12 中选择"用户 DSN"选项卡中的"stu"数据源,然后单击其右边的"删除"按钮,在弹出的"ODBC 管理器"对话框中单击"是"按钮,即可删除"stu"用户数据源。

14.3 使用 ADO 控件访问 SQL Server 数据库

ADO(Microsoft ActiveX Data Object)是一个功能强大的数据库应用编程接口,它的主要功能是为了实现与 OLE DB 兼容的数据源,是一种基于 OLE DB 标准的数据库应用编程接口。ADO 通过 OLE DB 提供的 COM 接口访问数据,适合于各种 C/S 和 B/S 结构的数据库应用系统。应用程序可以通过 ADO 实现对数据库的连接、对数据的查询、对数据的修改,以及实现对数据库的更新等。

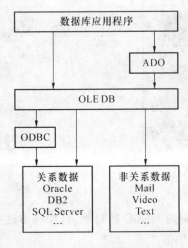

图 14-13 ADO 的数据存取结构

ADO 的数据存取结构如图 14-13 所示。

在 Visual Basic 6.0 中,ADO 数据控件使用 ADO 快速地建立数据绑定控件和数据提供者之间的连接,数据绑定控件是任何具有 DataSource 属性的控件,数据提供者可以是任何符合 OLE DB 规范的数据源。

使用 ADO 数据控件访问 SQL Server 数据库时,通常需要做以下几件事情。

(1) 在 Visual Basic 工程中添加一个 ADO 数据控件。

(2) 使用 ADO 连接到一个 SQL Server 数据库。

(3) 将 ADO 数据控件连接到一个或多个数据绑定控件。

通过以上几个步骤,就可构建一个数据库应用实例,检索和更新 SQL Server 数据库中的数据。

14.3.1 ADO 控件使用实例

ADO 的目标是访问、编辑和更新数据源。使用 ADO 编程的简单流程如下。

(1) 连接到数据源。同时,可确定对数据源的所有更改是否已成功或没有发生。

(2) 指定访问数据源的命令,同时可带变量参数或优化执行。

(3) 执行命令。

(4) 如果这个命令使数据按表中行的形式返回,则将这些行存储在易于检查、操作或更改的缓存中。

(5) 适当情况下,可使用缓存行的更改内容来更新数据源。

(6) 提供常规方法检测错误(通常由建立连接或执行命令造成)。

(7) 关闭连接到的数据源。

1. ADO 控件实例

在窗体上添加 ADO 数据控件后的图标如图 14-14 所示。

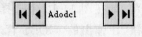

图 14-14 ADO 数据控件

2. ADO 数据控件的主要属性

ADO 数据控件的主要属性如表 14-1 所示,其中 ConnectionString 属性的参数如表 14-2 所示。

表 14-1　ADO 数据控件的主要属性

属 性 名	作 用
Caption	控件标题,通常用来显示当前记录所处的位置
UserName	用来指定用户的名称,当数据库受密码保护时,需要指定该属性。该属性可以在 Connection-String 中指定。当 ConnectionString 属性中指定了其值时,则 ConnectionString 中的值将覆盖 UserName 属性的值
ConnectionString	设置或返回用来建立数据源的连接字符串。该属性中包含一些参数,如表 14-2 所示
Password	当数据库受密码保护时,需要指定该属性。该属性可以在 ConnectionString 中指定。当 ConnectionString 属性中指定了其值时,则 ConnectionString 中的值将覆盖 Password 属性的值
RecordSource	返回或设置 ADO 控件的记录源,用于决定从数据库检索的信息。其设置值既可以是数据库表名,也可以是有效的 SQL 语句
Mode	决定用记录集进行的操作
CommandType	用以确定 Source 属性是 SQL 语句、一个表名、一个存储过程,还是一个未知的类型
CursonLocation	指定游标的位置,是位于客户机上还是位于服务器上
ConnectionTimeOut	设置等待建立一个连接的时间,以 s 为单位。如果连接超时,则返回一个错误
MaxRecord	决定游标的大小。如何决定这个属性的值取决于所检索的记录的大小,以及计算机可用资源(内存)的多少。MaxRecord 属性的值不能太大
CashSize	指定从游标中可以检索的记录数。若将 CursorLocation 属性设为客户端,则这个属性只能设为一个较小的数目,不会有任何不利的影响;若游标的位置位于服务器,则可以对这个数进行调整,将其设为可以查看的行数

表 14-2　ConnectionString 属性的参数

参 数	描 述
Provider	指定数据源的名称
FileName	指定基于数据源的文件名称
RemoteProvider	指定在打开一个客户端连接时使用的数据源名称
RemoteServer	指定打开数据连接时使用的服务器的路径和名称

3. ADO 数据控件的主要方法

ADO 数据控件的主要方法如表 14-3 所示。

表 14-3　ADO 数据控件的主要方法

方 法	作 用
Refresh	用于更新集合中的对象以便反映来自指定提供者的对象情况。在调用 Refresh 方法之前,应该将 Command 对象的 activeConnection 属性设置为有效的 Connection 对象,将 CommandText 属性设置为有效命令,并且将 CommandType 属性设置为 adCmdStoreProc。Refresh 方法的语法格式为:对象名.Refresh
UpdateRecord	可将约束控件上的当前内容写入数据库
UpdateControls	从控件的 ADO RecordSet 对象中获取当前行,并在绑定此控件的控件中显示相应的数据
Close	用于关闭打开的对象及任何相关对象。使用该方法可以关闭 Connection 或 Recordset 对象以便释放所有关联的系统资源,关闭对象并非将它从内存中删除,要将对象从内存中完全删除,可将对象变量设置为 Nothing

4. ADO 数据控件的常用事件

ADO 数据控件的常用事件如表 14-4 所示。

表 14-4　ADO 数据控件的常用事件

事件	作用
WillMove	该事件在挂起操作更改 RecordSet 中的当前位置前调用
MoveComplete	该事件在挂起操作更改 RecordSet 中的当前位置后调用
WillChangeField	该事件发生在 RecordSet 对象中的 Field 对象的值被修改之前
FieldChangeComplete	该事件发生在 RecordSet 对象中的 Field 对象的值被修改之后
WillChangeRecordset	该事件发生在对 RecordSet 对象进行挂起或修改操作之前
RecordSetChangeComplete	该事件发生在对 RecordSet 对象进行挂起或修改操作之后
InfoMessage	一旦 ConnectionEvent 操作成功完成,该事件被调用并且由提供者返回附加信息

14.3.2　ADO 控件的添加与设置

1. 将 ADO 数据控件添加到工具箱中

对于 Visual Basic 来说,ADO 数据控件不是一个内部控件,而是一个 ActiveX 控件,因此,在 Visual Basic 集成开发环境默认工具箱中是看不到 ADO 数据控件的。用户若使用 ADO 数据控件建立与一个 SQL Server 数据库的连接之前,必须首先将该控件添加到 Visual Basic 控件工具箱中。添加 ADO 数据控件的方法如下。

(1) 启动 Visual Basic 集成开发环境,并建立一个标准 EXE 工程。

(2) 选择"工程"菜单中"部件"命令,或按 Ctrl+T 组合键,或者右击工具箱,在弹出的菜单中选择"部件"命令,打开如图 14-15 所示的"部件"对话框。

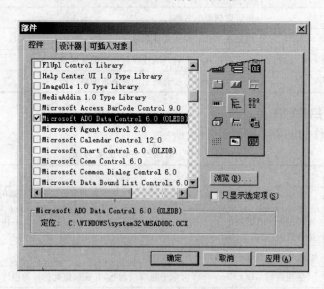

图 14-15　"部件"对话框

(3) 在"部件"对话框的"控件"选项卡中选择 Microsoft ADO Data Control 6.0(OLE DB)复选框,如图 14-15 所示,并单击"确定"按钮,将 ADO 数据控件添加到 Visual Basic 的

工具箱中,如图 14-16 所示。当用鼠标指向它时,出现"adodc"字样。

2. 在窗体中放置 ADO 数据控件并设置属性

将一个 ADO 数据控件添加到当前工程后,用户可以在当前工程的当前窗体中添加 ADO 数据控件,然后将它连接到数据库,并设置其相关属性。具体步骤如下。

(1) 双击工具箱中 ADO 数据控件按钮图标🖳,这时在窗体上显示如图 14-17 所示的 ADO 数据控件,默认名为"Adodc1",其余依此类推。

(2) 打开该控件的属性窗口,将它的 Name 属性设置为 Adodcdata。

(3) 将 ADO 数据控件的 Align 属性设置为 2-VbAkignBottom,即使它位于窗体的底部。

(4) 根据用户的习惯和程序的需要设置该控件的其他属性。

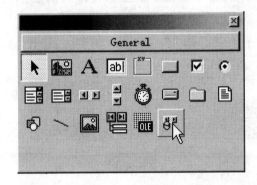

图 14-16 工具箱中的 ADO 数据控件

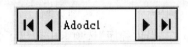

图 14-17 ADO 数据控件

14.3.3 前后端数据的连接

1. 在窗体上添加 ADO 数据控件

在工具箱中双击"Adodc"控件图标🖳,即在窗体上添加一个默认名为"Adodc1"的 ADO 数据控件,如图 14-18 所示。合适调整 ADO 数据控件的大小和位置。

2. 建立与 SQL Server 数据库的连接

在设计模式下,若要使用 ADO 数据控件建立应用程序与一个 SQL Server 数据库的连接,就必须通过设置该控件的 ConnectionString 属性可以指定所要连接的数据库,这可以通过该控件的"属性页"对话框来完成。其具体方法如下。

(1) 右击 ADO 数据控件 "Adodc1",在弹出的快捷菜单中选择

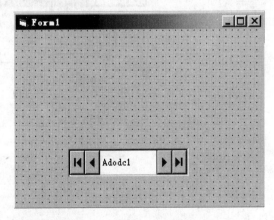

图 14-18 Ado 数据控件

"Adodc 属性"命令,打开"属性页"对话框,如图 14-19 所示。

在图 14-19 中列出了 3 种连接到数据库的方法:如果已经创建了 Microsoft 数据连接文件,选择"使用 Data Link 文件"并单击"浏览"按钮寻找连接文件;如果使用 DSN(数据源名

称），单击"使用 ODBC 数据资源名称"；如果希望使用连接字符串，选择"使用连接字符串"。由于前两种方法较常用，下面主要介绍使用连接字符串创建数据连接的方法。

① 在"属性页"对话框中，选中"通用"选项卡中"使用连接字符串"单选钮，单击"生成"按钮，打开如图 14-20 所示的"数据链接属性"对话框。

图 14-19　"属性页"对话框　　　　　　图 14-20　"数据链接属性"对话框

② 在"提供程序"选项卡中列出了各种 OLE DB 数据提供者接口，可分别连接到不同的数据库。由于是连接到 SQL Server 数据库，所以选择"Microsoft OLE DB Provider for SQL Server"选项。

③ 单击"下一步"按钮，弹出如图 14-21 所示的"数据库链接属性"的"连接"选项卡对话框。在该对话框中选择或输入 SQL Server 服务器名，选择数据库的认证模式以及数据库名。

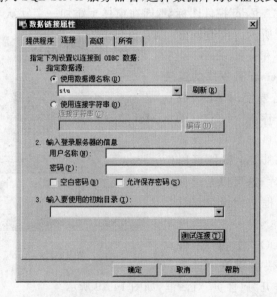

图 14-21　"连接"选项卡

④ 单击"测试连接"按钮，如果创建的数据连接正确，则弹出消息框，显示"测试成功"。

314

单击"确定"按钮,返回"属性页"对话框,这时在"使用连接字符串"下面的文本框内将按照设定自动生成连接字符串,其内容主要包括访问数据库所用的提供程序或驱动程序、服务器名称、用户标识和登录密码以及连接的数据库名等,如图 14-22 所示。

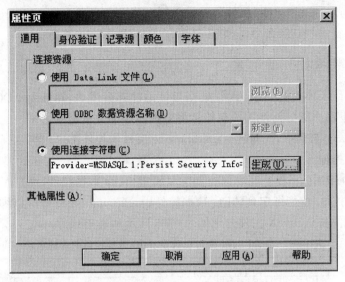

图 14-22 生成的连接字符串

3. 设置 ADO 数据控件的记录来源

在设置 ADO 数据控件所要连接的 SQL Server 数据库之后,还需要通过设置该控件的 RecordSource 属性来指定来源。其步骤如下。

(1) 在 ADO 数据控件的"属性页"对话框中选择"记录源"选项卡,或在 ADO 数据控件的属性窗口中,单击 RecordSource 属性右边的按钮,显示"属性页"对话框的"记录源"选项卡,如图 14-23 所示。

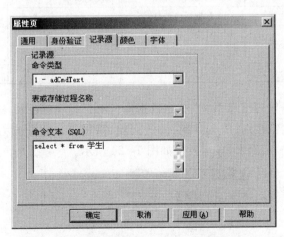

图 14-23 "记录源"选项卡

(2)"命令类型"下拉列表中列出了下面 4 种可供选择的记录源命令类型。

- 8-adCmdUnKnown(默认值):类型不知,可应用于不同类型。
- 1-adCmdText:文本命令类型,可通过执行一个 SQL 语句来生成记录集。

- 2-adCmdTable：表或视图类型，可从一个数据库表中检索数据。
- 4-adCmdStoreProc：可通过执行一个存储过程来生成记录集。

如选择"1-adCmdText"，则可在"命令文本"列表框中输入一个查询语句，如图 14-23 所示。

（3）单击"确定"按钮，关闭"属性"对话框，则在属性窗口的 RecordSource 属性中生成了一个命令文本字符串，而在"命令类型"中选择了 1-adCmdText 类型。

14.3.4 数据控件的绑定

上面已经介绍了如何将一个 ADO 数据控件添加到窗体上，并且为 ADO 数据控件创建了一个数据源，下面介绍如何使用约束控件将数据库中的数据显示出来。

在 Visual Basic 6.0 中，任何具有 DataSource 属性的控件都可以绑定到一个 ADO 数据控件上作为约束控件。

在 Visual Basic 中，不仅一些内部控件可以绑定 ADO 数据控件，而且 Visual Basic 提供的一些 ActiveX 控件，也能绑定到 ADO 数据控件中。Visual Basic 中可以绑定到 ADO 数据控件中的内部控件和 ActiveX 控件分别如表 14-5 所示和表 14-6 所示。

表 14-5 Visual Basic 中可以绑定 ADO 数据控件的内部控件

控件	中文名	控件	中文名
CheckBox	复选框控件	Label	标签控件
Image	图像控件	ListBox	列表框控件
TextBox	文本框控件	PictureBox	图片框控件
ComboBox	组合框控件		

表 14-6 Visual Basic 中可以绑定 ADO 数据控件的 ActiveX 控件

控件	中文名	控件	中文名
DataList	数据列表控件	DataCombo	数据组合框控件
DataGrid	数据网格控件	RichTextBox	TRF 文本控件
DateTimerPicker	日期选择控件	MonthView	月份浏览控件
Microsoft Chart	图表控件	ImageCombo	图像组合框控件
Microsoft Hierarechical FlexGrid	分层式网格控件		

【例 14-1】 "教务管理信息系统"中的数据库"jwgl"有一学生相关信息表"学生"，存放着学生信息：学号、姓名、性别、出生日期、政治面貌、籍贯等。数据源为"stu"，使用 ADO 数据控件将其中的数据显示出来，显示效果如图 14-24 所示。

图 14-24 Adodc 控件应用

316

【实现步骤】

(1) 新建一工程,命名为"Adodc 控件应用",工程中的窗体名为"frmxy"。

(2) 在窗体中添加 Adodc 控件,并按表 14-7 设置其相关属性。

表 14-7　例 14-2 中主要控件及其相关属性的设置

控 件 名	属 性 名	设 置 值
Adodc1	Caption	""
	ConnectionString	Provider=SQLOLEDB. 1;Persist Security Info=False; User ID=sa;Initial Catalog=jwgl;Data Source=ygdl
	CommandType	2-adCmdTable
	RecordSource	stu
	Password	sa(建立数据库时设置)

(3) 按图 14-24 所示界面加入相关控件,并设置控件的主要属性,如表 14-8 所示。

表 14-8　例 14-2 中主要控件及其相关属性的设置

控件	属性	设置	控件	属性	设置	控件	属性	设置
Label	Name	Label1	Label	Name	Label6	TextBox	Name	Text
	Caption	学号		Caption	籍贯		DataSource	Adodc1
Label	Name	Label2	TextBox	Name	Text1		DataField	出生日期
	Caption	姓名		DataSource	Adodc1	TextBox	Name	Text5
Label	Name	Label3		DataField	学号		DataSource	Adodc1
	Caption	姓别	TextBox	Name	Text2		DataField	政治面貌
Label	Name	Label4		DataSource	Adodc1	TextBox	Name	Text6
	Caption	出生日期		DataField	姓名		DataSource	Adodc1
Label	Name	Label5	TextBox	Name	Text3		DataField	籍贯
	Caption	政治面貌		DataSource	Adodc1			
				DataField	性别			

(4) 运行程序,结果如图 14-24 所示。

14.4　使用 ADO 对象访问 SQL Server 数据库

在实际使用过程中,由于 ADO 数据控件不能满足复杂的数据库应用系统设计的需要,通常使用 ADO 对象进行编程。尽管 Visual Basic 6.0 提供了 ActiveX 数据对象(ADO)、远程数据对象(RDO)和数据访问对象(DAO)3 种数据访问接口。其中最新的是 ADO 对象模型,它比 RDO 和 DAO 更为简单、更为灵活。开发新的数据库应用程序时,ADO 是首选的数据访问接口。

　　ADO 本身实际上是一个面向对象的编程模型,主要由 3 个独立的对象组成,每个对象各自有丰富的属性和方法。

　　ADO 对象模型 3 个主要对象是 Connection 对象、RecordSet 对象和 Command 对象。使用 ADO 访问 SQL Server 数据库就是通过这些对象来实现的。图 14-25 所示显示的是 ADO 对象层次的结构。

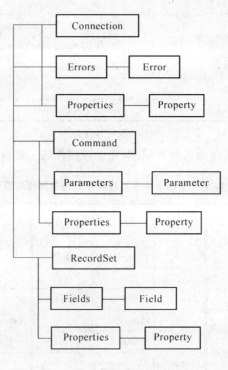

图 14-25　ADO 对象层次结构

　　在 ADO 编程模型中,有 3 个主体对象:Connection、Command 和 RecordSet,有 4 个集合对象 Errors、Properties、Parameters 和 Fields 分别对应 Error、Property、Parameter 和 Field 对象,整个 ADO 编程模型就由这些对象组成。通过这些对象,用户可以很方便地建立数据库连接、执行 SQL 查询以及存取查询结果等。

14.4.1　ADO 对象的引用与设置实例

　　在程序中声明各种 ADO 对象之前,必须首先在工程中引用对象库 Microsoft ActiveX Data Objects Library,否则运行时会出现"用户定义类型未定义"的编译错误。因为 ADO 对象 Connection、RecordSet 和 Command 包含在对象库 Microsoft ActiveX Data Objects Library 中,因此在引用这个对象库之前,Visual Basic 无法对各种 ADO 对象进行识别的。

　　在工程中引用 ADO 对象库,其步骤如下。

　　(1) 启动 Visual Basic 集成开发环境,然后选择"工程"→"引用"命令,打开引用对话框。

　　(2) 在"可用的引用"列表中,单击 Microsoft ActiveX Data Objects 2.8 Library(或 2.7、

318

2.6、2.5 Library)项目左边的复选框,如图 14-26 所示。

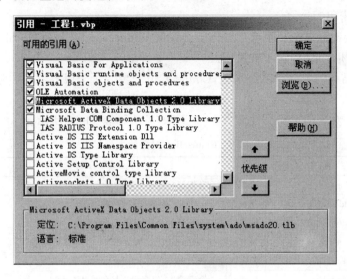

图 14-26 "引用"对话框

(3) 单击"确定"按钮,关闭对话框。

(4) 选择"视图"菜单下的"对象浏览器"子菜单,打开"对象浏览器"对话框。在第一个下拉列表框中选择"ADODB"选项,在"类"窗格中选择"Command"选项,可以看到右窗格中显示"Command"的成员。如图 14-27 所示。

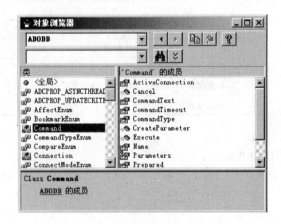

图 14-27 "对象浏览器"对话框

14.4.2 使用 Connection 对象

Connection 对象用于建立应用程序与数据库之间的连接。使用 ADO 对象访问数据库时,通常需要使用 Connection 对象建立与数据库的一个连接,以此作为执行命令和查询的基础。在打开数据库之前,Connection 让用户指定所有必需的参数,其中以下几个参数是必须提供的:

- 服务器的名字;
- 数据库的名字;

- 用户的名字；
- 访问的密码。

每一个连接都只属于一个应用程序。当设置 Connection 对象为 Nothing 或者应用程序关闭，并明确关闭连接时，它才被关闭。

对于 C/S 结构的数据库系统来说，Connection 对象等价于服务器的实际网络连接。

1. 常用属性和方法

Connection 对象的主要属性如表 14-9 所示，方法如表 14-10 所示。

表 14-9　Connection 对象的主要属性

属　　性	说　　明
ActiveConnection	设置连接到数据源的连接参数信息
CommandTimeout	当执行 Execute 时得到响应时间的最大值
ConnectionString	连接时使用的数据源名称
ConnectionTimeout	设置设执行 Open 方法后，等待建立一个连接的时间
CursorLocation	指定光标的位置
DefaultDatabase	设置返回一个字符串，以指定连接的默认数据库
Mode	指示用于更改 Connection 对象中数据的可用权限
Provider	连接中使用的 OLE DB 提供者
State	表示 Connection 对象是打开或关闭的状态

表 14-10　Connection 对象的主要方法

方　　法	说　　明
Open	初始化带有连接的数据源
Cancel	取消一个异步打开或执行方法
Close	终止与数据源的连接
Execute	对连接执行各种(查询、SQL 语句或存储过程)操作
Properties	描述连接的 Property 对象集合

（1）Execute 方法的语法格式

Execute 方法的语法格式如下：

RecordSet1 = cn.execute CommandText,RecordsAffected,option

CommandText 可以是 SQL 语句、数据库表名和存储过程名字，其值由 Option 的值来决定。

（2）ConnectionString 属性的连接参数

ConnectionString 属性的连接参数如表 14-11 所示。

表 14-11　ConnectionString 属性的连接参数

关 键 字	说　　明
Provider	指定 OLE DB 提供者的名称
Server(或 Data Source)	指定 SQL Server 服务器名称
UID(或 User ID)	SQL Server 的用户名(或登录账号)
PWD(或 Password)	与用户名相关的口令
Database(或 Initial Catalog)	SQL Server 的目标数据库名称

. Connection 对象的使用

(1) 建立 Connection 对象

建立 Connection 对象,有两种方法。

① 在程序中建立一个 Connection 对象时,首先需要定义一个 Connection 类型的对象变量,然后再建立该对象的一个实例。相应的语句是:

```
Dim cn As ADODB. Connection
Set cn = New ADODB. Connection
```

② 若在声明对象变量的 Dim 语句中使用了 New 关键字,则在第一次引用这个对象变量时将建立该对象的一个实例,此时不必使用 Set 语句对该变量进行赋值,则上面的两个语句就可以合并成一个语句,即

```
Dim cn As New ADODB. Connection
```

(2) 使用 Connection 对象创建程序与 SQL Server 的连接

使用 Connection 对象的 Open 方法,用于创建应用程序与数据源之间的连接。在建立连接时必须注意以下几个地方。

- 使用 Initial Catalog 定义数据库名。
- 使用 Integrated Security 关键字为 SSPI 以确认使用集成 Windows NT 的身份验证方式。
- 使用 UserID 和 Password 属性来使用 SQL Server 的身份验证方式。

Open 方法的语法格式如下:

```
Connection. Open ConnectionString, UserID, Password
```

其中,"Connection. Open"后面的参数均为可选项,"ConnectionString"用于接收包含一个 OLE DB 连接字符串的字符串,给出连接信息;"UserID"给定连接时所用的用户名;"Password"给出建立连接时的密码。

使用 Open 方法与 SQL Server 数据库建立连接,通常有以下两种方法。

① 通过连接 ODBC 数据源的方法

```
Dim cn As New ADODB. Connection
Dim cn_str As string
cn_str = " Provider = MSDASQL;DSN = Stu;UID = sa;PWD = sa"
'stu 为数据源名称
```

② 通过连接 OLE DB Provider for SQL Server 连接

```
Dim cn As New ADODB. Connection
Dim cn_str As string
cn_str = " Provider = SQLOLEDB. 1; Integrated Security = SSPI; Persist Security
=False;Initial Catalog = hqmana;Data Source = ygdl"
'hqmana 为数据库
```

(3) 使用 Connection 对象处理数据

使用 Connection 对象的 Open 方法,建立到数据库的物理连接后,然后使用该对象的

Execute 方法生成新的数据集,也可以使用该对象的 Execute 方法在数□
插入、修改和删除数据等命令。

① 生成记录集

Execute 方法的语法格式为:

Set RecordSet = Connection.Execute(Commandext)

② 执行插入、修改和删除数据等命令

Execute 方法的语法格式为:

Connection.Execute CommandText

其中,参数 CommandText 是一个字符串,给出需要执行的 SQL 语句或存储过程等 R□
Set 表示由 Execute 方法返回的记录集对象引用。

(4) 关闭连接

使用 Connection 对象的 Close 方法可以关闭与数据源的连接。

Close 方法的语法格式如下:

Cn.Close

14.4.3　使用 RecordSet 对象

RecordSet 对象又称为记录集对象,是对结果集的封装,其数据结构可以认为与表相同,在其不为空的情况下,RecordSet 中的数据在逻辑上由行和列组成。RecordSet 是 ADO 中最复杂、功能最强大的对象,也是数据库操作中用来存储结果集的唯一元素。使用 Connection 或 Command 对象进行数据库操作之后,只要拥有返回值就要使用 RecordSet 对象对其进行存储。也只有通过 RecordSet 对象才能将记录反馈到客户端的浏览器上。

1. RecordSet 对象的常用属性

(1) Source 属性

此属性用于设置或返回一个字符串,指定要检索的数据库服务器。包含存储过程名、表名、SQL 语句或打开时用于为 RecordSet 提供记录集合的开放 Command 对象。

(2) MaxRecords 属性

该属性主要用于设定返回给 RecordSet 记录的最大数目,默认值为 0,表示将所有记□都加入到 RecordSet 中。打开 RecordSet 对象后,此属性为只读。

(3) RecordCount 属性

该属性用于返回 RecordSet 中的记录数。在程序中使用 KeySet 游标时,该属性□回准确的数值,由于记录指针在 RecordSet 中移动,并不是所有的游标内都有信息□

(4) BOF 和 EOF 属性

通过该属性来判断 RecordSet 记录集中记录指针是指向首记录还是尾记□录位于首记录时,此时 BOF 返回 TRUE 值;如当前记录位于尾记录时,此□TRUE 值。

(5) PageSize 属性

通过该属性主要用于设置分页显示时,每页显示记录的数目。

(6) AbsolutePage 属性

通过该属性,可以设置 PageSize 属性指定的页数。

（7）PageCount 属性

通过该属性返回 RecordSet 中的页数。

（8）CursorType 属性

定义所使用的游标类型。游标类型有以下 4 种。

- adOpenForwardOnly：基本类型游标，对应数值为 0。
- adOpenKeySet：键盘指针，对应数值为 1。
- adOpenDynamic：动态指针，对应数值为 2。
- adOpenStatic：静态指针，对应数值为 3。

（9）LockType 属性

定义 RecordSet 对象所使用的记录锁定方法，其取值有如下 4 种。

- AdLockReadOnly：只读，不允许任何修改，为默认值，对应的数值为 1。
- AdLockPessimistic：当数据源中的数据被修改时，系统会暂时锁定数据源，避免其他用户对之进行操作，直至数据源的更新完成，对应的数值为 2。
- AdLockOptimistic：当数据源中的数据被修改时，系统并不锁定数据源，因此其他用户同样可以对数据源中的数据进行添加和删除等操作，只有在调用 Update 方法更新数据时，才锁定数据源，对应的数值为 3。
- AdLockBatchOptimistic：当数据源中的数据被修改时，其他用户必须将 CursorLacation 属性设置为 adUdeClientBatch 才能够对数据进行修改，对应的数值为 4。

（10）Option 属性

指定 Source 的类型，该属性的取值如下所示。

- adCmdUnknow：无法确定，是系统默认值，对应的数值为-1。
- adCmdText：SQL 语句，对应的数值为 1。
- adCmdTable：一个表名，对应的数值为 2。
- adCmdStoreProc：一个存储过程的名称，对应的数值为 3。

（11）EditMode 属性

指出当前记录的编辑状态，其可选常数取值如下。

- AdEditNone(0)：该记录当前已被编辑。
- AdEditInProgress(1)：当前记录已被修改，但未被提交到数据源。
- AdEditAdd(2)：当前记录为存入数据库的新记录。

2．RecordSet 对象的常用方法

（1）Open 方法

Open 方法主要用来打开记录集。该方法同时也可以用来打开游标所需的记录信息。

（2）Move 方法

通过该方法可将记录集中的记录向前或向后移动到指定的个数。

（3）MoveNext 方法

该方法主要用于记录指针将向下移动一条，但不能无限制地移动。当在记录集的末尾仍使用此方法时会产生错误。通常在使用此方法时首先通过 RecordSet.EOF 判断记录指针是否指向记录集的末尾。

（4）MovePrevious 方法

该方法用于将记录指针向前移动一条。

（5）MoveFirst 方法

该方法用于将指针移到记录集中的第一位。该方法同时也可以在所有的游标类型中使用。

（6）MoveLast 方法

该方法用于将指针移到记录集中的最后一个。如 RecordSet 对象不支持书签时，则会产生错误。

（7）AddNew 方法

通过此方法可向数据库中添加新的记录。使用此方法很耗资源，因此最好使用 SQL 语句来实现。

（8）Update 方法

通过该方法对 RecordSet 对象中的当前记录进行更新操作。

（9）Delete 方法

可使用 Delete 方法删除当前记录，其格式为：

Rs.Delete

（10）Close 方法

关闭记录集及其与数据源的连接。

（11）Find 方法

根据某个条件找到一个记录。

（12）Seek 方法

用索引搜索记录，目前只在 jet 数据提供者中支持。

（13）Save 方法

用 XML 或 ADPG 格式将记录集数据和元数据保存到文件。

（14）UpdateBatch 方法

将批处理游标中等待的改变保存。

14.4.4　使用 Command 对象

Command 对象也是 ADO 的一个重要对象，它的主要功能是执行 SQL 命令或存储过程，查询数据库表并返回一个记录集，对数据库表进行增、删、改操作。它和 Connection 对象的 Execute 方法、RecordSet 对象的 Open 方法的区别是：Connection 对象的 Execute 方法，RecordSet 对象的 Open 方法，都只适合命令仅被执行一次的情形，而 Command 对象可多次执行某些命令，这样提高了系统的效率。

1. Command 对象的常用属性

Command 对象的主要属性如表 14-12 所示。

表 14-12　Command 对象的主要属性

属　　性	说　　明
ActiveConnection	设置 Command 对象连接到数据源的连接信息
CommandText	设置或返回包含提供者命令的文本,可以是 SQL 语句、存储过程名或表
CommandTimeout	调用 Execute 方法后 Command 对象等待返回错误的秒数
CommandType	设置或返回 CommandText 的类型。其值为 adCmdText、adCmdtable、adCmd-StoredProc 或 adCmdUnknown 之一
Name	指定 Command 对象名
Prepared	指定是否保存命令的编译版本,若为真,则保存
State	显示对象是打开的、关闭的、正在执行某一条命令或者获取记录时的状态变量
Parameters	表示一个命令变量,常用于向存储过程传递数值

2. Command 对象的常用方法

Command 对象的主要方法如表 14-13 所示。

表 14- 13　Command 对象的主要方法

方　　法	说　　明
Cancel	取消一个未执行的异步命令
CreateParameter	创建一个与命令相关的新的参数对象
Execute	执行命令并返回由此生成的记录集

(1) CreateParameter 方法引用的格式

CreateParameter 方法引用格式如下:

Set param = cmd.createParameter(name,type,direction,size,value)

【语法说明】

- name 用于指定参数的引用名。
- type 用于指定参数的类型。
- direction 用于指定参数是输入还是输出。
- size 用于指定参数的最大长度或最大的值。
- value 用于指定参数的值。

(2) Execute 方法引用格式

Execute 方法引用格式如下:

Command.Execute(RecordsAffected,Parameters,Option)

【语法说明】

- RecordsAffected 用于返回 SQL Server 命令操作影响的记录数。

- Parameters 用于传递参数值数组。
- Options 用于可取若干个 CommandTypeEnum 或 ExecuteOptionEnum 值。CommandTypeEnum 值指定 Command 对象如何解释 CommandText 属性,可以是 adCmdUnspecified(不指定命令类型)、adCmdTable(表名)、adCmdStoredProc(存储过程名)、adCmdUnknown(未知)、adCmdFile(持久记录集)、adCmdTableDirect(SQL Server 表)、adCmdText(查询语句)。

3. Command 对象的使用

(1) 定义并新建其实例。例如:

```
Dim cmd As New ADODB.Command
```

(2) 设置 ActiveConnection 属性。例如:

```
cmd.activeConnection = cn
```

(3) 对 CommandText 属性赋值。CommandText 属性可以是一个 SQL 语句或者存储过程。例如:

```
cmd.CommandText = "Insert into classname(´20050010´,´张然´,´女´,´不居住´,´电子技术系´,´高职电子 032´)"
```

(4) 使用 Execute 方法执行命令。例如:

```
cmd.Execute
```

【例 14-2】 用 Insert 语句在 Classname 表中插入数据。

解 SQL 语句清单如下:

```
Private Sub Adddb(cn As ADODB.Connection)

Dim cmd As New ADODB.Command

cmd.ActiveConnection = cn

cmd.CommandText = "Insert into classname(´20050010´,´张然´,´女´,´不居住´,´电子技术系´,´高职电子 032´)"

cmd.Execute

End Sub
```

本 章 小 结

ODBC 是一套开放数据库应用程序接口规范,可提供一系列调用层接口函数和基于动态链接库的运行支持环境,它是一个应用程序接口。ODBC 的结构层次由 ODBC 应用程序、驱动程序管理器、数据库驱动程序和数据源 4 个层次组成,可使用 ODBC 管理器添加 ODBC 数据源。

ADO 数据控件是 OLE DB 的消费者,它可以使用户通过 OLE DB 访问本地或远程数据源并且把它们与窗体上的其他控件相结合而不需编写很多的代码。ADO 控件同样也可以对绑定的数据控件进行更新。

ADO 对象模型是使用层次对象框架实现的，但 ADO 对象模型比数据访问对象 (DAO) 或远程数据对象 (RDO) 框架更简单。在 ADO 对象模型中，Connection、RecordSet 和 Command 对象是 3 个主要对象。RecordSet 对象是 ADO 数据操作的核心，它既可以作为 Connection 或 Command 对象执行特定方法的结果数据集，也可以独立于这两个对象而使用。

习 题

1. 如何在 Visual Basic 6.0 程序中配置 SQL Server 数据库的 ODBC 数据源？
2. 在 Visual Basic 6.0 环境中，如何设置对 ADO 类型库的引用？
3. SQL Server 的 OLE DB 数据提供者有哪些？
4. 在 Visual Basic 6.0 环境中，如何将 ADO 数据控件添加到当前的工程中？

附录 A   Microsoft SQL Server 2005 中的部分保留字

Add	Case	Current	Exit	Statistics
Any	Clustered	Double	Foreign	Then
Begin	Compute	Escape	Goto	Transaction
Bulk	Create	Exists	Identity	Unique
Close	Default	For	Insert	View
Commit	Distinct	Function	Key	Print
Convert	End	Having	Lineno	Return
Declare	Execute	Inner	Of	Save
Disk	File	Join	Open	Setuser
Else	Full	Like	Order	System_user
Exec	Group	Nullif	plan	To
Fetch	In	On	Precision	Truncate
From	Is	Or	Public	Update
Grant	Left	Percent	Rollback	Waitfor
If	Null	And	Session_user	Proc
Into	Offsets	Backup	Some	Right
Kill	Option	Browse	Textsize	Select
Not	Over	Checkpoint	Tran	Shutdown
Off	Alter	Column	Lunion	Table
Openxml	Asc	Continue	User	Top
Outer	Break	Database	Primary	Trigger
All	Check	Deny	Read	Use
As	Coalesce	Drop	Rule	When
Between	Contains	Except	Set	

附录 B　SQL Server 2005 中的全局变量

全 局 变 量	返 回 类 型	作　　　用
@@CONNECTIONS	integer	返回自最近一次启动 SQL Server 以来连接或试图连接的次数
@@CPU_BUSY	integer	返回自最近一次启动 SQL Server 以来 CPU 的工作时间，单位为 ms
@@CURSOR_ROWS	integer	返回本次连接最后打开的游标中当前存在的合格行的数量
@@DATEFIRST	tinyint	返回 SET DATEFIRST 参数的当前值，SET DATEFIRST 参数用于指定每周的第一天是星期几：1 对应星期一，2 对应星期二，依此类推，用 7 对应星期日
@@DBTS	varbinary	返回当前数据库 timestamp 数据类型的值。这一 timestamp 值保证在数据库是唯一的
@@ERROR	integer	返回最后执行的 T-SQL 语句的错误代码
@@FETCH_STATUS	integer	返回最近一条 FETCH 语句的状态值
@@IDENTITY	numeric	返回最后插入的标识列的列值
@@IDLE	integer	返回 SQL Server 自上次启动后 CPU 闲置的时间，单位为 ms
@@IO_BUSY	integer	返回 SQL Server 自上次启动后，CPU 执行输入和输出操作的时间，单位为 ms
@@LANGID	smallint	返回当前所使用语言的标识符(ID)
@@LANGUAGE	nvarchar	返回当前使用的语言名
@@LOCK_TIMEOUT	integer	返回当前会活挡前锁的超时设置，单位为 ms
@@MAX_CONNECTIONS	integer	返回 SQL Server 上允许的用户同时连接的最大数
@@MAX_PRECISION	tingint	返回 decimal 和 numeric 数据类型的精度的最大值
@@NESTLEVEL	integer	返回当前存储过程执行的嵌套层次，其初始值为 0
@@OPTIONS	integer	返回当前 SET 选项设置的信息
@@PACK_RECEIVED	integer	返回 SQL Server 自上次启动后从网络上读取的输入数据包数量
@@PACK_SENT	integer	返回 SQL Server 自上次启动后写到网络上的输出数据包数量
@@PACKET_ERRORS	integer	返回网络数据包的错误数量
@@PROCID	integer	返回当前存储过程的标识符(ID)
@@REMSERVER	nvarchar	返回远程数据库服务器的名称
@@ROWCOUNT	integer	返回上一次语句影响的数据行的行数
@@SERVERNAME	nvarchar	返回运行 SQL Server 的本地服务器的名称

全局变量	返回类型	作　用
@@SERVICENAME	nvarchar	返回 SQL Server 当前运行的服务名称
@@SPID	smallint	返回当前用户进程的服务器进程标识符(ID)
@@TEXTSIZE	integer	返回 SET 语句的 TEXTSIZE 选项的当前值,它指定 SELECT 语句返回的 text 或 image 数据类型的最大长度,单位为 B
@@TIMETICKS	integer	返回每一时钟的微秒数
@@TOTAL_ERRORS	integer	返回磁盘读写错误数
@@TOTAL_READ	integer	返回读取磁盘(不是读取高速缓存)的次数
@@TOTAL_WRITE	integer	返回写磁盘的次数
@@TRANCOUNT	integer	返回当前连接的活动事务数
@@VERSION	nvarchar	返回 SQL Server 当前安装的日期、版本和处理器类型

附录 C　SQL Server 2005 常用系统表

系统表名	功　　能	备　　注
sysdatabases	记录数据库信息	该表只存储在 master 数据库中
syslogins	记录登录账户信息	
sysmessages	记录系统错误和警告	SQL Server 在用户的屏幕上显示对错误的描述
syscolumns	记录表、视图和存储过程信息	该表位于每个数据库中
syscomments	包含每个视图、规则、默认值、触发器、检查约束、默认约束和存储过程的项	该表存储在每个数据库中
sysdepends	包含对象（视图、过程和触发器）与对象定义中包含的对象（表、视图和过程）之间的相关性信息	该表存储在每个数据库中
sysfilegroups	记录数据库中的文件组信息	该表存储在每个数据库中，在该表中至少有一项用于主文件组
sysfiles	记录数据库中的每个文件信息	该表是虚表，不能直接更新或修改
sysforeignkeys	记录关于表定义中的外键约束的信息	该表存储在每个数据库中
sysindexs	记录数据库中的索引信息	该表存储在每个数据库中
sysfulltextcatlogs	列出全文目录集	该表存储在每个数据库中
sysusers	记录数据库中用户、组（角色）信息	该表存储在每个数据库中
systypes	记录系统数据类型和用户定义数据类型信息	该表存储在每个数据库中
sysreferences	记录外键约束定义到所引用列的映射	
syspermissions	记录对数据库内的用户、组和角色授予和拒绝的权限的信息	该表存储在每个数据库中
sysobjects	记录在数据库内创建的每个对象（约束、默认值、日志、规则、存储过程等）的信息	只有在 tempdb 内，每个临时对象才在该表中占一行

附录 D 本书的教学资源(SQL Server 2005)

本书所用到的数据库文件名为"jwgl(教务管理信息系统)",它包含了以下 7 张表,分别是:"院系"表、"专业"表、"班级"表、"学生"表、"教师"表、"课程"表和"成绩"表。

为了便于教学,将这 7 张表的结构以及初始的模拟数据整理如下,仅供参考。

1. "院系"表

字段名	字段类型	宽度	小数位数	键别	是否空值	备注
院系代码	字符型	2		主键	否	
院系名称	字符型	16			否	
负责人	字符型	8			否	
电话	字符型	16			是	

图 D-1 "院系"表的结构

院系代码	院系名称	负责人	电话
01	轨道交通学院	苏云	010-608×××07
02	机电工程系	邱合仁	010-608×××17
03	经济与管理工程系	谢苏	010-608×××29
04	电子信息工程系	王冤	010-608×××31
05	公共课部	余平	010-608×××41
06	护理学院	王毅	010-608×××23
07	计算机系	程宽	010-608×××14

图 D-2 "部门"表中的数据

专业代码	专业名称	院系代码
0101	铁道运输	01
0102	铁道信号	01
0103	铁道通信	01
0201	高速驾驶	02
0301	财会	03
0302	物理	03
0401	计算机通信	04
0402	应用电子	04
0501	旅游	05
0601	高级护理	06
0602	中英护理	06
0701	计算机网络	07
0702	计算机软件	07
0703	多媒体技术	07

图 D-3 "专业"表中的数据

2. "专业"表

字段名	字段类型	宽度	小数位数	键别	是否空值	备注
专业代码	字符型	4		主键	否	
专业名称	字符型	16			否	
院系代码	字符型	2			否	外键

图 D-4 "专业"表的结构

3. "班级"表

字段名	字段类型	宽度	小数位数	键别	是否空值	备注
班级代码	字符型	6		主键	否	
班级名	字符型	16			否	
专业代码	字符型	4			否	外键
班主任	字符型	8			否	
电话	字符型	16			是	

图 D-5 "班级"表的结构

班级代码	班级名	专业代码	班主任	电话
060151	铁道运输061	0101	王明	010-608××17
060227	高驾驶061	0201	张春华	010-608××19
060420	应用电子061	0402	王超	010-608××16
060621	高护理061	0601	王月	010-608××01
060730	计通061	0701	王周	010-608××44
070309	合计071	0301	邱惠仁	010-608××21

图 D-6 "班级"表中的数据

学号	姓名	性别	出生日期	政治面貌	籍贯	班级代码
05010031	宗磊	男	1990-1-3 0:00:00	团员	吉林	060730
05010032	张青	男	1990-5-1 0:00:00	团员	黑龙江	060730
05010033	王南	女	1988-1-2 0:00:00	团员	辽宁	060730
05010034	张靖	女	1988-3-1 0:00:00	团员	云南	060730
05010035	何静	女	1988-1-15 0:00:00	群众	湖北	060730
05010036	张娜娜	女	1988-5-4 0:00:00	团员	四川	060730
05020137	胡萝卜	男	1988-4-1 0:00:00	团员	福建	060730
06010001	张然	男	1989-12-1 0:00:00	团员	四川	070309
06010010	王宁	男	1988-12-1 0:00:00	团员	湖北	070309
06010011	张山	女	1989-10-1 0:00:00	群众	广东	070309
06010014	汪洋	男	1990-1-1 0:00:00	团员	广东	070309
06010030	张抗	女	1989-4-1 0:00:00	群众	广西	070309
06030200	张也	女	1990-10-1 0:00:00	团员	北京	060227

图 D-7 "学生"表中的数据

4. "学生"表

字段名	字段类型	宽度	小数位数	键别	是否空值	备注
学号	字符型	8		主键	否	
姓名	字符型	8			否	
性别	字符型	2			否	
出生日期	日期				否	
政治面貌	字符型	4			否	党员、团员、群众
籍贯	字符型	8			否	
班级代码	字符型	6		外码	否	

图 D-8 "学生"表的结构

5. "教师"表

字段名	字段类型	宽度	小数位数	键别	是否空值	备注
教号	字符型	4		主键	否	
姓名	字符型	8			否	
性别	字符型	2			否	
职称	字符型	6			否	
院系代码	字符型	2		外键	否	
电话	字符型	16			否	

图 D-9 "教师"表的结构

教号	姓名	性别	职称	院系代码	电话
1001	赵宏宇	男	教授	07	1333495××××
1032	钱仁义	男	讲师	03	1327104××××
1127	李文林	男	副教授	02	010-6084××××
1154	孙莉	女	讲师	07	010-6083××××
1160	周平	女	副教授	07	010-6084××××
1165	李莉	女	讲师	03	010-6086××××
1230	吴薇	女	讲师	02	010-6088××××

图 D-10 "教师"表中的数据

课程号	课程名	学分	课时数	开课学期	教号
062308	PowerBuilder程序设计	4.0	64	3	1001
212223	数据库原理	4.0	64	3	1165
221032	物流管理	4.0	64	3	1032
241302	切削工艺	4.0	64	2	1127
255341	C语言程序设计	4.0	64	2	1154
255430	计算机网络	4.0	64	4	1001
262005	计算机组成原理	2.0	32	1	1160
262318	数据结构	4.0	64	2	1160

图 D-11 "课程"表中的数据

6. "课程"表

字段名	字段类型	宽度	小数位数	键别	是否空值	备注
课程号	字符型	6		主键	否	
课程名	字符型	20			否	
学分	数字型	3	1		否	
课时数	数字型	3	0		否	
开课学期	数字型	1	0		否	
教号	字符型	4		外键	否	

图 D-12 "课程"表的结构

7. "成绩"表

字段名	字段类型	宽度	小数位数	键别	是否空值	备注
课程号	字符型	6		主键	否	外键
学号	字符型	8		主键	否	外键
成绩	数字型	5	1		是	

图 D-13 "成绩"表的结构

课程号	学号	成绩
062308	05010031	87.0
062308	05010032	90.0
062308	05010033	85.0
062308	05010034	67.0
062308	05010035	75.0
062308	05010036	47.0
212223	06010001	65.0
212223	06010010	87.0
212223	06010011	75.0
212223	06010013	77.0

图 D-14 "成绩"表中的数据

参 考 文 献

［1］ 孙梅,等.数据库原理及应用.北京:中国铁道出版社,2007.

［2］ 杨学全.SQL Server 实例教程.2 版.北京:电子工业出版社,2007.

［3］ 许志清,赵博.精通 SQL Server 2005 数据库系统管理.北京:人民邮电出版社,2007.

［4］ 孙明丽,等.SQL Server 2005 数据库系统开发完全手册.北京:人民邮电出版社,2007.

［5］ 申时凯,等.数据库应用技术(SQL Server 2000).北京:中国铁道出版社,2006.

［6］ 曾长军,等.SQL Server 数据库原理及应用.北京:人民邮电出版社,2007.

［7］ 虞益诚,等.SQL Server 2000 数据库应用技术.北京:中国铁道出版社,2007.

［8］ 桂思强.数据库基础与实践——基于 SQL Server 2005.北京:清华大学出版社,2007.

［9］ 余芳,等.中文 SQL Server 2005 数据库管理与开发.北京:冶金工业出版社,2006.

［10］ 范秀平,尚武.SQL 语法范例手册.北京:科学出版社,2007.

［11］ 刘芳.数据库原理及应用——SQL Server 版.北京:北京理工大学出版社,2006.